———————— · 書系緣起 · ————————

早在二千多年前，中國的道家大師莊子已看穿知識的奧祕。
莊子在《齊物論》中道出態度的大道理：莫若以明。

**莫若以明是對知識的態度，而小小的態度往往成就天淵之別
的結果。**

「樞始得其環中，以應無窮。是亦一無窮，非亦一無窮也。
故曰：莫若以明。」

是誰或是什麼誤導我們中國人的教育傳統成為閉塞一族。答
案已不重要，現在，大家只需著眼未來。

共勉之。

The Humane Economy

How Innovators and Enlightened Consumers Are Transforming the Lives of Animals

Wayne Pacelle

獻給我的朋友：奧黛麗‧斯提爾伯納德——

獨一無二，為所有動物之冠

人道經濟

活出「所有的生物都重要」的原則：
在公園及海灘上時，撿起塑膠垃圾；
減少個人製造的垃圾量，並小心地加以丟棄；
買車時選擇燃油效能高的，多騎腳踏車、走路代替開車

韋恩·帕賽爾

美國人道協會的主席兼執行長，
率領這個最大、最有效率的動物保護組織，
也是同類型非營利組織中最具有影響力、最主要的團體之一。

「任何關心動物福利議題的人，都該閱讀《人道經濟》這本書。這本絕佳的書揭開內幕，讓我們看見在對抗虐待動物的戰役中，已經逐漸露出了曙光；其中有某些人扮演了關鍵的角色。慶賀美國人道協會的韋恩・帕賽爾寫出這麼引人入勝、深入淺出的書。這本傑出而完善的作品，涵蓋了許多動物福利議題，從工業化畜牧、幼犬繁殖場、戰利品狩獵到基因改造；從醫藥試驗到娛樂業等等。請協助增加大眾對動物正在受苦的議題產生意識，你可以分享這本書，並鼓勵每個人對創造一個真正人道的社會貢獻一己之力。」

——珍・古德博士，

珍・古德協會創辦人、聯合國和平大使

「有一種改變經營的力量，影響了許多行業，包括農業、製藥甚至媒體業，這種擾動是由創新科技、人類的才智，以及保護動物運動的能量所驅動。在人道經濟一書中，韋恩・帕賽爾強而有力地揭開了這種進行中、還未停止的變化。不論你是想要商業成功或關心動物（或者像大多數人一樣以上皆是），這本書都不可或缺。」

——傑克・威爾許，

傑克威爾許管理學院創辦人

「響應推薦」

這是一本推動改變的書，人道經濟帶給我們嶄新的視野，看見動物福利與商業利益的更多可能，並讓「動物是重要的」理念得到彰顯。每個人都可以參與這場革命，走向更美好的世界。

——釋見岸，關懷生命協會榮譽理事長

人道與經濟這兩個目標之間的橋樑，就是創意與堅持。兩者之間不應該互斥，而是有機會達到一個完美平衡，使產業能夠開始良性循環與競爭。閱讀本書讓我們大開眼界，原來已經有這麼多人默默地引領了這些改革，讓我們知道「做對的事」不一定要自我犧牲、曲高和寡；而且，還發現在這個抱負後面存在著這麼大的商機！這讓我們想起了電影《三個傻瓜》中的一句經典台詞「追求卓越，成功自會跟隨。」

——水尢／水某，作家《那些電影教我的事》

《人道經濟》是一本慶賀真相的書，這個真相就是：我們的經濟安穩和動物的安穩密不可分。這本書是個重要且實證的人道藍圖，為人類全體的繁榮帶來啟發。（美國參議員科瑞·布克 U.S. Senator Cory Booker）

鼓舞人心⋯⋯帕賽爾以商業思維、不正面衝突的方式，達成了不同反響的成果。每個關心動物生死議題的人，都該慶幸有這麼一個人。（Salon 雜誌）

這是一本引人入勝的書，呈現那些前瞻的創新者、投資人以及那些透過尋找新的商業模式以減少動物所受苦難的人。（凱瑟琳·帕克，芝加哥論壇報 Kathleen Parker, Chicago Tribune）

一本超讚的新書。這是一場人道的革命，作者帕賽爾⋯⋯就在最前線。世界是一片混亂，而帕賽爾描繪出了一個充滿希望的願景。（尼可拉斯·克里斯多福，紐約時報 Nicholas Kristof, New York Times）

任何關心動物福利議題的人都該閱讀這本書。這本絕佳的書揭開內幕，讓我們看見在對抗虐待動物的戰役中，已經逐漸露出了曙光。本書引人入勝、深入淺出，是一本傑出而完善的作品。（珍・古德博士，珍古德協會創辦人、聯合國和平大使 Jane Goodall, PhD, DBE, Founder of the Jane Goodall Institute & UN Messenger of Peace）

不論你是想要商業成功或關心動物（或者像大多數人一樣以上皆是）這本書都不可或缺。（傑克・威爾許，傑克威爾許管理學院創辦人 Jack Welch, founder of the Jack Welch Management Institute）

《人道經濟》一書提醒了我們，唯有當商業擁抱保護動物的價值觀並且消除虐待動物的情事，才能將道德潛力發揮到最大。我推薦這本書給每一位消費者以及所有的企業執行長。這本書為廿一世紀的良心企業以及社會進步，畫出一份藍圖。（約翰・麥其，全食超市的創辦人兼共同執行長 John Mackey, co-CEO and founder, Whole Foods Market）

《人道經濟》探討公眾對動物的關心，是如何對經濟產生影響，並遍及和動物相關的廣泛產業。（彼得・辛格，紐約書評 Peter Singer, The New York Review of Books）

這是一本重要的書，我建議你買下它，看看對動物福利的關心是如何改變了這個世界。（凱西・康格斯，赫芬頓郵報 Cathy Kangas, Huffington Post）

讓我們看見領袖們站出來、藉著創新而改變經濟，讓世界成為一個對人類以及動物更好的地方。（馬克・泰瑞克，美國最大的環境慈善基金會「美國自然保育協會」的執行長兼主席 Mark R. Tercek, President and CEO of the Nature Conservancy, America's largest environmental charity）

一本讓人目不轉睛的書，傳達非凡的資訊。
（弗萊德・巴尼斯，華爾街日報 Fred Barnes, Wall Street Journal）

一盞希望之光……一本不可錯過的書。（查塔努加日報 Chattanooga Pulse）

在二○一一年的暢銷書《The Bond》之後，帕賽爾為我們揭露：創新的企業家、全球五百大企業的執行長以及科學家們，是如何推動這個社會運動，帶領著我們向前進，消除殘忍又過時的做法。（費城風格雜誌）

帕賽爾呈現了許多讓人印象深刻的證據，顯示這些成功的社會運動減少了人類之外的動物的痛苦……這個成功是真實的，而且還有更多將會發生。（外交雜誌 Philadelphia Style）

一本辯才無礙的書……作者是打破框架的美國人道協會總裁兼執行長…韋恩・帕賽爾。（喬治・安・蓋爾，奧本公民報 Georgie Anne Geyer, The Auburn Citizen）

對那些關心某項議題，但覺得無法撼動它一絲一毫的人來說，帕賽爾對動物福利的做法會是個很好的啟發。（麥可・伊恩・布雷克，How to Be Amazing 課程創辦人 Michael Ian Black, How to Be Amazing）

這本書呼籲那些服飾業者、飼料業者以及娛樂圈人士，不要讓動物成為犧牲品。（富比士 Forbes）

Contents

由此可見，以他者為念甚於為己而謀、抑己之私而行仁於外，人類天性之完善以此構成。

　　　　　　　　　　　　——亞當·斯密，《道德情操論》

第一章

不論在任何意義上，動物都是與人類平等的生物；我們只要掌握住這個核心事實，其他的都將隨之而來。

——《我表兄弟的故事》，亨利·沙特

第二章

人必須汰舊換新，淘汰過去看似好的，換上如今證實最佳的；否則要如何進步呢？

——羅勃特·白朗寧

第三章

我們養大一隻雞，結果只吃牠的胸或是翅。要避免這樣的荒謬，就該用一種適當的介質，讓這兩樣東西分別成長。合成食物將會⋯⋯從一開始就和天然食物沒有區別。

——〈五十年後〉，溫斯頓・邱吉爾爵士（Sir. Winston Churchill），
一九三一。

第四章

在我生命的早期，可能是因為與生俱來無法饜足的好奇心，讓我對訓練有素的動物表演感到厭惡。我的好奇心毀了這種表演的娛樂性，因為我總想知道這些表演的背後是什麼、又是如何做到的。而我在這些膽大的演出以及閃亮的表面下發現的東西，可不怎麼美好。

——《傑瑞的兄弟麥可》，傑克・倫敦

第五章

不管在哪個時代,世界的重大進步,都是以人性的增長和殘酷的減
少程度來衡量。

——亞瑟‧赫爾帕斯爵士

第六章

人們前來羅亞爾島是為了健行、賞景,以及感受遺世獨立,但是留
在此地的訪客則是為了狼和麋鹿。「遊客很希望能聽到狼嚎或是看見
狼蹤,但就算沒看到沒聽到,也不會覺得失望。」

——伍賽提告訴我。

第七章

「那些發現鯨油和鯨骨某些用途的人，我們可以說他們發現了鯨魚真正的用處嗎？那些殺大象以取其牙的，難道可以說是真的懂大象？這些都不過是微不足道又不重要的用處罷了；就好比有個比我們更高等的族類，殺了我們就為了用人骨來做紐扣或豎笛一樣。每樣東西都有低階和高階的用途。每一種生物都是活著比死掉有用，不管是人類、麋鹿還是松樹都一樣。只要是能正確理解的人，都會選擇留一命而非取一命。」

—〈緬因州森林〉，亨利　大衛　索列奧

結論

講理的人適應世界，不講理的人堅持要讓世界適應自己。因此，一切的進步都要靠不講理的人。

——蕭伯納，《致革命者的箴言》，一九〇三

簡介

由此可見，以他者為念甚於為己而謀、抑己之私而行仁於外，人類天性之完善以此構成。

——亞當・斯密，《道德情操論》

這是個值得紀念的歷史時期。人們對動物福利的關切，過去從來沒有如此的廣度與決心；但同時，如今人類加諸在動物身上的痛苦折磨，其規模也是前所未見的。

要如何才能解開這種矛盾？答案只有一個，就是希望。

剝削動物的作為已經是四面楚歌，不論是幼犬繁殖場、寵物店、馬戲團或是海洋公園、工業化畜牧場和屠宰場、毛皮養殖場和皮草店、靈長類動物實驗室和美妝品動物試驗機構，都是一樣。對動物的關心逐漸上升。如今，有種快速成長、常常讓人驚喜、潛力無窮且不可抵擋的動物福利力量，以各種不同的形式出現──這就是人道經濟的年代。

如果你是不人道的舊經濟秩序的一環，那麼你最好馬上投入新的事業計劃，不然就是快點閃開。現在搞不好都已經嫌遲了。每天每天，在我們的公民社會輿論中，那些對待對動物的不光彩做法，生存空間已經越來越小。不論人類捏造出什麼理由以刻意殘酷地利用牠們，對於這種自私自利的自圓其說，人們也越來越不能容忍。現在，舊的思維已經被兩種力量擠壓，快被推入遺忘的塵埃裡了。

一方面，在消費者之間有種共識，相信動物是很重要的，也把這樣的原則在市場上付諸實行、據此作出選擇，因而驅動了改變。這種新的經濟變化成為一方沃土，孕育了一群積極的創新企業家，他們夢想著以更好的方式製造產品和提供服務，以減少或是完全解除對動物的傷害。這些有遠見的企業家招募了科學家、

經濟學家、工程師、設計師、建築師和行銷人員，投入食品、服裝、住居、醫療保健、研究技術，甚至是娛樂產業中，致力於不在身後留下一串犧牲的動物。這種經濟革命的深度、廣度和潛力，都十分驚人。

另一方面，人道經濟的推力也來自一群人，他們並不是立意要終結動物的苦難，但他們的創新成果卻把我們引上同樣的方向。在十九世紀、廿世紀初的時候，大幅減少馬所受到的酷虐的人，不是美國防止動物虐待動物協會的創辦人亨利・伯格，而是亨利・福特。福特發明大量生產的自動汽車，他的出發點並不是因為想減少這種動物的負擔，但這卻是一個持久的結果，而且就發生在歷史的一眨眼間。生活在十九世紀美國城市中的人，很少人會想到從動物變成機械運輸這樣的轉變，居然會轉眼成真。事實上，我們的語言依然依附著動物運輸的時代，還跟不上已經發生很久的那次革命；證據就是我們依然用「馬力」作為引擎的單位。

直到廿世紀初，我們都還把信息綁在鴿子腳上讓牠們飛上天，以此傳遞訊息。在那之前，小馬快遞（Pony Express）曾經在十九世紀短暫地運行。如今，聯邦快遞、DHL 可以在一夜之間，把包裹送到幾乎世界上任何一個地方，其載重能力和導航系統會讓小馬和信鴿都為之豔羨。現在亞馬遜已經在試驗用無人機遞送書籍和其他產品。更不用說我們只要按幾個按鍵，就能在幾秒內從地球上任何地方下載書籍到電子閱讀器上、傳送電子訊息以及各種大小的電子文件。

　　如今，信鴿和馱馬（在很大的程度上）的服務已經被我們拋在腦後，我們也可以來想想，還可以用創新來解除何種動物所承受的重擔？想到如今動物在各行各業中被剝削的程度及規模，我們怎能不趕緊努力驅策創新、讓殘酷利用動物成為過去式？人類的創造力及越來越警醒的道德秉性，使得這個世界到處是機會、充滿革新的精神，意欲在社會、科技及經濟上做出改變。知名的經濟學家約瑟夫・熊彼特在《資本主義、社會主義與民主》一書中，將資本主義描述為：「創造性破壞不斷吹襲的強風」，是一段由企業家與創新者引入新的目標、新的生產方法、新的產品，以達成其願景的過程。老企業往往會對新方法做出啟示性的預測，但是就如同熊彼特所指出的，做生意的態度及方法才是驅動成長的關鍵，以及經濟的命脈。不能適應的企業就會被淘汰，而創新者就會取得更大的市占率。

　　當我們談到人道經濟時，要點正是獲利與做對的事。訴諸同理心的想法要顯露出來，非得在市場上勝出不可。我們可以製造出高品質的產品、服務、創新內容，過程中也同時尊重動物保護的價值；我們可以餵飽這世上激增的人口，卻不需要將動物過度圈禁；可以驗證美妝產品及化學品的安全性，卻不必毒害小鼠或兔子；可以解決人與動物之間的衝突，而不用訴諸暴力。

　　今日，幾乎每一間建立在傷害動物上的企業，都快要瓦解了。只要是在有商業剝削的地方，也就有機會讓造成的傷害更少、甚至沒有造成傷害的企業，起而代之。工業化畜牧場，就是一個人類的才能與良心脫節的例子；由良心所帶領的人類才能，

又會創造出什麼樣的農業創新呢？

在本書中，我邀請讀者一起來認識幾位廿一世紀人道經濟的先行者，他們正在幫忙引入一連串的轉型，那變化就如同我們在上個世紀所看到的運輸業，或是過去廿年間所看到的資訊業，那般迅速。在雞蛋及豬肉業中的幾個知名大廠，它們的名字曾經和極端狹窄的圈禁、舊式的不人道方法連在一起，如今他們正在拆除那些籠子與畜欄。現在他們也飯依了人道經濟，成為其中一員。在本書中讀者將會看到，有遠見的企業家是如何站在食品生產及銷售產業巨大改變的前沿，因為廿一世紀的企業領袖及他們的顧客，要求企業做得更好。

對於那些想要讓動物徹底從生產方程式中消失的人來說，本書也將帶領讀者一窺內幕，看某些人如何破解生產密碼。這些人正在仿製雞蛋和雞肉，味道口感都和真的一樣，卻不含有殘酷的成分。這些產品在盲試吃的活動中很難分辨出來，但是在道德測試中卻能輕易勝出。

從前有兩個囊中空空如洗的街頭表演者，他們有個願景，想要用精心編排的人體雜技表演來娛樂觀眾，於是他們創立了太陽劇團，讓其他還在用大象跳舞、老虎怒吼的競爭對手看起來完全過時又不入流。太陽劇團的創辦人在開創事業時，也許不是對動物福利念茲在茲，但是貝琪‧索爾在創辦寵物協尋網站的時候，心心念念就是要拯救生命。她創造的虛擬收容所幫助上百萬在市場上尋找貓狗的人，找到他們夢想中的寵物，並在過程中拯救了

生命。

　　不只是企業家而已，科學家也是這個新的人道經濟的一部分。有一些人正在努力讓實驗室生成的肉更完美，而不需要養成一隻有心有肺的動物。書中還會帶讀者到科羅拉多州的砂洗盆地，看看以傑伊‧柯克帕特里克為前鋒的生育控制技術，如何為拯救美國野馬的工作開展了前景，也為關鍵的利益相關者解套，因為原本的管理方案根本就行不通。書中也會呈現科學領域中的改革者，例如國家衛生研究院的院長弗朗西斯‧柯林斯，他在終止使用黑猩猩進行侵入式實驗的過程中，扮演了重要的角色。現在他也發出呼聲，質疑用數百萬隻大鼠、小鼠和兔子做動物測試，結果是否可靠；並敦促科學家同儕們想辦法引入新的測試方法。

　　我們不只為這些創新者和科學家們慶賀，也要來看看一些投資人。他們看出驅動人道經濟使人們獲益、帶來一連串的社會益處的資本為何。讀者不太可能在頭版上看到億萬富翁強‧史崔克新聞，但是此人把數百億的資金投入保護我們在野外最親近的動物親戚——也就是黑猩猩及其他猿類。而微軟的共同創辦人保羅‧艾倫則是資助反野生動物非法交易的運動，以保護瀕危的物種。這兩個人都能了解：大象、大猩猩以及其他非洲野生動物活著比死了更有價值。他們的投資讓是最需要收入的那群人獲益，並且為當地人提供工作機會，給了他們加入保護工作的誘因。

　　快速適應、很會模仿的人，對人道經濟來說也是至關重要。創新者已經震撼了他們的業界、顛覆老舊思維；而最善於模仿的

生意人，甚至會把創新者的成果加以改良。當「全食超市」改變賣場的外觀和氣氛，並開始販售有機食品以及人道來源的動物產品，不久之後競爭者也開始改造貨架、改變店內提供的產品。要是有一家速食店開始提供無籠生產的動物產品，業內的其他公司也會開始跟進。大幅創新的想法出現時，一開始都會遇上排斥，接著就會有共鳴，然後就會有適應或是一兩個調整的做法。在這之後，要是點子管用，就會大規模的被接納。到了最後我們還會覺得奇怪，以前用舊方法是怎麼辦到的。

　　人道經濟不是什麼抽象、遙遠的概念，部分的原因是因為動物就在你我身邊。正在進行中的許多改變，將會觸及你的生活，以及你周遭的人的生活。事實上，你正在、也將會推動很多這類的改變，因著你吃的食物、你養的寵物、你買的家用產品、你看的影片或是你觀賞的野生動物。不論是首先適應者或是中途才加入，只要我們抓住這個現成的機會，就可以幫忙在全球的經濟中，為了動物而塑造市場、加速產業轉型。

　　經濟學理論都會假設人們的行為是出於理性、並取得了完整的資訊；但是在與使用動物的產業相關的領域中，一直以來，理論和實際有很大的落差。通常我們都不知道動物產品是如何製造的，有時我們也不想知道——這種態度可以有很多種說法，但絕對稱不上是理性的。就算把這種態度稱為「利己」，也還是無法加以說明，因為這種忽視的態度、或是由於不知情而做出實際上有違背良心之虞的決定，對大多數人來說並非有利。

在資訊時代，人們的意識升高，對於動物在人類企業中所承受的、一度不為人所知的苦難，這種關鍵資訊一旦被知悉，就回不去了。真相越來越難被隱藏，這也就是為什麼工業化畜牧業者，會對於僅僅是未經許可拍攝他們的日常工作這樣的行為這麼感冒，欲加之以罪。要是某間公司最大的敵人，就是知情、有道德警覺的消費者，那麼這間公司的麻煩就大了。任何一個經濟學家都會說，當供應端有新的、相關的資訊被取得，人們就會調整需求端的期望。這在我們的整個經濟中都可以看到，越來越人開始問問題，並依照答案採取行動。一個接著一個，殘酷的企業發現自己站在錯的一邊，市場從基本上發生變化，越變越好、不再回頭。

從個人以及社會層面，我們可以和動物虐待說再見、擯棄剝削動物的過時經濟、擺脫陳舊的爭論，和那些人死抓著不放的政治詭計。在本書中你會讀到，創新企業家、商場上的領袖們以及科學家，正在努力尋求解決之道。有很多團體和個人提供他們協助，要求革新，呼籲立法者、法官、檢察官還有企業的高層接受新的人道標準。

有一件事是確定的：我們不需要接受把殘酷當家常便飯的做法，不論是在農業、娛樂業、野生動物管理範疇，或是經濟與文化的任何角落裡。讓我們一起透過政治途徑採用新的標準，強化這些先行者正在做或是準備要做的事，這樣我們就可以為人與動物的關係，創造出一種新的常態。在這個人道經濟的時代，當人類的才智與美德攜手，我們才終於發現這二者可以兼得。那會是

一個更美好的世界——對我們、對動物都是如此。

　　請拭目以待。

第一章

不論在任何意義上，動物都是與人類平等的生物；我們只要掌握住這個核心事實，其他的都將隨之而來。

——《我表兄弟的故事》，亨利·沙特

寵物與國內生產毛額

米格魯來囉

　　正如同所有的狗狗一樣，我的混血米格魯莉莉，是獨一無二的。一般來說，米格魯以嗜吃聞名，通常牠們的食慾會讓你找不到開關可以關掉；但是莉莉對食物的熱情，卻必須先通過一關：牠對狗碗的莫名恐懼。為了克服這種恐懼症，我們試過了各種尺寸和形狀的狗碗：圓的、方的、紙一樣薄的、陶製的，甚至瓷器的。我們在寵物精品的貨架上尋尋覓覓，想找那個對的盤子或碟子。不管是什麼容器，牠總是戒慎恐懼地接近，歪著脖子靠近食物，全身的重量幾乎都放在後腳上，眼神緊張地瞟來瞟去。她就像在水池邊的羚羊，擔心水面下有鱷魚虎視眈眈，或是草叢裡有獅子藏身；儘管牠明明就住在華盛頓特區的一間公寓五樓，身旁唯一的其他動物是一隻叫做柔伊的十磅重泰迪熊，它最糟也不過就是偶爾讓莉莉玩得滿身大汗。經過許多次的嘗試與失敗，我們終於發現我們的狗只願意吃放在紙巾上的食物——放在其他東西上都不行。就算紙巾一最後定會和食物混成一團，莉莉也不在乎，非這樣不可。

　　她在散步的時候表現得比較好一點，但還是有牠的怪癖。莉莉有米格魯的那種執拗，不喜歡的方向牠絕對一步也不前進。還有她的那種，該怎麼說呢，耳朵空氣動力學？她控制她那毛茸茸大耳朵的方式，就像是飛行員控制機翼一樣；當她昂首闊步、迎

著微風前進的時候，襟翼就張開來。這時經過我們身邊的人，臉上都會露出笑容。有些人還把她比做是狗界的【飛行修女 [1]】呢。

她也經常會突然停住、全身僵硬，用緩慢、機械式的方式移動，好似突然變成一比一的模型一樣；接著用一種科學怪人似的僵硬動作，以半圓形的路徑繞過某種看不見的障礙，看起來像是她正小心翼翼地繞過古老的埋葬坑，此地如此神聖，不能以腳掌踏之。完成這個儀式之後，她又再度放鬆下來，恢復了昂首闊步，耳朵也再度飛揚。一切都沒問題。

以狗狗心理學來看，她的這種動作是在聞到其他狗狗的尿液氣味標示時，一種順服的表現。要是我可以讀出她的狗狗心語，大概會是這樣：「這裡是其他狗的領地，我不想和他槓上，所以我要繞過去。」儘管其他的狗狗其實不會太在意莉莉從牠們留下來的氣味標示上經過，而且這種標示的行為根本沒有多大的意義。狗類被馴化已經超過三萬年了，但牠們野性的這部分卻還依然存在，再怎麼跟牠們解釋說已經沒有什麼領域不領域的，也是枉然。

我和妻子麗莎有幸領養我們的毛小孩莉莉已經有兩年了，當時莉莉經歷了一些令人難過而悲慘的遭遇，被收容在位在維吉尼亞郊區的的斯波特瑟爾維尼亞郡，一間政府營運的收容所裡。莉

1　Flying Nun, 美國 ABC 製播的情境喜劇，主角修女穿著頭戴式飛行翼，在空中飛行。

莉進了收容所幾天之後，既沒有飼主前來認領，也沒有人表示願意收養，於是她就上了安樂死的名單；因為收容所地方不夠大。不久之後她就會被注射巴比妥鈉、丟進垃圾袋、棄置在某個焚化爐。塵歸塵、土歸土，沒有停下來辦葬禮，也沒有人會注意到一個小生命，就這樣未到天年就被奪去了生命。

還好莉莉沒有踏上那條路，而是進入了我們的生命，也進入我們的心中，從此之後每天都為我們的生命增添光亮。她走過的這段歷程，也變成一個活生生、會呼吸、耳飄飄腳踏踏的案例，說明了當每隻狗陷入絕境時，都還是有可能得到重生的機會。在充滿希望的新時代中，有可能讓動物安樂死和焚化爐成為歷史名詞。更人道、更透明、更合理的態度以及更多的重生機會，將逐漸取代過去的那些醜行。如今，每年依然有將近三百萬隻健康的貓狗被安樂死，這個美好的遠景實在應該盡速到來。

莉莉進入我們生命的這段旅程，是由一群志願者和「走失犬貓救援」（Lost Dog and Cat Rescue）組織開啟的。這些人持續關注整個華盛頓、以及鄰近幾個州的收容所安樂死名單，並從中挽救了不少的毛孩子（這些救援行動通常是把動物從收容所裡帶出來，透過他們自己的管道廣宣認養）。就是這個團體的志工救了莉莉，並把她送到該團體在北維吉尼亞開設的無安樂死收容所中。

莉莉安頓下來之後，他們就把她送到一間獸醫診所，她在那兒做了檢查、治療牠的胃和耳朵的一些問題，以及萊姆病。接下

來，按照該組織的條款，獸醫把莉莉結紮。之後由志工帶著莉莉在認養活動上走動，設法讓牠與人交流，因為牠看起來很畏縮，需要建立自信。經過這些照顧之後，志工們把牠的照片放在網站上，宣告牠準備好要開放認養了。

「走失犬貓救援」肩負生死攸關的壓力：他們必須讓貓狗被認養或是被暫時收養，這樣才能有更多的空間拯救列在安樂死清單上的動物。莉莉就是這樣進入認養路徑的。可是，儘管她有可愛的外表、適中的大小（13.6公斤，適合城市、郊區或是鄉村），卻在接下來連續九次的認養活動上，功敗垂成。「我的老天爺呀！」——我心中的那個查理布朗發出這樣的感嘆好多次了；像我們的小米格魯這樣讚的孩子，不止性格好，還有一對可愛的毛毛耳朵，卻還是沒有人認養。這不禁會讓人想像，還有多少像這樣完全可以被認養的動物，只因為第一眼看去達不到完美的標準，就被人略過了，只能面對生命終點。

她的年紀也不加分，根據一位檢查她牙齒的獸醫說，她大約五歲左右，大部分的人都想認養幼犬而不是成犬。不難想見，可愛的小狗狗在你身上爬來爬去有多好玩、分享生命中最初幾個月的時光又是多麼難得。正因如此，我和麗莎刻意尋找年齡較大的狗，因為牠們總是會落選。這些成犬當中，很多都享受過愛和寵溺的滋味，卻因為牠們仰賴的人狀況突然改變而遭到棄養。可能是因為飼主突然搬到不准養寵物的公寓，或者是飼主沒心思也沒力氣去對付一些讓人討厭或是有破壞性的犬類行為。我和麗莎總是對那些願意聽的人說明，儘管這些成犬外表有點小損傷，甚至

偶爾有落齒缺牙，但牠們卻常常是最感激能有第二次機會的毛孩子。我的一位朋友馬修‧史考利，他是作家並擔任過總統的演講撰稿人。幾年前馬修認養了一條混血澳洲牧羊犬黑比，當時黑比已經十三歲了，口鼻部有不少灰毛，體重大約 32 公斤，還有關節炎，顯然已經到了暮年。結果，馬修和他妻子愛瑪努拉與黑比共度了兩年又幾個月個月，然後黑比這個老男孩就生病過世了。按照馬修的說法，那是黑比的「陳釀年份」，充滿了特別的疼惜和老狗的感激之情。這個經驗讓馬修和愛瑪努拉一直珍惜至今。

還有一些狗狗，牠們在與認養人的會面中就是拿不出好表現。莉莉第一次和我們見面的時候，表現得畏畏縮縮又疏遠，也許是因為周遭人狗雜沓讓她覺得不安。她就和很多突然被放進不熟悉環境中的被救犬一樣，必須花費很大的力氣在每次展示中表現出最好的一面。也正因為如此，動物維權人士艾米‧薩德勒發展出一個叫做「玩出活路」（Playing for Life）的方案，讓收容所的狗狗們在遊樂場上聚集起來，一起玩耍。這些狗狗們賽跑、打鬧、互相追逐、發洩積壓已久的精力，並隨著被領養的狗狗離開、新的狗加入，狗狗們就在這個持續不斷變動的團體中，摸索出某種社會秩序。「玩出活路」的目的是避免讓狗狗們變成「牢籠瘋狂」，這種症狀廣泛分布於各個收容所內，狗狗們在這些地方被長期監禁，只要一看到人就無法克制地狂吠、跳躍。牠們太過渴望，就像是第一次約會一樣，希望來個大逆轉。參加「玩出活路」方案的狗狗們，會比較平靜，表現也比較好，不會過動或是高度緊張，因此也增加了牠們跟著某人回家的機率。

　　莉莉則是高度緊張的相反。她非常溫順，耳朵平貼往後、眼睛睜得大大的，尾巴緊緊地夾在身下。當我們第一次和莉莉見面的時候，儘管志工已經花了許多力氣幫她做好準備，但是她這次亮相還是不太成功。我們才四目交接幾分鐘之後，這可憐的女孩就拉肚子了，好巧不巧還拉在我們腳上。這就是第一印象。這類的直腸意外發生時，很多人會下意識捏起鼻子、別過頭去，接著就開始想到家裡的地板和地毯、想到狗狗必須接受的訓練，還有那最不有趣卻又是最基本的寵物照顧責任。「走失犬貓救援」的人說，莉莉拉肚子的問題是來自壓力，也許也有部分來自胃腸的寄生蟲或是感染。他們對莉莉和我們都保持著平常心，但心裡八成在想，莉莉在滿分十分裡應該只得了零分。

　　簡單的清理一下之後，我們成功地讓她平靜下來，並哄她玩了一下下。我們讓她翻過來讓我們摸摸肚子，立刻注意到她凸起的乳頭。她當過媽媽，但是寶寶已經不在身邊很久了。也許她曾經在繁殖場當過哺乳犬，這非常有可能，因為維吉尼亞州是東部最主要的繁殖場州。她還有幾顆斷牙，這又是一個間接證據支持我們的理論，因為有很多繁殖場的狗狗，會因過度的監禁而沮喪，因而啃咬籠子的鐵絲。牠們崩潰了，以自殘的行為來回應絕望和孤立。這些繁殖場的經營者絕對不會花錢替牠們看牙齒，就算只是拔掉斷牙也一樣。

　　莉莉的腿上也有傷痕。所以如果她不是繁殖犬，也有可能是獵犬，在追捕兔子或是其他小型動物的時候，不小心跑進帶刺鐵絲網中。事實上，每當我帶牠到郊區或是鄉下散步，兔子的氣

味就會讓牠被定格，瞬間回復鼻子靈敏的獵犬模式——鼻頭湊近地面、腳步迅速地左右移動；當嗅覺探測以閃電般的速度傳送指令給她的大腦和四肢時，她就會往前快衝。只要進入這種模式，不管什麼都很難讓她分心，就算我用力拉住牽繩也是沒用。真的不難想像，莉莉在她上一個生命階段中，橫衝直撞地從籬笆下鑽過，因此弄傷了腿。不過，雖然她有適合打獵用的靈敏嗅覺和適中身材，她的其他條件卻肯定會讓她失去資格。首先是她討厭突然而巨大的聲響。要是有哪一隻獵犬會在聽到來福槍響時，轉身跑向另一個方向，那絕對是莉莉無疑。（這件事是我們領養她兩個月後發現的，當時茉莉・弗斯來我們家，同時打開電視、洗碗機、洗衣機和烘乾機，製造出如同放煙火一般的音量。）維吉尼亞郊區的繁殖場裡，多的是被拋棄的獵犬，因為在這一州，放一群狗去追逐動物依然是一種行之有年的傳統：既沒有法律也沒有任何行為規範，可以避免獵人將表現不好的獵犬棄如敝屣。我們還有另一個小細節支持這個「被拋棄的獵犬」理論，那就是莉莉患有萊姆病，這種病在生活在戶外的動物身上比較常見，而獵犬一般來說正是如此。

莉莉的健康問題清單上，還要再加上眼睛和耳朵的感染，肇因於疏忽照顧——牠的前任飼主顯然必須對此負責。在那個時點，莉莉的健康狀況並沒有不能加以治療或舒緩的大問題存在，只需要耐心和醫藥罷了。不能確定莉莉過去到底經歷過什麼苦難，我們只能盡力拼湊出那背景故事，並扭轉牠的創傷經驗。我們唯一確定的事，就是我們想要在這個毛孩子的下一個生命篇章

中，滿滿地填上歡喜與愛。牠的年齡、健康問題，以及退縮的行為模式，並不會讓牠在我們面前失去資格，而是正好相反。我們只想把牠拉近，並確保同樣的事不會再次臨到牠身上。對我們還有對莉莉來說，「走失犬貓救援」的志工及時發現了牠，真是值得慶幸。

後來還有劇情轉折：不久之後，莉莉就會發現有另外一個遊蕩成員也加入了我們家，而這個成員有時候會讓牠的好脾氣大受考驗。這個成員就是我們的貓：柔伊。牠用的是比較直接的路徑進入我們家，就像許多無家可歸的貓那樣。一般來說，當人們想要一隻狗的時候，會出去找一隻回來；而貓則是多半自己找到下一個飼主。有天我和莉莉在清早外出小遊一番時，柔伊決定加入我們。當時牠的年齡不詳，但是美貌卻是很肯定的。

我剛開始看見牠的時候，以為牠是在人行道後面散步。有一小撮人真的會遛他們的貓，當時我以為這就是其中一個罕見的例子：一個傢伙不用牽繩和他的愛貓一塊散步。但是當我和莉莉轉了一圈回來，有個出來跑步的年輕女子，正在哄誘這隻小貓靠近她。我早些時候看到的那個男人已經不見了，顯然這隻貓在當下是孤孤單單。用不了多久，貓就已經在慢跑者的臂彎裡了。

我打了一個求救電話給麗莎，請求支援攜貓籠。幾分鐘之後，麗莎穿著睡衣和不搭的運動鞋出現了，手上拿著攜貓籠。我們速速把這隻大眼流浪貓裝進去。那位好心的慢跑者說她考慮要養這隻貓，但我心知麗莎將會變成她難纏的對手。接著慢跑者帶

著貓來到社區裡的獸醫診所,至少有那麼一會兒,我們三個人坐下來準備討論監護權的問題。

　　獸醫發現這隻流浪貓身上有沒有註冊的晶片,於是診所貼出傳單。我們也在幾個網站上貼了照片,並打給「華盛頓人道協會」(Washington Humane Society)的走失寵物專線。我們每天都檢查貼出的訊息,但是沒有任何人出面認領牠。麗莎心想有九成的把握可以得到所有權了,便把牠從診所帶回家。我被分派的任務則是打給那個好心的慢跑者,我後來才發現她是政府單位的律師。她咕噥了一會兒,但是出於禮貌沒有對我進行交叉質詢,最後慷慨地同意讓我們留下「柔伊」──也就是我們替牠取的名字。當下一次我們又在路上碰到時,我告訴她,柔伊會在夜間撲襲我,甚至有時候會睡在我們脖子上;雖然她失去了一隻貓,卻獲得了好幾百個小時安詳的睡眠時間。

　　柔伊真的很有個性。牠可以在家裡四處搞破壞卻不讓人生氣。每天傍晚我回家的時候,牠就會在門口歡迎我,然後試圖溜出去探索門廊。我會讓牠稍嘗一點自由滋味,然後才抓住牠,把牠帶回屋裡。

　　在我們的公寓裡,有很多讓牠忙的。柔伊有一大盒玩具,每次我們把玩具拿出來,牠就會玩得不亦樂乎。牠也是我見過唯一會大口喘氣的貓,因為牠會同時間跟蹤、猛撲、四處跑,搞得自己喘不過氣來。

　　柔伊就和莉莉一樣,也有些獨特的怪癖。例如說,牠會咬金屬。我們的水壺壺嘴就像是被絞肉機絞過一樣。有可能牠對於牙齒保健比我們還了解,證據就是每當我們帶牠去看獸醫,獸醫總是會讚嘆牠有一口潔白、銳利的漂亮好牙。

沛斯麥(PetSmart)和沛特多(Petco)裡的好點子

　　幾年前,要是你問我應該上哪兒去找來一隻狗,我列的清單上大概不會有寵物店這一項。我一直認為,寵物店就是個表面乾淨清爽、實際上卻是替繁殖場銷貨的通路;在我們這個國家的寵物問題中,寵物店要負很大一部分的責任。在繁殖場,幼犬在很年幼的時候就和母親分離,被迫自己照顧自己;環境要不是極冷就是極熱,然後等到七、八週大的時候,就被運去販售。母犬的遭遇更慘,牠們每次發情期都懷孕,而且通常被關在狹小、骯髒的籠子裡,從未離開過。既沒有人遛牠們,也沒有遊戲場,牠們從來不曾接觸過草地、感覺過陽光,鮮少活動。牠們從不曾感受過人類愛的撫摸,更遑論獸醫的照顧。要是哺乳的母犬生病了,養殖場的經營者只會再養另一隻來取代原先的。「美國人道協會」(The Humane Society of the United States)以及其他的動物保護團體,正在呼籲修法,以對抗這些繁殖場,並迫使寵物店停止販售繁殖場來的幼犬,推動以認養代替購買。即便如此,在美國的各個鄉村角落裡,還是有狗狗從數千個這種破破爛爛的繁殖場裡流出,這些狗狗被關在籠子裡,繁殖場的地點都在遠離道路

及視線的地方，躲在倉庫或是小屋的後面。有些時候狗狗們就被藏在這種小屋裡，擠得滿滿的，甚至見不到陽光，也沒有新鮮空氣，連一絲一毫的人類善意都得不到。就如同許多虐待動物的情節一般，這些都發生在遠離人煙、對外封閉的地方。而正是因為人們對這樣的地方一無所知，因此無法把這些骯髒的狗窩和寵物店裡光鮮亮麗的布置聯想在一起——但其實這些都同屬於一個產業。這是一條長長的產業鏈，繁殖場老闆、狗買賣中介，以及寵物店，共享這筆建立在痛苦之上的利益。

沛斯麥和沛特多也曾經是這樣的寵物店，是這條產業鏈的前端。但是從九〇年代中期開始，這兩家以供應飼主種類繁多的寵物用品而壯大的公司，不約而同地下了一個相當具有策略性的決定——對繁殖場說「不」。他們把銷售犬貓的整個部門停掉，並且向當地的各種流浪動物救援團體、收容所張開雙臂，將寵物店的客戶分享給這些機構和團體。沛斯麥和沛特多在認養的過程中不收取利益，而是直接將認養費用轉交給這些機構和團體。這對寵物店來說是一種嶄新的經營模式，建構在「為動物做對的事」這個核心思想上，讓認養寵物的感情經驗，轉化為消費者吸引力和忠誠度。要買寵物用品，首選當然是替你和寵物牽線的那個地方，不然咧？

對這兩家公司來說，和繁殖場一刀兩斷這個決定，不止對貓狗來說是正確的，就生意上來說也是如此。和救援單位及收容所建立夥伴關係，為他們帶來更多的客人，也在當地建立了的信譽。麗莎和我遇到莉莉那天，我們就是把導航目的地設定為沛斯

麥，唯一的目標就是尋找新的家庭成員。就算我們當天沒有領養到寵物，也會對這間寵物店裡的領養服務留下非常好的印象。要是你從沛斯麥或是沛特多領養了一隻貓或狗（現在甚至有兔子了），那麼不管你往哪個方向看，都會看到各種寵物用品：狗屋、牽繩、項圈、小床、小毛衣、暖墊、小靴、飼料碗、水碗、寵物食品或零食、尿尿墊、可沖式貓砂、狗狗安全帶、救生圈、狗狗飛行鏡、貓抓板，還有超多玩具。根據沛斯麥的報告，從店裡領養了寵物的人，出於找到新家庭成員的喜悅，也急著想抹去過去寵物過去可能經歷過的不快和困境，平均消費金額是一般客戶的五倍。這可是倍增的效益。而且這還不只是一次性的衝動購物。就像麗莎和我，我們就喜歡經常回到沛斯麥，因為那裡會讓我們想起初次見到莉莉的場景，想到從此牠為我們帶來了多少歡樂。

沛斯麥和沛特多的領養服務，比各方預期的還要更成功。這兩家企業一年都新增了十幾間分店，如今加起來有超過二千五百間賣場。小型的寵物店已經無法與之匹敵；他們的競爭對手除了彼此之外，主要是大型的綜合賣場，例如沃瑪、好市多、塔吉特（Target），這些大賣場也都新增了寵物專區。班非爾寵物醫院也和沛斯麥建立夥伴關係，在八百家分店內設立了獸醫診所，共聘用了五千位獸醫。在全美國，犬貓加起來有一億七千萬隻，加上一億五千萬隻其他寵物，相關種類的銷售金額達到約六百億美金。二〇一四年十二月，倫敦的跨國公司 BC Partners 以八十億七千萬的價格收購了沛斯麥，是該年度金額最高的私募基金跨國

交易案。是的，你沒看錯，二〇一四年最大的一筆私募基金收購案，對象不是財金公司、能源公司，也不是醫藥業或是礦業，而是寵物用品店。

這兩家寵物用品巨頭的店內領養服務，在人道運動中具有革命性的意義。透過救援夥伴機構以及收容所，沛斯麥和沛特多一共替一千一百萬隻犬貓找到充滿愛的新家，這個數字足以改變遊戲規則，而且每年還再增加五千萬。許多分店現在還有領養貓中心，讓貓咪可以全天候住在那裡，就等於一個服務完整的收容所。想想看，要是這二千五百間商店在過去的二十年間，是販賣繁殖場的狗狗，事情又會如何？這兩間公司若不是幫助了幾百萬的狗狗找到新家，而是賣出了幾百萬隻從繁殖場來的幼犬，那將會為收容所帶來浩劫，而繁殖場則是口袋滿滿。如今，善行取代了惡行，這兩家公司替這個問題帶來了根本性的轉變。

事後來看，這兩間公司決定只提供認養、全面結束販賣犬貓，這樣的決定似乎有很明顯的行銷效益；但是在當時，這個決定卻是革命性的，打破了寵物店慣有的模式。這等於是要他們放棄犬貓本身的販售，而犬貓本來就是這一行的核心，也是吸引顧客的主要誘因。而且販賣犬貓本身並不是不賺錢的攬客手段而已，就算是顧客一輩子只買一次，店家也是賺了不少──每隻狗依照金額不同，利潤可達到一千美金，甚至更多。

切斷與繁殖場的關係，代之以幫助寵物找到新家，透過這樣的方式，沛斯麥和沛特多變成了問題的解決者而不是製造者。疼

愛寵物的人對這兩家公司有好感是對的；顧客的忠誠度他們當之無愧。

就在沛斯麥和沛特多改變策略，讓上千家賣場加入寵物認養行列的同一時期，創新的人道人士也開發出另一個營運點子。事實證明，這個點子是讓動物收容所系統天翻地覆的一大創新。用市場供應與需求的用語來解釋的話，收容所和救援單位有太多的貨（無家可歸的犬貓），但是卻不吻合目標族群的需求（各種不同尺寸和品種的狗，以及各種不同顏色的貓）。有些都會區的收容所裡，鬥牛犬之類的狗多到不行；而西南部的收容所裡，則是有太多的吉娃娃；南部的收容所裡則充滿了獵犬。存貨（各種尺寸形狀的狗）是現成的，只是不在對的地方。

這就是為什麼有兩個目光遠大的人會想到這個主意。一九九五年的新年除夕，都市植樹人貝琪班克斯・索爾，以及住院醫師賈爾德・索爾，他們正在去吃晚餐的路上，談起了寵物認養的困境。他們也聊到了一個很酷的新東西，叫做網際網路。網路會不會是寵物收容所地點問題的解答？到了半夜，貝琪和賈爾德已經定下了他們的新年新希望：建立一個網站，蒐羅收容所和救援單位的訊息，並放上網路。幾個月之後，貝琪和賈爾德就建立了「認養協尋」（Petfinder）網站。一開始，他們打電話給紐澤西洲的各個收容所和救援團體，這些機構雖然有點不敢置信，也對這個新點子有點懷疑，不過還是同意用普通郵件或是傳真，提供他們待認領的狗貓資訊，讓他們放上網。不久之後，參加這個計劃的收容所裡的動物就一掃而空。從此，收容所的世界就再也回不

去了。認養協尋還有另一個效益，就是激起關心的人付諸行動，這些人可能是在尋找特定的品種或地區，卻不知有那麼多的吉娃娃或是米格魯正有待幫助。認養協尋也讓這些人組織起來。

「認養協尋」大受歡迎，影響力立刻就超過了網站本身。兩年內，貝琪和賈爾德就把網站變成了跨國網絡。時至今日，全球有大約一萬二千個收容所以及救援單位會上傳照片及資訊，網站上隨時都有超過廿五萬筆的動物照片，成了一個虛擬的犬貓舍，讓未來的爸媽們瀏覽。利用搜尋功能，人們可以找到附近地區任何一隻他們喜歡的貓狗，甚至是最少見的品種，並且省下了跑一趟收容所，卻因為選擇太少而空手而歸的麻煩。寵物協尋網站所做的，和聯誼交友網站並無不同──讓追求者可以評估目標的關鍵條件，並直接鎖定最適合的潛在對象（唯一的不同是，認養是一輩子的事）。

研究完認養協尋網站之後，下一步就是「面對鼻」的第一次接觸，讓你可以感受一下濕濕的鼻子或是聽一聲歡迎的喵嗚。過去二十年來，認養協尋網站促成了兩千兩百萬件寵物認養，足足比沛斯麥和沛特多加起來還多一倍。這個網站上現在甚至還提供認養兔子、鸚鵡、爬蟲類；還有其他各式各樣、大大小小的動物，如今也被納入收容認養範圍內。網站也破壞了其他種類寵物交易的商機，其中不乏鳥類、倉鼠或是其他動物的陰森森繁殖場。

以 Petfinder 為首的寵物協尋網路，再加上沛斯麥的店內領

養服務，以及創意與細緻兼而有之的「走失犬貓救援」的幫助，我的莉莉最終才能成為一個成功的領養案例，而不是在安樂死數據上又添一筆。莉莉沒有被遺忘、棄置，而是被照顧、被保護。在這個過程中的每一個人，都有一個共同的目標，就是讓莉莉這樣的案例一再被重複，好讓收容所不用再因為缺乏空間或是經費，而不得不忍痛殺死健康的動物。時至今日，有許多好心腸又有資源的人們，也都在努力達到這一目標。這些人經營大量替流浪犬貓絕育的獸醫診所、遊說政府提供經費施行絕育、推動禁止寵物店販賣繁殖場的幼犬，並把安樂死率高地區的犬貓移送到認養率高的地區。他們協助較弱勢地區的飼主和寵物，在實際工作中找出最佳的做法，並透過廣宣破除人們對收容所犬貓先入為主的成見。他們對社區裡的流浪貓進行「捕捉、結紮、放回」（trap-neuter-return，簡稱 TNR）的工作，作為收容與安樂死的替代方案等；工作項目繁多。

在解決無家可歸動物的問題上，沛斯麥和沛特多身兼盈利的企業以及慈善事業單位。沛斯麥慈善事業已經成為最大的動物基金會，沛特多基金會緊追在後；這兩者加起來，每年捐出七千萬美金給幫助犬貓的方案和慈善事業。他們募款的策略其實很簡單又有效，就是邀請沛斯麥和沛特多的顧客捐出找零的錢以幫助動物。只要他們的幾百萬顧客都捐出小額捐款，加總數額自然不小。這些慈善捐款與沛斯麥和沛特多的成功直接相關，成為新的人道經濟的一部分。

他們只是這些新一代慈善事業的兩個例子。其他還有許多像

這樣資金充沛、影響力強大的慈善事業與基金會。大衛・杜菲爾德是仁科公司（PeopleSoft, Inc.）的前執行長、也是 Workday 軟體公司的創辦人之一，他撥款超過十億美金給他名下的基金會，該基金會名為「美迪」（Maddie）──是他的迷你雪納瑞愛犬的名字。在杜菲爾德和基金會首任執行長理查・阿凡其諾的領導下，美迪大力支持地區性的促進認養工作，以期達到「零安樂死」的目標。該基金會和廣告協會、美國人道協會合作，推出了一個全國性的廣宣活動，稱為「收容所寵物計劃」，截至目前為止已經產出價值超過二點五億美金的廣告。這一系列的廣告提醒人們，流落至收容所的犬貓多半是因為人類的過失，而不是因為牠們做了什麼。原因可能是因為飼主失業、離婚，或是財務變化，才會讓好端端的動物落入糟糕甚至悲慘的境界。

　　這樣的數字足以改變大局，而地區層級的傑出領導人物，又讓我們看到更多的成果。其中華盛頓特區的例子更是帶來天翻地覆的改變，讓人振奮不已。麗莎・拉馮丹在二○○七年就任為華盛頓人道協會的執行長。這間收容所當時正苦苦掙扎，每年收容的犬貓大約有一萬隻，而五十年前興建的設施卻老舊而不足。這個協會的「拯救率」只有百分之廿八，意味著來到這間位於紐約大道上的收容所裡的犬貓，有將近四分之三沒有辦法活著出去。拉馮丹推動了一系列的革新措施：在社區活動中提供犬貓；設立一個範圍廣及全市、花費低廉的 TNR 計劃；針對流浪貓加強展開 TNR 的措施；擴展寄養方案、提高顧客服務品質，並喚起公眾注意流浪動物問題的嚴重程度。到了二○一五年，華盛頓人道

協會的拯救率已經翻了三倍,達到九成。也就是說,十隻貓狗中有九隻找到新家。考量到該協會收容的小型鬥牛犬不成比例的高,這樣的數字更顯難能可貴。

> 提高犬貓的認養率,並降低其出生率——這也是拒絕安樂死運動的兩大基石。

不止如此,還有更多的慈善事業以及政府企業組成的網絡,已經準備好要為人道經濟更添希望了。全國三千一百個郡內,共有三千五百座磚造的收容所,每年一共花費廿五億美金用於解決無家可歸動物的問題。其中約有半數是倚靠慈善捐款的私營收容所,例如國際組織「防止虐待動物協會(SPCA)」的在地分支機構;另外一半則是由當地的政府機關營運,一般被稱為「動物照顧管理機構」。這些機構加起來,共聘用了三萬五千名人力,平均每個設施僱用十人,包括行政人員、獸醫、籠舍工作人員、動物行為專家、認養顧問等等。

此外還有超過一萬三千個救援團體。這些團體大部分規模不大,成員大部分是志工,雇員很少;但其中有些團體相當有規模。「走失犬貓救援」每年就有超過一百萬美金的預算,一年促成兩千五百件寵物認養。牠們靠中途(寄養)爸媽來增加收容數量;在動物等待認養的過程中,這些中途爸媽協助照顧超出收容所負荷上限的動物們。當然囉,要成為這些動物的中途之家有些時候也會變成動物的永久之家,因為中途照顧者愛上了他們照顧

的動物，進而將其收養。我們愛憐地把這些案例稱為「中途失敗」，但實則是認養成功的案例。

志工們投入的大量心力，讓該組織實際的支出比需要的來得低，也讓我們都真心感佩這些人無私的付出。有許多男男女女受到呼召，要保護這些受到忽視、被無情甚至是殘酷對待的動物們。很自然地，他們首先想解決的，就是由來已久、隨處可見的無家可歸動物問題。但要是我們可以把這個問題一舉根除，那樣一來，同樣這些人，可以為其他同等重要的動物人道計劃，做出多少貢獻？更不要說這些人的同理心和理想主義，能為其他社會議題帶來多少益處了。

據我猜測，用於動物保護的經費中，大約有九成都是用來處理無家可歸動物的問題，以及促進犬貓的絕育工作。還有其他許多動物保護議題，像是農場上的動物虐待、實驗用動物、退役馬宰殺、不當對待野生動物等等（這還只是其中幾項而已）；這些問題加起來，只能用上十分之一的動物保護資源，即使這些議題背後代表的是百分之九十九的受危難動物。試想，只要我們能終結不再有需要的安樂死、讓繁殖場成為過去式，那麼只要我們維持同樣的捐輸量，上述這些問題不就可以得到十倍的資源了嗎？如果有那麼一天，那將會是動物保護工作歷史上的新頁，同時也為其他種種不勝枚舉的酷虐行徑敲響警鐘。

解決這個問題的最佳途徑我們早就知道了，那就是提高犬貓的認養率，並降低其出生率——這也是拒絕安樂死運動的兩大基

石。「人道聯盟」（Humane Alliance）創立於一九九四年、並於二〇一五年併入「美國防止虐待動物協會」（American Society for the Prevention of Cruelty to Animals）；該組織為了抑制無家可歸動物的問題，提出了開創性、收支平衡的營運模式，就是以低成本大量進行絕育工作。該組織雇用並訓練獸醫進行迅速而安全的絕育術，並透過市場行銷以及和當地的動物福利團體合作，使犬貓源源不絕地湧入。有些機構甚至一年內替高達兩萬三千隻犬貓絕育。聯盟如今已經幫助過一百七十三間新開設的「結紮／閹割」診所，複製他們的成功案例，這些診所加起來一共替三百五十萬隻的犬貓進行了絕育術。而且實施這些絕育術的地區通常都是最需求孔急的，幫助了許多收入有限的家庭及個人飼主。這種新形態的經營模式，再加上長達四十年、諄諄不斷地說服美國人應該幫他們的寵物結紮或閹割，其成果相當明顯可見。在美國，如今百分之八十三的有主家犬以及百分之九十一的有主家貓，已經結紮或是閹割；在一九七〇年代，這比例只有一成。

但是不管怎麼說，絕育畢竟還是一項醫療行為，需要有執照的獸醫，也需要時間才能執行。據我們估計，在比較窮的鄉里，依然有九成的家犬家貓是具有繁殖能力的，主要的原因是是結紮和閹割所需的費用，以及缺乏實施該手術的獸醫。在這一點上，美國人道協會的「寵物一生」計劃，帶來了相當大的改變。他們主動出擊，拜訪該地區內的低收入的家庭，提供絕育手術券、疫苗接種、寵物食品、寵物用品及其他相關服務。不過，要是人道協會還有犬貓救援這些組織，可以直接幫寵物注射一針，就像

CVS 連鎖藥局在流感流行以前，就先提供顧客疫苗注射的服務那樣，豈不是更好？如此一來，飼主就可以帶著寵物輕鬆地到某處接受注射，花費既低，又不需要有執照的獸醫駐點。女性用的避孕藥問世已經有半個世紀了，沒道理就不能開發出動物用的避孕藥。要是這種避孕藥不僅價格低廉而且容易取得，就能為動物數量控制問題帶來解方。對於收入較低的地區，以及數百萬在全美各地流竄的野貓，尤為需求孔急。

這種方式還可以協助開發中國家解決野狗的問題。在有些國家，目前的動物數量控制方式有時相當殘酷。據國際人道組織（Humane Society International）的統計，這世界上的狗，有將近一半是在街上遊蕩，數量總計超過三億隻。想像一下，等到美國境內的動物安樂死根除之後，我們的下一個挑戰，將會是以人道的方式管理其他國家的流浪動物——如今在俄羅斯、中國等地，這些動物經常遭到棒打、毒殺或是施放毒氣，而不是捕捉、收容以及領養。這些人道管理方式在某些國家行不通，原因是缺乏收容設施，或者沒有領養寵物的習慣。我們的團隊目前是以人道的方式捕捉流浪狗，將其絕育並施打疫苗，然後立即原地放回。但是我們還是夢想著有更好的解決方案。

新科技為管理無家可歸動物，帶來了一絲曙光。擁有多項專利的發明家、也是億萬富翁的葛雷・麥克森博士，將他的財產一大部分用來幫助動物，每年提供超過一千萬美金的經費給「尋回動物基金會」（the Found Animals Foundation），用來開發用於雌雄犬貓的避孕針劑，不用手術，且一次注射終身有效。研究人

員已經開發出超過七十種野生動物用的避孕針劑,但是截至目前為止,科學家尚未開發出一種犬貓通用的避孕針劑,因為牠們的生殖系統生理相當複雜。二〇一四年二月在美上市的「鋅結紮」(Zeuterin),是目前唯一通過美國食品藥物管理局核准的免手術絕育方式。這種絕育方式僅限於三到十個月大的公狗,藉由氯化鈣為腐蝕劑,破壞睪丸內的生精小管,以避免精子生成。這種方式已經行之有年,研究人員也不斷地加以改良、減少副作用,目前大約只有百分之一的案例會出現副作用。目前已經有一些收容所和私人診所採用鋅結紮。奧克拉荷馬州勞頓市的收容所經營者蘿絲‧威爾森,曾在二〇一四年對華爾街日報表示,這種絕育方式「簡單、不貴,且無痛。在動物結紮／閹割史上,已經很久沒有這麼棒的發明了。」

在很多相關人士心中,鋅結紮是人道經濟中相當重要的一步,但卻還無法起到關鍵的作用。不管有多少公狗已經絕育,只要有一隻沒有,就可以讓無數的母狗懷孕。「犬貓避孕聯盟」(Alliance for the Contraception of Cats and Dogs)和麥克森博士以及尋回動物基金會密切合作,致力於拓展更多的研究,以期開發出安全價廉、容易施行且無痛的方式,避免犬貓繁殖。一方面,有許多在這個科學領域的佼佼者認為,要開發出針對雌性動物的單一避孕針劑,還要好幾年的時間;另一方面,犬貓避孕聯盟要跨越的,還不只是避免犬貓繁殖的生物學障礙,更有耗時、耗費的食品藥物管理局審核過程。儘管艱難重重,化學絕育一旦問世,將會是動物福利的一大福音;並且也將隨著使用範圍擴及

全球，帶來巨大的利益。

化學絕育確實是千呼萬喚的妙法，但我們也不需要只是坐著苦等；還有一大堆現成的方式，可以對付安樂死以及無家可歸動物危機。我們必須將這些方法加以實踐，才能讓身為人類同伴的動物獲得新希望，而不是苦苦等待奇蹟出現。

從一九七〇年代中期開始，多管齊下的方式奏效，使犬貓安樂死的數量降低了八成，從原本的五千五百萬降至目前的三百萬。如今，讓健康、可供認養的犬貓不再被安樂死，已經是指日可待。但是要將期待化為現實，還需要有不斷創新的市場機制，想出更多的妙點子，讓更多的無家可歸動物，找到愛牠們的家。那些始終無法離開收容所的貓狗，其實也和那些被領養的一樣好、一樣貼心可愛。牠們其中的任何一隻要被放倒、施以安樂死，都是一幅令人不忍的畫面，很少人看了會無動於衷。不論你關心與否，這樣做的道德成本終究很高。有這麼多的動物，在缺乏一個好理由的前提下被殺，有誰不會質疑：我們難道不能想出更好的方法？

繁殖場以及老式寵物店

我最近去了一趟南卡羅萊納，拜訪友人克麗絲汀娜·摩根，這位總是穿著得體的嬌小女士，是文圖拉郡、奧克斯購物商場裡的「喵爪認養中心及寵物精品店」的老闆。這間店散發著一種吸

引人的氛圍，石砌的立面，店內擺放著像是豪宅的起居室裡那種、又寬又深的沙發。店內明亮又令人愉悅，銷售人員親切且訓練有素。克麗絲汀娜曾經協助設立臨近的卡馬里奧市內的一間動物收容所，如今「喵爪」裡的貓狗便是從這間收容所出來的，在店裡供人認養。我去拜訪的那天，有幸遇見了兩歲大的波士頓梗貝拉，牠的主人把她放上分類廣告供人認養；我還抱了西西莉，牠是隻一歲大的絲毛梗，曾經是流浪犬；還有科里也被我摸了摸，牠是六歲大的微型短毛獵犬混種，是自己跑來的。我告訴克麗絲汀娜我們在一間購物中心裡的沛斯麥寵物店領養了莉莉的事，我也發現她不是光是坐著乾等人們造訪卡馬里奧的收容所，這樣的做法相當聰明。

像是克麗絲汀娜這樣小型、地區性的促進認養方案，對收容所和救援單位來說，是相當聰明的策略。潛在的認養人不再需要舟車勞頓前往收容所，也不用鼓起勇氣。有很多人不願前往收容所，就是因為他們害怕會看到令人難過、不舒服、令人不快的場景。在這個講求客戶服務的年代，機器裡可以吐出錢來，幾乎任何東西都可以送貨到府；要想接觸到人，就必須到人所在的地方，像是寵物店、購物商場、倉儲大賣場、市集，或是公園。幾乎每個人都會同意，把健康的動物安樂死是嚴重的道德問題，但是人們卻不會因此聯想到：向傳統的寵物店購買寵物可能會導致這樣的問題繼續存在。人們默許這種向寵物店買寵物的行為，也許是出於便利的考量，或是出於錯誤的認知，誤以為這些賣場會提供品種良好的動物，而收容所裡只有雜種和不良品種。如果能

和寵物店的便利競爭,並展示來自收容所的混種和純種寵物,就能在市場上贏得人們的心。在拯救率高的收容所裡,或是救援團體中,你會看到精明的行銷人,透過一連串的推廣犬貓認養的社區活動行程,以各種再正確不過的理由,讓當地人掏心掏肺。

「這裡的狗狗平均來說,比寵物店的還健康;而且我們是直接介入、挽救那些即將被安樂死的動物。」克麗絲汀娜這樣對我說。「同時價格還比較低。只要是會用點腦筋想的顧客,都會來我這兒。」基於這樣的理由,「喵爪認養中心」以及其他救援團體提供了一個安全網絡,然後讓喵星人和汪星人發揮自己的魅力,為自己贏得新的愛和新的家。

結束在喵爪的造訪之後,我拜託克麗絲汀娜帶我到位在同一間商場裡另一端的傳統寵物店:巴克沃寵物店(Barkworks, Pups, and Stuff)。我們一路上經過諾德斯東精品、冷溪服飾、波特瑞邦家用品等店面,走了大約五分鐘來到巴克沃。毫無疑問的,在這裡展示的都是些幼犬和幼貓。這些幼崽們在他們的玻璃展示格內,跌跌撞撞滾成一團。這些玻璃展示格面對著商場的中央大廳,幼崽們的頭上和尾巴上還掛著碎紙條。牠們全都是一副毛絨絨、天真無邪又好玩的可愛模樣——對愛貓或愛狗人士來說,簡直是有點太超過。要是你不了解內情,很有可能就會當場掏出信用卡,然後臂彎裡抱著一隻仔仔回家。你想要一隻,不只是因為牠們實在令人難以抗拒,而且還讓你覺得有點於心不忍;因為每天晚上,當工作人員下班回家之後,牠們就被孤零零地留在黑暗中。牠們並沒有遭到虐待,但也沒有一個溫暖的家。這就是這一

行生意的訣竅。在寵物店買寵物的人,多半都是出於一時衝動,出於一種溫暖的感覺和同情心,這正是寵物店老闆們千方百計想要激起的情感。

在巴克沃,小型純種犬如:比熊犬、約克夏、博美、法國鬥牛犬等,標價從七百到二千五百美金不等,是克麗絲汀娜店裡二百五十元認養費用的十倍。有些顧客對於繁殖場存有顧慮,巴克沃也對此貼出了告示,向這些顧客保證,他們的這些幼崽絕對不是從那類的地方來的。「我們只與通過農業署許可、認真負責育種單位合作。」但是巴克沃沒有告訴你的是,很多育種單位根本就一點也不負責任。我們調查過許多所謂「通過農業署許可」的育種單位,一次又一次,他們的作為簡直就是一張活生生的反動物福利清單。就算如此,政府還是沒有讓他們關門大吉,還讓他們繼續販賣幼犬。就算這些育種單位真的有照規定來,也不能保證狗狗享有正常的生活。事實是,美國農業署的規定,比較接近確保動物存活的最低標準;這些繁殖場還要偷工減料,條件只夠讓犬隻勉強存活。而寵物店不論對此知情與否,只是把動物當商品,賣給顧客。

寵物的市場運作方式,一直就很不完美,不止不完美,根本就是顛倒黑白。一隻繁殖場來的狗,要價比從收容所認養貴上好幾倍。人們以為價格高代表品質好:有好的基因、行為良好,還具備受到適當醫療照顧的動物所有的優點。事實上,正好相反。

在美國人道協會,我們每年都要遇上幾百個這樣的案例:人

們從繁殖場買了幼犬，結果卻要負擔數千美金的獸醫費用，或者更糟──眼睜睜看著他們的小狗狗死去。養殖場的狗沒有絕育，也沒有施打疫苗，幾乎從未看過獸醫。然而，購買繁殖場狗狗最大的隱藏性支出還在後面：這些純種狗經常有基因和遺傳性的健康問題，都是因為繁殖場的胡作非為。許多純種犬因此必須面對長期的疼痛以及較短的壽命。這些健康問題依品種而不同，從心臟問題、髖關節發育不良，到特定種類的癌症，不一而足。原因不止是因為繁殖場的狗是純種（收容所裡的狗也有三分之一是純種），而是因為牠們通常都是好幾代近親交配繁殖而來，因此加劇了遺傳性健康問題。我從許多不同的獸醫那兒不斷聽到同樣的話：通常從收容所或救援單位來的狗，狀況會比較好。

　　就聰明消費來看，認養也是比較好的選擇。救援單位和收容所已經前置投資了動物照顧的服務，而認養費用只不過是用來支付獸醫費用、疫苗注射，以及絕育手術。兩百五十美金的認養費用雖然算不上是免費，但相較之下，寵物店裡標價最低的狗狗，也超過這個價格。認養人可以享受這樣低到地下室的價格，是因為有志工負擔了人力支出，而飼料和獸醫費用則來自捐款。而且因為救援單位和收容所是非營利事業，因此也不會有毛利率的問題。唯一例外的是，當你認養了一個特別困難的個案，像是莉莉這樣的狗，她之前顯然被照顧失當，需要特別的治療，所以「走失犬貓」把一部分的醫療費用轉嫁到新的照顧者身上──也就是我和麗莎。但是隨著時間過去，這真是我們做過最划算的一筆投資。

　　克麗絲汀娜・摩根還有其他像她這樣的救援者，他們非常努力地讓需要家的狗被認養，為什麼還要讓他們面臨來自寵物店、繁殖場的競爭？這些繁殖場和寵物店，正是犬貓過度繁殖的罪魁禍首。在奧克斯購物商場內，巴克沃吸走了一些客人和家庭，他們原本可能會認養克麗絲汀拯救的狗。這樣的寵物店，只不過是為老闆及員工盈利，還有遠在幾千哩外的繁殖場也分一杯羹。然而，巴克沃寵物店卻是社區的一部分，為整條認養鏈的末端增加了負擔，讓收容所面臨經費不足、動物數量超出負荷的窘境。

　　想想看我家莉莉的案例。她可能出身於繁殖場，然後在某個時間點被拋棄。斯波特瑟爾維尼亞郡的救援單位可能是在街上發現她，救援單位預先墊付了搜羅流浪犬貓所需的設備和人力費用。下一步，就算莉莉是直接送到收容所，中間沒有其他支出，收容所也必須支付她的飼料以及照顧費用。收容所甚至還必須面臨安樂死和隨後廢棄物處理的費用，這樣的費用不只是以美元計價，更要加上收容所員工日復一日的哀傷，以及那些熱心拯救動物、到頭來卻發現自己只是讓這些動物送死而已，這些人的悔恨。「走失犬貓」介入這樣的惡性循環。他們把莉莉救出來，給了她第二次機會，他們負擔她的照顧、運送，以及收容費用。獸醫診療、醫藥以及絕育手術，加起來花了好幾百美金。「走失犬貓」還養她養了好幾個星期，她連續去了九次的認養會，最後才找到新家。我和麗莎認養了她，付了三百七十五美金的認養費用給「走失犬貓」，雖然這樣的金額並不足以抵消整個過程他們付出的成本（要是救援單位把所有的費用都轉化為認養費，那麼認

養價格將會讓認養人卻步）。就在認養的那天，我和麗莎在沛斯麥還買了玩具、狗床、狗糧、項圈、牽繩，還有其他給莉莉的東西，總共花了四百美金多一些。

一段時間之後，當莉莉適應了環境，也適應了我們，接下來我們帶她去看獸醫，之後幾個月都用在治療她的健康問題。我們讓她接受萊姆病和寄生蟲的治療、治療她耳朵和眼睛的感染，把她健康的牙洗過、斷掉的牙拔除，並用一種弱電流治療，矯正她啃咬左前腳的習慣。獸醫甚至開了抗憂鬱的處方給她。在她進入我們家的頭一年，我們總共花了超過兩千美金。這樣的金額我們能夠、也樂意負擔。一開始的時候，我們並不知道她所有的健康問題，但我們有心理準備，她是個相當不容易的個案：未受到適當照顧、甚至受過虐待；但是我們願意把這樣的個案，當做一個機會，讓她重新站起來。看到她，我們沒有辦法不去想到，那些可能沒有她這麼幸運的動物們。

我們在莉莉身上的支出，也有一部分被降低了，因為就在莉莉進入我們家之後，我們立刻幫她買了 PetPlan 寵物保險。在美國，只有百分之一的寵物有健康保險，在瑞典則有百分之五十。我們購買的高階保險，每個月必須支付廿二美金，但是卻替我們省下了超過一千美金的醫療支出。如今獸醫學越來越進步，讓寵物的壽命延長，還有許多專家們，他們專精的寵物健康領域和人類的領域不相上下；當發生重大事件或是其他大筆醫療支出時，寵物保險做為一種財務緩衝實有其必要。只要是負責任的飼主或是監護人，沒有人會希望讓寵物放棄某項治療，只因為財務上負

擔不起。就跟人類的健康照顧一樣，獸醫照顧的費用也是節節上昇，以市場為導向的價格，更是讓許多飼養寵物的家庭望之興嘆。

> 當寵物店和繁殖場一刀兩斷，並和當地的收容所、救援單位建立合作關係時，我們都會第一個喊讚。

　　重點是，要不是因為有那些殘酷、沒心肝的人，根本就不需要這些用來幫助急難動物的費用。一而再再而三地，因為這些虐待動物的產業，使得拯救的費用越來越高。為了拯救這些被利用完就丟棄的動物，不得不投入許多資源，翻倍再翻倍，只為了收拾這些人輕率和貪婪的後果。這是一場人人皆輸的角力，只要這些行為繼續被容許存在，每個人都不得不負擔相應的代價。

　　維吉尼亞州有一隻狗狗的故事，特別讓我心有共鳴，在許多方面都讓我想起莉莉。貝麗也是米格魯，這種品種在繁殖場很常見，因為他們體型小而且又很信任人。貝麗是從繁殖場來的（莉莉也許也是），在費爾法克斯郡的一家寵物店裡，遇上了她新的家人：費莉西亞·柯林斯·歐庫瑪茲。在對後果一無所知的情況下，費莉西亞在「寵物王國（Petland）」買下了貝麗，而不是在不遠處的沛斯麥裡認養一隻米格魯。貝麗也是一身的病，導因於繁殖場裡的壓力、疏於照顧和生活環境不良。柯林斯·歐庫瑪茲說，當她從寵物王國帶貝麗回家的時候，貝麗孱弱、全身都是跳蚤。「她當時還不到三磅重……有寄生蟲和細菌感染……呼吸道也有問題。」這些問題讓柯林斯·歐庫瑪茲花了一筆大錢治療貝

麗——她總共付了一千三百美金。她的故事最後讓維吉尼亞州以此為名，制定了一個「貝麗法案」，規定所有的寵物店都必須公布所售犬隻的來源，好讓顧客可以檢查該犬舍在美國農業署的記錄。寵物王國沒有替貝麗的醫療付一分錢，柯林斯・歐庫瑪茲以及其他情況類似、只想找個有愛的同伴的飼主們，只能擔憂接下來的費用。

寵物王國是全國連鎖的寵物店，其成長速度和成功程度，緊追在沛斯麥和沛特多之後。因為向繁殖場購入犬隻，並且轉售給消費者，使得寵物王國飽受人道人士的批評，但該公司拒絕停止販售從繁殖場來的犬隻。這幾年來，不論是派出糾察員、媒體曝光、進行調查，或是其它會令人頭痛的方法，都無法讓該公司退讓一步。自從美國人道協會讓世人注意到，這家公司密切仰賴繁殖場，已經讓他們一百間門市中的三十間關門大吉。我們經常和這家公司的領導層談話，為了該公司的信譽著想，他們正在幾間門市內試驗店內認養的方案，並企圖為在店裡販售的狗隻，訂定人道繁殖的標準。但還是有很多加盟商店的店主緊抓著過去的想法不放，認為他們一定要販賣犬貓才能獲利，不論代價為何。這種過時的經濟思想，消費者大可以讓他們退出舞台——只要不向他們購買就好。

寵物王國可沒有藉口說只有沛斯麥和沛特多才能實行這種新的人道寵物店經營模式。二〇一四年，在費城地區擁有十家門市的「寵物自然」（Pets Plus Nature），也採用了「親幼犬」的政策，以從當地收容所和南方的一些安樂死率高的收容所認養，來

取代幼犬的買賣。

最初的幾家店改弦更張後四個月內,「寵物自然」的顧客就認養了一千兩百隻狗,讓繁殖場少了一個銷售據點,也讓收容所的認養網絡得以擴大。寵物自然做了對的事,也因此贏得了救援單位和認養人的忠誠度,這些人變成寵物自然品牌的助推和宣傳大使。

一間又一間,這樣的過程在國內的寵物店之間上演。當寵物店和繁殖場一刀兩斷,並和當地的收容所、救援單位建立合作關係時,我們都會第一個喊讚。我們需要更多這樣的時刻,因為不論是公眾、政策領導人,或是寵物業競爭者,都需要一個新的方向。芝加哥、洛杉磯、邁阿密、紐約、鳳凰城,還有其他超過一百個城市,都開始嚴格規範幼犬繁殖場販賣犬隻。當民選的官員開始回應人們的期待、開始做經濟上和道德上的成本分析,幼犬繁殖場和他們的銷售商就逍遙不了多久了。

不過,我也經常對很多人說,即使這已經是不可避免的趨勢,還是需要人們付諸行動。我們必須鼓勵商家做出對的決定,並給予獎勵。我們也必須幫助我們的親朋好友和鄰居,做出正確的決定,而不是讓一時衝動蒙蔽了理智。越多人這樣做,我們就能越快看到幼犬繁殖場成為歷史,而每一間寵物店都變成危難動物的救贖與希望。

切斷鬥狗的鎖鏈

　　一位霹靂小組的隊長正準備破門而入，但是試了幾下之後，很快就發現這門是無法踹開的。這間改裝過的拖車屋有兩倍面寬，綠頂白牆，門還特別加固過。屋主羅賓‧斯廷森是一名鬥狗重罪嫌疑人，此刻他把門後方的橫木放下，阻礙警方強行進入。顯然他已經有心理準備，這裡可能會招來不速之客，像是怒氣沖沖的鬥狗人、不對盤的毒販，甚至是今天早上亂搞他屋門的霹靂小組。對於霹靂小組，此人有相當充分的理由應該擔心。兩年以前，郡警長辦公室就曾經接獲線報，並取得搜索令，徹底搜索過這間拖車屋。執法人員當時沒有找到充分的證據足以起訴他，但是他們並不懷疑以後還會再來拜訪。

　　這斯廷森不知是太過愚蠢，或者是竟然不知道執法單位一直沒有忘記他，居然還在南方的各個鬥狗場鬥狗，住處也一直都有養狗。我們和郡警執法人員一起前往的那天早晨，裡面有十八隻鬥牛犬，都是用六呎長（約一點八公尺）的鐵鏈繫住，鐵鏈就釘在泥地上。大部分的狗有一個小小的陽春狗屋，在阿拉巴馬州八月末的豔陽下，提供最低限度的遮蔭。

　　為了這次突襲，我把鬧鐘設定在凌晨三點。和我一樣的還有另外五十名美國人道協會的工作人員和志工，分別被派往此處以及其他六個在阿拉巴馬和南喬治亞的可能突襲地點。我們這一隊人，凌晨三點半在多森市的漢普頓旅館集合，每個人都身穿藍色的「動物救援隊」（Animal Rescue Team）制服。接下來，我們

開車前往二十分鐘車程外的城郊，那兒有一間舊的花生倉庫，目前做為休斯頓郡警的臨時附屬辦公室使用。我們在那兒等了一小時，等到進入障礙已經清除，我們就穿過清晨的霧氣、越過皮亞河，進入厄爾巴，抵達斯廷森的住處。

加固的門只不過是個小問題，用支破門鎚就解決了。當霹靂小組的其中一員正在破門時，其他成員就打破了一扇大窗，把閃光彈丟進臥室裏，讓嫌犯嚇得六神無主；隨後霹靂小組隊員們一湧而入。這是因為斯廷森可能持有槍械，具有危險性。

他企圖逃跑，但是十幾個隊員拔出武器，讓他立刻就看清了狀況，乖乖投降。到了早晨六點半，他已經交由美國法警羈押，並移送蒙哥馬利市。警方確保現場安全之後，美國人道協會的隊員進駐，開始處理這些狗。我把這個地方的物業配置畫下來：中央是那棟拖車屋，屋子四周環繞著涼廊。有一道雪松柵欄一路延伸到這塊地的邊界。院子裡有一座地上游泳池、一個衛星天線，還有一堆堆散亂的垃圾：生鏽的椅子、堆疊的木架還有金屬管。根據兩年前曾經搜索過此地的執法人員表示，斯廷森最近剛把房子翻新過。這間拖車屋變成了兩倍大，裡面還有六間剛粉刷過的臥室。柵欄也都是新的。雖然算不上豪華，但對於一個沒有固定工作的傢伙來說，也不算太差。

那些被拴起來的狗則是在屋後，圍起來的柵欄阻擋了外面馬路上的視線。短短的鏈條讓狗彼此之間無法互動；這是出於刻意，畢竟這些狗是透過育種、訓練，專門打架用的。柵欄還沒有

完工，所以只要站在某些位置，就可以看到拴住的狗。院子裡還有兩隻幼犬住在一個兔籠裡，籠底堆滿了糞便。

　　儘管多年來被這樣可恥的對待、輕忽照顧，這些狗兒們還是貼耳擺尾地歡迎我們。有幾隻有點過度激動，因為他們欠缺關愛已經太久了，極度渴望被關注。看到這些來拯救牠們的男男女女，牠們好像立刻就知道這些人和平常牠們常見的那種人，是完全不同的種類。乾淨的水立刻受到所有狗兒的歡迎，因為在牠們被鏈住的活動範圍內，只有一個金屬碗，裡面裝著兩英寸深、骯髒、渾濁沉澱的液體。這些狗兒們對志工們親個不停，拚命地靠近他們。我彎腰撫摸其中幾隻，每一隻都對我猛搖尾巴，甚至連伸出來的舌頭都好像在搖。我的同事們立刻開始行動，先花了一些時間安撫狗兒們，然後我們就開始做現場記錄、拍下狗狗的照片，然後把牠們一一送到我們的獸醫小組那兒，他們在前面設了一個工作站。

　　不需要獸醫的診斷我們也看得出來，牠們當中有很多都營養不良。年紀大一點的狗臉上及前肢上有傷疤，沒有疤的地方則是布滿跳蚤。其中一隻較老而孱弱、憔悴的狗，一直在吃自己的嘔吐物。還有另外一隻必須馬上送到獸醫院治療。

　　那天早上，還有另外六個地點，我的其他同事們也加入執法機關的行動，執行逮捕和犬隻捕捉。除了美國人道協會，還有美國防止虐待動物協會以及其他動物福利組織，也加入執法行動的行列，總計在十三處地點，救援了三百六十七隻狗。這次的行

動，是美國史上針對鬥狗規模第二大的一次執法。（最大的一次是二〇〇九年七月在密蘇里州，共有八個州共同合作，當時美國人道協會和其他的動保團體與執法單位一同行動，救援了超過五百隻狗。）之後，隨著第一突襲現場發現的線索一一被跟進，我們最後總共救了超過四百隻狗。

包括斯廷森在內的犯嫌被逮捕，控以鬥狗重罪。聯邦及地方治安官還搜出了槍支和毒品，以及超過五十萬美金的賭金。在一些據報有養狗及鬥狗的地點，他們還找到了死亡動物的遺骸。阿拉巴馬州中部檢察官喬治·貝克，在宣讀起訴書時說：「地獄裡的最底層，是留給那些虐待動物的人。」

那一整個上午，我腦子裡轉過許多想法。要是這些狗兒狀況不是太糟，我們可以改變牠們的生活：讓牠們接受獸醫治療、行為矯正，恢復健康，然後被領養。我也想到命運的變化可以如此迅速，即使是對被虐待、寂寞而居的狗來說也是一樣。原本牠們註定要被拴在鐵鏈上過一生，只有在鬥狗場上才能短暫地不受拘束；但是因為有了霹靂小組和我們的動物救援隊，讓牠們經歷到人類持續的善意，這也許是有牠們生以來的第一次經驗。至少，從此牠們再也不用看見鬥狗場了。

另一方面，這次的行動也會改變鬥狗犯的人生。這些人也許以為法律管不到自己，以為自己可以從虐待動物中獲益，卻不用承受任何後果。他們曾經把動物用鐵鏈鎖著、關在狹小之處，現在州裡也給他們準備了一個狹小的地方。就算有家人朋友來探

訪，中間也必須隔著一道牆。鬥狗真的有這麼刺激、誘人，足以讓斯廷森這樣的嫌犯以自由相博嗎？讓他們親嘗一點被禁閉的滋味，會不會讓他們稍微反省一下自己施加在這些狗兒身上、更糟得多的處罰？

　　靠近看，會覺得鬥狗不過是種粗俗又殘忍的行為，但是拉遠來看，鬥狗也是個巨大的國際產業。大多數參與其中的惡行者卻不用擔心被逮捕，因為如今在全球超過一百二十個國家，鬥狗仍屬合法。就算在鬥狗已被禁止國家裡，仍然有成千上萬的狗被困在這個有數十億賭金流轉的生意裡，在殘忍無情的場面中彼此打鬥。鬥狗是個進行中的過時、非人道經濟活動，我們要努力的不是加以改善，而是徹底消滅之，讓地球上的任何一個社會中，都不再有這種野蠻的行為出現。這就是為什麼我們呼籲每個州都將鬥狗列為重罪，並將其列為虐待動物的犯罪中，最為嚴重的罪行。

　　正如幼犬繁殖場以及流浪寵物的問題一樣，為鬥狗事業付出代價的，是無辜的動物。此外還有其他的代價，包括倚靠慈善捐款的動物組織必須付出高額的支出，還有政府單位為了執法以及照顧動物必須花費的成本。在協同霹靂小組突襲了斯廷森的屋子之後，動物福利團體必須收留將近四百隻作為證據的狗，同時還要照顧牠們、讓牠們恢復健康、協助牠們重新社會化，以進入一般家庭生活。單單是美國人道協會負擔的部分，前前後後超過一年，累積下來的支出超過兩百五十萬美金。把這個數字乘上每年幾百起由美國人道協會和其他組織踢爆的鬥狗活動，總金額高達

數千萬。若把這個數字再加上累積的案件、其他類的虐待或不當照顧案件、幼犬繁殖場等等；對一個倚靠慈善捐款、又有許多危機需管理的組織來說，這些加起來的金額，簡直就是天文數字。

這些讓動物無家可歸的麻煩製造者們：鬥狗的人、幼犬繁殖場，還有寵物店，這些把動物拿來交易的人，把這樣龐大的支出強加在別人身上，真是讓人想到就厭煩。那些生病、受傷、被遺棄的動物們只是他們的第一波受害者。這些企業和虐待動物者，他們常常透過公關操刀、商業同盟以及辯護士的網路，宣稱他們有權利對動物做任何他們想做的事。幼犬繁殖場的經營者們，甚至控告美國人道協會，以阻止協會監察幼犬的網路販賣。然而，當美國人道協會想突襲這些廠商時，卻要花上十萬美金在人力部署、照顧動物的醫療需求、運送以及提供緊急收容所等項目上；接下來還要和從事緊急安置的夥伴單位合作，讓動物被收養（在阿拉巴馬州的鬥狗案中，這一項工作的支出異常地龐大）。這些美國人道協會的成員們辛辛苦苦賺來的錢，都用來彌補那些不斷製造同樣的問題、也不管後果如何的人，所造成的錯誤。要是可以透過法律徹底終結這些骯髒的生意，徹底根除幼犬繁殖場，那麼我們和其他的收容所、救援團體，就可以從事更多善舉。

二〇一四年底，聯邦法官作出判決，是有史以來參與鬥狗的犯行當中，處罰最重的一次。鬥狗活動的領頭者之一是一個住在奧本市的五十歲男子，名叫唐尼・安德森；他承認犯下共謀並贊助鬥狗活動、持有一隻鬥犬，並經營非法賭博；被判處八年徒刑。其他一些犯人，包括羅賓・斯廷森，也都受到了嚴厲的判

決。

　　要是你參與了動物救援工作，有時難免會驚訝地發現，有些人真的是用上人類的一切力量，周密計劃並執行殘忍的事。對有些熱衷於鬥狗奇觀的男女來說，唯有這件事讓他們感到人生有目的，這真是一件令人難過的事。從我的角度來看，有另一件事更令人驚歎：那就是有這麼多人為了一個完全不一樣的目的而活，他們幫助動物而不是傷害牠們。這樣做需要有很多的理想、精力，再加上很多的資源；而正是像這樣的人，讓我的莉莉能有一個快樂的故事結局。

第二章

人必須汰舊換新，淘汰過去看似好的，換上如今證實最佳的；否則要如何進步呢？

——羅勃特・白朗寧

大型畜牧業改造欄舍

解放豬的資本主義革命

　　「喂？哈囉，我是卡爾・伊坎，我聽說你在從事反虐待動物的工作，我也想幫忙。」雖然我已經不止一次發現到，我從事的這一行會吸引一些最出人意表的支持者；但是二〇一一年那天，當我接到這位華爾街強人之一打來的電話時，我還是很訝異。商業報導的作者通常都把這位傳說中的伊坎稱為「激進派投資人」，雖說他的激進主義通常是用在確保董事會席位、掀起代理權之爭，以及將管理階層掃地出門以提高股價及獲利這幾方面，讓伊坎企業以及其投資人獲益；但一般不會認為社會責任是他追求的宗旨。伊坎畢業於普林斯頓，年近八十，其言刺耳卻發人深省，充滿經驗與智慧，讓他能一直呼風喚雨。他的強項是大幅併購企業股份，而且通常是以敵對的立場，然後再將買來的公司依照自己的意志改變。他的資產估計有兩百五十億，可不是個可以被嘲弄或是恐嚇的人，至少在生意場上來說是這樣。

　　在美國人道協會，我們也有很多支持者，分別來自政治、商業、藝術，以及其他領域；但伊坎可是個能讓全球最知名的執行長都又敬又怕的人物。雖然動保人士個個都很熟悉抗議、上書等社會運動方式，也很清楚公共政策、法庭攻防；但是說到企業購併、資產槓桿等，卻是一竅不通。

　　接了伊坎這通令人士氣大振的電話之後，我和他在他位於曼哈頓通用汽車大樓內的辦公室裡見了幾次面。我決定把目標訂高一點。我提醒他，在所有導致動物陷入危機的種種人類作為中，有很大一部分是來自越來越苛酷又漠不關心的食品工業。對我們單位不甚了解的人，聽到「人道協會」這個名稱，只會想到寵物或是馬，但是我們始終未曾偏離保護所有動物的宗旨，也不曾逃避最艱難的挑戰。為了關注工業化畜牧的問題，我請伊坎協助我們，以促使麥當勞改變其動物福利政策。雖然我們有大眾的支持，但這家龐大無比的企業，可能還需要有人在它屁股上踢一腳──這只有伊坎才辦得到。

　　「我們正在努力說服大型的食品公司，改變他們的採購行為。」我解釋道：「有足夠的影響力可以改變供應鏈和畜牧業的公司，除了麥當勞之外也沒幾間了。」麥當勞採購了全美國百分之一的豬肉、百分之十五的豬肚肉；換句話說，美國每七隻豬就有一隻是麥當勞買的。要是麥當勞以更高的動物福利標準來檢視供應商，將會帶給整個豬肉產業極大的改變，甚至改變整個食品業。

　　我對伊坎解釋，在商業生產中，絕大多數的生產母豬是被養在一個稱作「妊娠定位欄」的籠內，尺寸是 2 英尺乘 7 英尺（約 60 公分乘 210 公分），和棺材差不多大小，但是裡面裝的卻是活生生的動物，而且還比一般的成年男性重上兩倍。一本一九七六年出版的《養豬場管理》中如此寫道：「把豬是動物這件事忘記吧。像對待工廠中的機器一樣對待牠。」整個養豬業就是以這樣

的態度在運作。透過垂直整合、工業化運作，這樣的養豬業逐漸稱霸市場，排擠了數以萬計的家庭式農場。數字會說話：一九八〇年，美國有七十萬戶豬農，今日只剩下不到六萬戶；與此同時，飼養為食用的豬隻數量卻是大幅增加。母豬被圈養在十分狹小的籠內，既不能行走、轉身，遑論與其他動物玩耍。牠們就被經年關在這樣的籠內，中間只有生產時短暫地被移到同樣狹窄的「分娩欄」。牠們會咬柵欄咬到牙齒斷掉，或是用頭撞、用鼻子摩擦柵欄，直到血流滿面。單獨圈養的後果可能會造成牠們瘋狂，以生理上的創傷來平衡心理上的創傷。

「這種做法既不合理又不人道。」伊坎說道，並重申他想要幫忙。他對我說：「通常只要我打電話給某個執行長，對方就算正在高爾夫球場上，也會很快回電。」

我們已經和麥當勞打交道很多年了。在伊坎那通突如其來的電話之前，我們才剛剛把運作的強度升級。我們的團隊已經和當時麥當勞的永續發展副總裁包勃‧朗格（Bob Langert）建立了持續的聯繫，但進展相當緩慢。我們在這樣的過程中發現到，即便朗格是個人才，但卻不是最終決策者。每天都有人到他面前，控訴各式各樣的社會問題——肥胖、包裝與垃圾量、最低薪資、基改生物、反式脂肪、棕櫚油等等，不一而足。並不是只有我們知道，要想改變供應鏈，得先從全美最大的食品採購商下手。

根據伊坎的建議，要打進決策高層最好的方式，就是提名一個董事會的候選人。但他也警告說，想強行取得董事會的席位會

是相當的困難，因為麥當勞的市值高達一千億美元。儘管如此，他還是力勸我爭取麥當勞的董事席位。正如那個金色拱門下的標語所宣稱的，他們售出了「數百億個漢堡」，這家公司經手了難以計數的動物。而且這個大量採購動物的過程，將會以大麥克、豬肉滿福堡、麥克雞塊的形式，在全球兩萬五千個賣點不斷重複。這樣一間以動物為銷售核心的公司，董事會裡難道不該有個特別關注動物福祉的人？有鑒於輿論對於如何對待動物的議題越來越重視，加上對於麥當勞商業作法的一些批評聲浪，伊坎甚至認為，讓我加入董事會將有助於麥當勞的信譽。我雖然也覺得有道理，但還是認為要加入麥當勞的公司高層，我是一點機會也沒有。

伊坎打了個電話給麥當勞的總裁唐‧湯普森，即便他是在一個以快速服務著稱的公司任職，他回電話的速度還是快得驚人。我們開始三方通話。伊坎以一種自然而然的方式談到了動物福利，從企業社會責任部門，談到了企業高層。伊坎告訴湯普森，把懷孕的母豬關在定位欄裡是無法被接受的；還有，他要讓我進董事會。湯普森一直保持禮貌，並表示麥當勞承諾要在動物福利上做對的事。他提議我們徹底談談母豬妊娠定位欄的問題，但巧妙避開了董事會這個話題。他指出，朗格一直都有向他報告，還強調公司的供應鏈如此龐大，顧客多達上百萬，必須務實才行。麥當勞還有數萬個加盟經營者，跟肉品包裝廠商和農民也有合作關係，不能無視他們的意見，單方面從上而下硬把標準施加在他們身上。即便如此，湯普森強調說，麥當勞想要做得更好，並指

出就在幾年前，麥當勞建立了更人道的屠宰標準，並要求雞蛋供應商給母雞多一點點的籠內空間。他的回答既不是「好」，也不是「不好」——這已經讓我開始喜歡上我們新的首席談判代表了。

後來我和伊坎又與湯普森通了幾次電話，繼續討論。這段期間我開始在想，不知道麥當勞的高層是怎麼想的？在我想像中，他們一定覺得：「要是我們什麼都不做，暴躁的伊坎會把我們搞得日子很難過，甚至變成華爾街日報的封面報導。」至於我和伊坎，我們同意要儘量用有建設性的方式和麥當勞合作。我們強調公眾的態度相當難以捉摸，也指出人道運動曾經幾次在反定位欄提案投票中，取得勝利，包括亞歷桑納州（二〇〇六）、加州（二〇〇八），及佛羅里達州（二〇〇二）。歐盟在一九九九年已經禁止使用定位欄；還有新的研究顯示，母豬群體飼養的方式不僅對母豬本身比較好，在成本競爭力上也勝過個體定位欄。還有一個重要的因素：在我們贏得亞歷桑納州的提案投票之後，麥當勞最主要的供應商之一「史密斯菲爾德食品」，已經同意將淘汰定位欄。史密斯菲爾德是全球最大的豬肉品製造商，有百萬隻母豬養在定位欄裡。多年來該公司一直惡名昭彰，極力抗拒停止使用包括定位欄在內的最惡劣的飼育方式。如果像史密斯菲爾德規模這樣大的廠商，都可以來個大轉彎並承諾逐步淘汰定位欄，其他廠商又為何辦不到？像這樣的大廠商，已經在固定設備上做了巨額投資，做任何決定之前一定經過仔細的考量。史密斯菲爾德曾經堅持定位欄是絕對必要的，現在卻改弦更張，認為其他方式不僅可行，而且成本效率更高，是未來的趨勢。又一次，人道經濟向

前邁進了穩定且具有意義的一步。

　　更多次的來來回回討論、彼此試探底線，最後朗格打電話給我和我的同事夏畢羅；湯普森也打給伊坎，告訴我們說，他們會讓定位欄從他們的供應鏈裡消失。朗格說他們會和我們共同發表聲明，但是他們也讓我們知道，在當下他們並不想提到伊坎在這中間扮演的角色（本書是首度公開揭露他也參與其中）。麥當勞還表示，他們需要一段過度期（事實上，是大約十年），才能完全擺脫定位欄。最大的理由是他們的供應商已經投資許多錢在圈養系統上，只有在設備需更新時才願意淘汰舊式的定位欄。確實，在過去幾年，豬農們在定位欄上投資了數十億美金，他們聲稱，在一夜之間淘汰這些設備，在經濟上並不可行。

　　「麥當勞相信，妊娠定位欄並不是一個永續的生產方式，將不適用於未來。」二〇一二年二月，麥當勞的做了以上的公開聲明。對美國人道協會來說，這個聲明是讓人鬆一口氣的重要里程碑。「我們認為其他替代的飼養方式，對增進母豬的動物福利有正面的幫助。因此，麥當勞不希望繼續在我們的供應鏈中，有母豬妊娠定位欄的存在。」

　　有幾位豬肉品企業所謂的「大老」臉都綠了，但是他們咬著牙沒把抱怨說給媒體聽，只在同業公會裡發發牢騷而已。因為他們都發現到，這是一個破天荒的轉變：麥當勞這個零售業巨人已經體認到，消費者想知道動物在食品業中是如何被對待的。全國豬肉同業公會（National Pork Producers Council）的發言人

戴夫‧華納對媒體表示：「他們做了一個商業上的決定，我們對此沒有意見。這是一個自由的市場，發表意見又不是頒布聯邦法令。」然而，這樣的認知還是沒有辦法阻止那些這一行中的守舊派就現狀爭論不休、老調重彈。顯然，製造業最清楚，消費者就該乖乖吃他們的三明治和豬排，不要多嘴。對消費者讓步是個危險的主意。他們知道其他的零售商也會感受到壓力，於是全國豬肉同業公會採取的姿態是「各種飼育方式都有其優缺點」——以這種方便又曖昧的態度，來捍衛現狀。幾個月之後，華納對媒體說了這樣的話：「沒錯，我們的母豬在生小豬的兩年半期間，關在欄內不能轉身。又怎樣？是有人問過母豬牠想不想轉身嗎？」由此可見，就算全國最大的豬肉買家已經宣告棄絕定位欄了，豬肉業還是不肯讓步。

但正如同華納指出的，這是個市場運作機制；而麥當勞的聲明是個重大的突破，大眾的情感戰勝了頑固的企業。全世界最大的食品銷售公司之一說他們需要豬肉，但前提是母豬不能被塞進小小的金屬籠裡。我始終沒有得到麥當勞的董事席位，真是太可惜了，不然麥當勞的領導力會更有說服力。不過在此之後，母豬的飼育空間，以及對此議題的爭議點，已經永遠被改變了。

> 我們看見了清楚的遠景——密集圈養的工業化畜牧時代，終將結束。

美國人道協會的家禽家畜保護部門，已經是個難以忽視的

團隊，和食品業之間有既深且廣的聯繫。從這次的過程中，他們也從伊坎身上學到了幾招，不久之後反妊娠定位欄的運動，將會變成一場大型叛變。在幾位主管——保羅·夏畢羅、喬許·巴克以及馬特·派斯考——的帶領下，我們的團隊邀請大型食品零售商的採購人員，進行兩到三天的充電活動，內容包含問題解決研討、社交時間，以及針對最新研究結果、食物的未來、零售等議題的演講。我們的人因此和這些公司的高階主管們建立了友誼。這些人都是徹頭徹尾的好人，負責公司的採購體系，一旦他們知道工業化畜牧的更多細節，都想盡自己的一份力讓事情變得更好。我們的工作人員則為他們準備了完整的論據，包括實務面的以及經濟面的，好讓他們站在決策階層面前時，可以像充分準備過的法庭律師對著陪審團時那樣，侃侃而談新的方案。

結果卻讓我們出乎意料——其他品牌迅速跟進，讓我們喜出望外。不久前才承諾過只採購放養雞蛋的漢堡王，就在麥當勞宣布棄絕定位欄之後的幾個星期，也做出同樣的決定。還有其他幾家速食業的巨頭也一樣，包括溫蒂漢堡（Wendy's）、哈蒂漢堡（Hardee's），以及小卡爾斯漢堡（Carl's Jr.）。大型超市西夫韋（Safeway）、克羅格（Kroger）也開始和我們同一陣線，還有量販店像是好事多、塔吉特；大型餐廳連鎖店，如蘋果蜂（Applybee's）、餅乾桶（Cracker Barrel）、伊凡斯（Bob Evans）等，紛紛加入此一行列。大型的食品服務商，如：愛瑪客（Aramark）、索迪斯（Sodexo）、康帕斯集團（Compass Group）——這些公司加起來負責數十萬間企業、醫院、球場以

及其他場所內的餐飲服務——成了最熱衷、高度關注此議題的食品採購者，不僅承諾棄絕定位欄，也保證關切其他的動物福利。在麥當勞作出承諾後的三年內，已經有超過六十個大型品牌同意逐步淘汰使用母豬妊娠定位欄的肉品供應商。

家禽家畜保護的工作，多年來一直讓我們陷入苦戰。這項工作顯然十分重要，卻面臨巨大的挑戰，這些挑戰來自於巨型的生產和零售公司。直到二〇〇二年，美國才首度跨出反圈養禽畜立法的第一步。在這之前，大多數的政治家及食品零售巨頭，都不把保護家禽家畜視為重要的核心議題；食品製造商更是採取完全敵對的態度。即便是像讓動物有足夠的空間轉身、禁用極端狹窄的定位欄，這樣微不足道的概念，看似不需要什麼天才也能理解，事實上卻並非如此。在麥當勞作出承諾的不過短短幾年之前，對限於苦戰中的我們來說，根本無法想像會有幾十個食品業的巨頭願意做出改變。

談判雖然是由美國人道協會完成的，但是說服這些公司的理由，卻是因為我們有詳盡而可靠的證據，顯示消費者站在我們這一邊。事實上，當消費者發現工業化畜牧的殘酷卑劣，就會加以鄙視。歷史上的最佳案例，來自於一九八〇年代末期，當時一幀小牛以絕望的神情站在籠內（業者刻意使小牛貧血，以產出粉紅色小牛肉）的照片，就引起了消費者的注意，讓人們群起對反對。即便是在我的老家紐黑文的小義大利區，原本焗烤小牛肉是廣受當地人喜愛的一道菜，這裡的人也覺得這樣對待動物道德成本實在太高，小牛肉因此從許多餐廳的菜單上消失。從一九四四

到一九八○年代晚期，美國小牛肉的人均消費量，從每人平均八點六磅降至零點三磅。小牛肉品業同業公會看見，製造商已經在這場針對廿二吋寬（約五十六公分）小牛圍欄的戰爭中已兵敗如山倒，終於在二○○七年做出承諾，將禁用單獨圍欄，並在二○一七年底以前，全面改採群體飼養。但是直到今天，小牛肉的消費率並沒有明顯的反彈，從這件事可以看出來，當產業被指為殘酷卻遲遲不願改變，讓大眾留下負面的印象時，對其品牌形象的傷害將可以持續很久。雖然前後花了二十年，用盡各種策略，包括：教育大眾、廣宣、調查、遊說以及社會運動，但結果證明，改變大眾的品味、驅動意識改變，從而永遠改變一個產業的命運，並非不可能的事。

　　二○一五年五月，美國人道協會終於讓沃爾瑪（Walmart）點頭，在董事會的監督下，承諾棄絕母豬妊娠定位欄。沃爾瑪是原本還遲遲不願行動的那些企業中，規模最大的一個；占美國零售業整體銷售額的四分之一。全美最大的農場，都是仰賴沃爾瑪的肉品櫃銷售其產品。在前任執行長李‧史考特（Lee Scott）的領導下，從廢棄物回收、包裝減量、省電燈泡到微波，沃爾瑪對供應商提出種種指示，讓該公司從業界恐龍變成環境議題的佼佼者，並且減少了能源消耗和溫室氣體排放。沃爾瑪可以接觸到廣大的消費者，事實證明，在這些議題上，他們不僅可以比聯邦政府更勇往直前，還比政府的觸角更廣。

　　正如同麥當勞一樣，從關心環境到關心動物福利，這一步沃爾瑪走得也並不快、並不容易。我和我的同事們，已經和沃爾瑪

討論了長達八年的時間。我就曾經去過阿肯色州本頓維爾市好幾次，和他們全球食品部門的主管及關鍵人員會面；敦促他們在動物福利議題上，也如同面對環境議題一樣，展現出領導力以及足以翻轉賽局的影響力。不止是我，我的同事們：夏畢羅和巴克，也同超過半打以上的經理、執行人員打過交道，讓他們知道：沃爾瑪在市場上的競爭對手，已經一個接著一個做出保護動物福利的承諾。有一次我前往本頓維爾時，比爾·尼可森也和我一同前往，他和史考特有私交，而且還是日用品巨人安麗的前主管。他還在安麗時，得知動物試驗已經不再是必要的，而且還會拖累公司的名聲，當下即果斷地停止了動物試驗。我和尼可森一起，促請沃爾瑪考慮大局，不止是關心關在畜欄裡的動物，而是在他們的供應鏈上的所有動物。二〇一五年五月，該公司終於作出了這樣的決定，並發表了如下聲明：

> 大眾們越來越關心食物是如何製造的；消費者對於現行的做法是否符合大眾對於動物福利的價值觀和期望，有所懷疑。動物科學在這些做法中，扮演了非常重要的角色，但有時卻未能提供清楚的方向。與時俱進地，有關動物福利的決定，將仰賴來自科學和道德的共同影響。

　　沃爾瑪表示，他們「承諾將持續改善沃爾瑪應鏈中農場動物的福利」，並以動物福利的「五大自由」作為倫理框架，這五大自由是：免於飢渴的自由；免於不適的自由；免於疼痛、傷害及疾病的自由；展現自然行為的自由；以及免於恐懼和痛苦的自由。

　　這對沃爾瑪來說是非凡的進步，因為這五大自由將會應用在他們的供應鏈中的所有動物身上。就其涵蓋範圍來說，這項政策將不僅適用於豬和其他動物的畜欄過狹問題，也將適用於斷肢程序（如斷尾）、運送、屠宰過程，以及抗生素的使用。沃爾瑪不是第一個採用此政策者，但其營業的規模，以及政策涵蓋的廣度，等於為全國幾乎所有的農場和食品零售商，立下了新的基準。我們不只是讓豬肉品業加速淘汰妊娠定位欄，更讓工業化畜牧中所有我們所關心的議題，都得到更多的關注。

　　沃爾瑪和麥當勞是以提供消費者低價產品而聞名，更是類似企業當中規模最大的。他們以低廉價格銷售的產品，數量如此龐大；因此當這兩位巨人採納動物福利的標準時，對我們來說，更是個意義重大的勝利。要是他們做得到，其他大型零售商當然也可以。如今，動物福利是否重要已無爭論的必要；何時能讓這樣的價值被廣泛接受才是重點。這些新的企業政策將毫無疑問地啟動畜牧業的革新；屆時，任何公司或農場，都將無法迴避動物人道議題，也不能再以實務需要為藉口而逾越道德考量。隨著麥當勞和沃爾瑪公開宣示決心，還有越來越多的企業也跟進，我們看見了清楚的遠景——密集圈養的工業化畜牧時代，終將結束。

美國人道協會和「慈心動物」（Mercy for Animals）這類的團體，採用棍子與紅蘿蔔齊下的策略；還有許多富有同情心的人，致力於抗議小牛欄和母豬定位欄的活動，讓美國大眾同感共鳴。

　　奇巴塔（Chipotle）將自己定位為有良知的速食餐廳，並且在好幾年前就反對使用狹小的圈養方式，並以此為企業核心價值之一。建構在這樣的理念上，該公司不斷成長，取得空前的成功。二〇〇〇年，奇巴塔的創辦人史提夫·艾爾斯拜訪了愛荷華州桑頓市的一間養豬場，在這間農場上，放養的豬四處覓食、打呼嚕、在戶外交朋友。當他聽到大多數的豬因為生活在工業化畜牧場中，永遠也無法享受這些單純的愉悅，他感到很吃驚。「我不希望我或是奇巴塔的成功，建立在這樣的基礎上。」艾爾斯如此說。所以他作出承諾，奇巴塔只從非圈養的養豬場採購豬隻，作為他們公司「誠信的食物」承諾的一環。奇巴塔從此積極推動反對工業化畜牧的運動，並製作好幾支相關影片放上 Youtube 網站，清楚點出工業化畜牧的過分。這些影片迅速如病毒般擴散。艾爾斯的此一決定，受益者不只是動物、小型畜牧業者和大環境，也讓該公司獲益良多。從一九九八到二〇一三，奇巴塔從僅僅十八家分店，迅速成長為兩千家。

　　這樣令人驚異的盈利成長（兩年前，奇巴塔的第一季營收達到七點二七億美元），卻是發生在這間公司大幅調整供應鏈的時期。二〇一五年一月，奇巴塔發現他們的其中一家供應商違反了動物照顧標準，奇巴塔的反應是立即切斷與該公司的關係，即便此舉意味著將面臨「高獲利」的豬肉供貨不足的窘境，也在所不惜。超過一千五百家奇巴塔，停售菜單上最受歡迎的手撕豬肉品項。奇巴塔的一位發言人克里斯·阿諾德對媒體表示：「我們寧願不賣豬肉，也不要賣這樣養大的豬。像這樣失去供應商之後，

要找到替代者需要一段時間；但對我們來說，最重要的是維持豬肉的高品質。我們正在想辦法增加可行的供貨源，但在此期間還是會有一些短缺的情形。」食品業的分析師指出，這個決定「擦亮了他們頭上的光環」，並提醒了消費者這家公司的堅持是有意義的，不僅打亮了他們的品牌，也讓營收增加。

約翰‧麥其是美國人道協會的董事之一，也是全食超市（Whole Foods Market）的共同創辦人；他和萊伊‧西索達一起寫了《良知資本主義》（Conscious Capitalism）一書，主張每間公司都應該有比賺錢更高的目標。麥其和全食超市的另一位共同執行長華特‧若博，不止改變了該公司對豬肉採購的做法，更擴及店內販售的其他所有動物產品。麥其讓全食超市採用提高動物福利標準的計劃，並提供消費者相關資訊，讓顧客可以依據自己信念，對動物產品採取相應的行動。他們是第一間這樣做的大型食品零售商。他還啟發了「全球動物夥伴」計劃（Global Animal Partnership），這個動物產品認證計劃，建立了一個動物福利的五階段評比系統，讓畜牧業者可以從圈養轉移到更人道、以牧場為為基礎的飼育體系。

其他認證系統都是直接判別該項產品是否人道，是一種非黑即白的二分概念。「全球動物夥伴」的評分架構好處在於，它可以讓消費者和製造商觀照自己的想法，展開一段我們可以稱之為道德攻頂的過程。很多已經納入這項認證的製造商們，在競爭者蠢蠢欲動的威脅，以及做了對的事之後產生的道德腎上腺素的驅使下，在飼育方法上採納了更多動物福利的標準，因而從一階、

三階，一路上升到五階。消費者則是受到同樣的道德正向回饋系統驅使，激勵他們多付出一點點錢，把更高福利標準的產品帶回家。在供應商和消費者都爭相攻頂的競賽中，動物們因此而受益。

　　截至二○一五年底，「全球動物夥伴」已經在全食超市的四百多家門市中，將數百萬計的消費者和超過三千個農場聯繫起來，成為與畜牧相關的動物福利計劃當中，最全面也是最重要的一個。總的來看，全食超市年營收為一百六十億美元。根據報導指出，道德標準更高的動物產品，其市場不斷成長且力道強勁。現在有其他大型的食品零售商，也開始模仿全食超市，推廣這種創新的做法。我也期待其他產業的領導者開始採用這套「全球動物夥伴」評比系統，並且漸漸地發展出自己的動物福利標準。即使其他的食品零售業巨人還沒有加入這項計劃，全食超市已經是「全球動物夥伴」產品最大的採購商，已經有三億隻的動物受益於這項認證，免於在工業化畜牧中被狹窄的圈養的命運。

　　如果沒有正確的社會和經濟氛圍，就算有卡爾・伊坎的介入，麥當勞也不會發表有關動物福利的聲明。全食超市和奇巴塔的前瞻性做法，也助長了這樣的氛圍。其他的功臣還有喚起公眾意識的書籍和紀錄片，例如麥克・波瀾（Michael Pollan）的《雜食動物的兩難》、羅伯特・肯納（Robert Kenner）的《食品有限公司》；美國人道協會和「慈心動物」（Mercy for Animals）這類的團體，採用棍子與紅蘿蔔齊下的策略；還有許多富有同情心的人，致力於抗議小牛欄和母豬定位欄的活動，讓美國大眾同

感共鳴。當投票人在一些保護畜牧業動物的提案投票中占多數，那些食品零售業的執行長們，就會開始注意到公眾態度已經越發堅定、無法加以忽視。我永遠也不會忘記，二〇〇六年我們在亞歷桑納州做的廣告——這支影片由馬里科帕郡的警長喬·阿爾派歐擔綱，這位自稱是全美國最剽悍的警長，站在廚房裡對著鏡頭說，雖然他很愛豬排，但是「那些人用母豬定位欄，對母豬實在是太殘酷了。」（之後他選擇在馬里科帕郡的牢房裡，提供受刑人純素的伙食，他自己也變成素食者。）

就連我們的對手也在不知不覺中，助長了這股勢頭。在一份二〇〇七年由「美國農場聯合會」（American Farm Bureau Federation）所委託、奧克拉荷馬州立大學（這兩個單位都是長期站在工業化畜牧那邊，不願強調公眾對於動物福利的支持）執行的民意調查中，有百分之九十五的美國人認為，畜牧業中的動物應該被好好照顧。調查結果也顯示，有將近九成的民眾認為食品公司要求他們的供應商好好對待動物是在「做正確的事」。另外，二〇〇九年，一份密西根州立大學（又是一個長期支持舊式畜牧業的單位）的調查顯示，在美國有養豬業的各個州內，都有六成或以上的受訪者，贊成禁用定位欄。這份研究的作者最後下結論：「我相信，禁止使用定位欄的法案一旦提出，在美國的各州都會通過。」美國的貿易夥伴們也都開始加入改革的陣營。二〇一三年，禁用定位欄的法案在歐盟全部廿八個成員國內生效。二〇一四年，加拿大和澳洲同意逐步淘汰欄內飼育的系統。這對全球的食品公司來說，又是一個清楚的訊號——證明圈養系統的

養豬場，在全球都已經不受歡迎了。

　　二〇一五年，就在沃爾瑪做出聲明的同時，史密斯菲爾德食品旗下的養豬場，有七成已經不使用定位欄，並朝二〇一七年百分之百達成目標而努力。在這段期間內，史密斯菲爾德被中國官方支持的一間公司買下，這意味著史密斯菲爾德的群體飼養政策，很有可能會改變中國的豬肉生產業；而中國正是全球最大的豬肉消費國。二〇一四年，嘉吉公司（Cargill）宣布，旗下所有的養豬場都已經從個體欄轉為群體飼育。沃爾瑪也正在與它的鄰居泰森食品（Tyson Foods）商討，這家位於阿肯色州西北邊的公司，是全球最大的肉品商，在該公司每年三百七十六億美金營業額中，有百分之十四點六是透過沃爾瑪銷售。泰森食品表示，他們知道必須做出改變，也正在為此積極與旗下的養豬場，以及簽約豬農一同努力。

　　許多上市公司，包含肉類製造商以及食品零售商，已經感受到從一些美國大型投資機構而來、越來越重的壓力。二〇一四年，貝萊德（BlackRock）和先鋒金融（Vanguard Financial）開始支持股東會中的決議，敦促製造及採購豬肉的公司，進行持續仰賴定位欄圈養的風險評估。這些投資機構手上有數十億的資金，替客戶尋求持續而積極的收益。我們提醒這些機構，那些仰賴狹窄定位欄的豬肉公司不具有前瞻性，他們若繼續這樣不人道地對待母豬，就等同於置客戶基礎於危殆。就連世界銀行也提出警告：未能符合消費者對於動物福利的期望的公司，是置公司投資人於險地。投資顧問公司，像是「機構股東服務公司（ISS）」、

「葛雷斯懷斯（Glass Lewis）」等（這些公司針對如何在股東會上投票，提供機構投資人建議），均指出，忽略此問題並非長久之計。「對大多數的投資人來說，『定位欄』聽起來可能很陌生，但是『長期風險』就一點也不陌生了。」

這個策略很有影響力。機構投資人像是大都會人壽（MetLife）、阿默普萊斯金融公司（Ameriprise Financial），就幫忙說服了泰森食品做出該公司有史以來頭一遭的聲明，表示他們認為群體飼育是未來的趨勢，定位欄將被淘汰。像這樣的投資人，最終可能發揮關鍵作用，說服業界的守舊派——例如海岸食品（Seaboard Foods）以及凱旋食品（Triumph Foods）——擯棄定位欄。我的朋友傑若米・寇樂（Jeremy Coller）與他的同名投資公司（握有數十億美金的資金在市場上流動，並與全世界最大的幾間機構投資人合作，包括退休基金以及保險公司在內），也敦促這些公司堅持一系列的畜牧業動物福利保護，其中包括禁止使用過狹飼育欄。當有這麼大一筆的投資會因此而泡湯時，食品公司顯然都願意聆聽。

對那些還是不願意放棄過時而殘酷的方式者，在握有資訊的消費者面前，他們絕對站不住腳。單單是消費者的情感應該就足以使養豬業開始改變做法，不過當食品零售商、機構投資人、民意調查、政治家、科學家，以及其他有影響力的人士也開始施壓的時候，定位欄的末日肯定已經到了。他們就好像玩具盒裡的老兵，沒辦法轉身看看怎樣做對自己最好。而唯一人道的做法，就是為他們指出一條空氣清新、充滿光明的道路，一條蓬勃發展的

人道經濟之路。

羞辱與層架雞籠

　　除了上述二○一一年伊坎慨然提供協助給了我一個大驚喜；二○一四年的秋天，另一通友好的電話也讓我同樣不可置信。來電者是馬可斯‧魯斯特，他與伊坎不同，既不是企業名人，也不在富比士全球富豪榜上的前四百名。但他在事業上也不弱，是全國第二大蛋雞場的老闆。羅斯阿克農場（Rose Acre Farms）在散布於伊利諾、愛荷華和密蘇里三個州的雞舍裡，養有超過兩千五百萬隻家禽，因此也是中西部最大的玉米、飼料生產者以及買家之一。他的家禽年產約六十五億個蛋，直到不久前，每隻家禽都住在一個非常小的籠裡、一塊小到不能再小的地產上。

　　魯斯特打給我，目的是希望邀請我前往他們公司位於印第安納州北部的總部，並告訴我他打算將整間公司都改成無籠生產。這個聲明非常大膽，而且足以改變遊戲規則。該產業最大的生產者之一，並已經發現籠養的生產方式已經落伍──就算是在他享有廣泛政治支持印第安納州也不例外。要是從他和美國人道協會的歷史來看，他的承諾更會讓人覺得驚訝。七年前，美國人道協會曾經派遣一名臥底的調查員，進入他位於愛荷華州的設施內。在那兒，我們的調查員拍的影片裡，母雞擠在小小的層架雞籠裡，其中有些雞已經死了，就在活生生的雞旁邊僵化。這醜陋的一幕，就發生在這個已經對殘酷習以為常的產業中。這個爆料當

然沒有讓我或是美國人道協會受到魯斯特的歡迎,他的副手還在調查結果的消息曝光後,做出很多赤裸裸的報復。這個風暴過去一年後,魯斯特和羅斯阿克捐款五十萬美元,給對抗二號提案的活動,這項提案是在加州的一項公民提案,禁止使用層架雞籠、母豬定位欄和小牛圍欄。魯斯特並不喜歡美國人道協會也不喜歡我們做的事,並盡他一切所能捍衛原有的生產方式。

於是我和我同事巴克飛往印第安納波利斯,並開了好幾個小時的車,拜訪了魯斯特和他的生意夥伴麥克・杉瑟;當下我們就知道,這個雞蛋業的生產巨頭已經打從心裡改變了。在這次拜訪之前的幾年,我和魯斯特已經談過幾次,關係也逐漸解凍;但是在這個時間點,我並不期待魯斯特會做出這個全面採用無籠養雞的決定。我一直以為,這個規模最大的業者,需要有人推拉踢打,才會進入人道飼養母雞的新世界。

魯斯特讓我們坐上一輛卡車,沿著一條鄉間小路行駛,風塵僕僕地前往幾英里外的新無籠蛋雞場。從外觀看來,這座蛋雞場就像是一間倉庫,和一般工業化蛋雞場並無兩樣。這幾年喬許和我已經看過很多這類的養雞場。馬可斯和一位經理人讓我們穿上白色的拉鏈套裝,並在鞋子上蓋上塑料包覆,以免我們把病原體帶進雞舍。這是一座大型的雞舍,長方形的倉房裡有許多條長走道,每條走道兩邊各有四排架子。這些禽鳥用這些架子來棲息、睡覺、玩耍以及築巢。看不到籠子,母雞們可以走動、跳躍、飛來飛去,從地板上飛到架子上、在架子之間飛,隨意停在任何地方。

　　要求提供雞更好的生活環境的呼聲越來越普及，像這樣的雞舍在蛋雞業已經越來越普遍，有成千上萬的雞隻是飼養在這樣的雞舍內。魯斯特以及他的團隊，一直在觀察這種新自由下雞隻的行為，藉此修改雞舍的設計，讓樓地板使用效率更高、解決母雞在排放物堆積處下蛋的問題。這座建築物裡有大約兩萬隻雞，裡面的動態就像蜂窩一樣。雞隻在這裡的生活雖稱不上完美，但已經比原來那種一個微波爐大小的籠子裡擠了六、七隻雞的生活，好太多了。「我不是很關心動物福利這個議題，我是做生意的，就像其他蛋雞場的人一樣。」魯斯特如此對我說，一邊指著這些雞。「但是我可以做到這個。」

　　原來羅斯阿克農場與杉瑟的公司「隱舍（Hidden Villa）」還有一個醞釀中的計劃，要在亞歷桑納州和德州建立無籠雞舍；這些地方氣候較暖，冬天不需要暖氣替雞舍加溫。他們還計劃在夏威夷建立可以飼養百萬隻雞的無籠雞舍，讓夏威夷成為第一個無雞籠州。我們開車從雞舍回總部的路上，魯斯特指著兩棟建築物說，他要把它們改建。「那是要給克羅格（美國第二大連鎖超市）的，全都是無籠雞舍。」他說這個改變需要時間、巨大的投資，但他已經下定決心，要把他手下所有的雞舍都改成無籠式。看到長久以來的對手變成盟友、一個舊式不人道經濟的老闆找到一條路通往未來的新方向，這快樂真是筆墨難以形容。

　　而且魯斯特還不是業界唯一的一個。見過魯斯特不久之後，我又接到倫勃朗公司（Rembrandt）的執行長戴夫‧雷丁的留言，說要來拜訪我。倫勃朗是蛋雞業第三大的公司。雷丁和他的律

師，以及兩名「雞蛋產業公會」（United Egg Producers）的代表，一同到美國人道協會在華盛頓市中心的辦公室裡，與我和巴克會面。「雞蛋產業工會」代表了大多數的大型雞蛋生產者。這也是個有點讓人暈乎乎的場面，因為就和羅斯阿克的情形一樣，我們也曾派人進入倫勃朗公司，進行臥底調查。雖然這類的調查帶來的曙光，會產生某些美好的結果；但是遺憾的是，其中通常不包括調查者和被調查者之間的好感。在某種程度上，這些被調查過的公司的執行長還願意跟我們說話，就是奇蹟了。

倫勃朗主要的產品，是提供給許多食品製造商液體蛋。這些因為把蛋打破變成液體的工廠被稱為「破蛋廠」，它們常常是惡名昭彰，連雞蛋產業工會的最低福利標準都達不到。倫勃朗在我們這個社群裡可以說是臭名遠播，因為該公司有幾百萬隻的母雞，都養在四十八平方英寸（零點零三平方公尺）的籠內。原本的傳統式六十七平方英寸（零點零四三平方公尺）的雞籠就已經夠糟了，很難想像居然還把它縮小、塞進更多的雞。倫勃朗和其他破蛋場裡的雞，就是生長在這種沙丁魚罐頭般的環境中，只不過沙丁魚是死的，這些雞卻是活生生的。然而，雷丁和魯斯特一樣，他對我們說，他已經準備好要改變倫勃朗，轉變為無籠式的蛋雞場；只不過，他還需要一些幫助——他需要顧客，這也是我們可以幫得上忙的地方。我們和消費者之間有聯繫，也對許多大型食品零售商有影響力。這個要求我們欣然接受。

坐在魯斯特的卡車上、和雷丁隔著桌子懇談——這些具有建設性又友善的會面，說明了如今雞蛋生產業裡聰明的腦袋和口

袋都已經看清：待在籠子裡是沒有未來的。從他們的想法來看，既然必須順應現實，那就越快越好。他們想要在關心動物福利和食品安全的消費者浪潮掀起之前，先登上浪頭。或許，他們同時也覺得有責任把事情做得更好，畢竟這個行業的傳統做法，讓這麼多無辜的生物付出了巨大的代價。有良知的人們，在警覺到動物受的苦之後，我不認為還會有多少人願意成為其中的一分子。即便如此，看到業界前三大的業者之中的兩個，這麼多年來只專注在每一分錢的營收上，如今卻願意做出這麼戲劇化的根本性改變，確實讓人驚訝。在短短的幾年間，雞蛋生產商已經變成全國性動物福利議題的熱門爭論點；而這些被從籠子裡移到無籠環境中的雞隻，已經讓我們看到了改變。

我曾經參觀過很多放養的蛋雞場，像是伊萊薩‧麥克連恩在北卡羅萊納中部的「蔗溪農場」（Cane Creek Farm）；看著母雞工作玩耍是一種樂趣。那些母雞在及胸高的草叢裡覓食、群居、築窩、互相追逐。在蔗溪農場還有其他很多給予雞隻一定程度自由的農場中，這些動物們有一個值得活的生命歷程。就伊萊薩和其他實施此類綜合式動物放養農業的農人來說，家禽是他們的生計；對社會大眾來說，則是價格不貴、可永續、高蛋白的食物來源。

二〇一二年十一月，我和國際人道協會的工作者，一同造訪了印度中部安德拉邦的鄉村地區，參訪一個我們支持的計劃：提供生蛋母雞給鄉村的社區。我們在那裡遇見許多人，他們每天的生活費只有一美元。這些生蛋母雞可以自由覓食，不需要額外餵

食。這些每天只能求基本溫飽的人，這些雞將可以改變他們的命運。村民們每天收集雞蛋，吃掉一些，還有一些拿來賣給當地的市場換取現金。這是個雙贏的方式：雞過得很好，那些活在饑餓邊緣的人也比較容易過日子。

對很多處於食物生產鏈中的母雞來說，日子就沒有這麼好過了。看完鄉村的放養母雞之後，我們在印度當地的辦公室主任賈伊和我一起參觀了三座層架雞籠的養雞場，一樣是位於安德拉邦內。裡面的景象相當令人震驚，母雞們擠在狹小的籠內，幾乎無法移動；空氣中洋溢著蒼蠅與阿摩尼亞的氣味，天花板上掛滿蜘蛛網，沾滿了糞塵而垂下，宛如簾幕一般。那次訪問之後的一年內，我們成功地遊說印度的動物福利委員會，宣告狹小雞籠違反該國的「防止虐待動物法」。但是執法的情況卻不讓人滿意，我們還在努力關閉當地的層架式雞籠設施。

在美國境內，有高達八成五的生蛋母雞住在狹小雞籠內，甚至直到幾年之前，都還沒有法規明確規定要讓母雞可以移動。這個產業已經高度整合，總共只有約一百家公司（包括羅斯阿克和倫勃朗在內），就占了全國總計九百億顆蛋產量中的八成五。我第一次靠近觀察美國的這種工業化蛋雞場，是在二〇〇八年初。那次的造訪邀請並非出於經營者，而是來自養雞場的一位鄰居，因為他再也無法忍受從隔壁養雞場傳來的衝天臭氣以及成群蒼蠅。就在加州的二號提案（針對全加州反對籠養家禽畜的公民倡議投票案）投票之前，這位鄰居戴夫‧朗帶著我進行一次未經授權的探訪，對象是河濱郡的一處蛋雞場，這個地方讓戴夫的生活

完全變調。我們無法進入那兩座現代化的雞舍，兩座設施裡分別有超過十萬隻雞，住在層層疊了五層的籠子裡。但是靠著戴夫的那輛越野多用途車，我們可以靠近看散住在五座較老舊雞舍中的約四十萬隻雞。這種「雞舍」只有屋頂，四面開放，有五長列和雞舍等長的籠子。柱子都架高，兩邊各和一個籠子連在一起，籠子向下、向外傾斜，好讓雞蛋滾動集中在槽型的金屬盤中。兩兩並列的籠子疊成兩層，每個籠子裡有二到四隻雞。下面的籠子裡的雞明顯比上面的雞顏色深很多，不是因為牠們品種不一樣，而是因為雞糞從上面的籠子透過鐵絲網落下，每天不斷地掉在下面的雞身上，讓牠們看起來灰撲撲的。對這些雞來說，怎樣都躲不開這些糞便，不止從上面掉下來，也從下面堆上來──三呎高而且還不斷累積的糞堆，距離籠子底部只有幾吋遠。成群的蒼蠅飛舞。我就連十五分鐘都難以忍受，但對這些雞來說，這就是唯一的世界，那會是怎樣的感受？

加州的二號提案，對於動物福利和農業來說，是一個震撼彈。對戴夫而言，一旦這個法案在二○一五年生效，將會讓他的鄰居不得不修改過時的戶外籠養系統，這對那些雞和戴夫來說，都會是個解脫。不僅如此，這個倡議的帶來的震撼遠超過加州的邊界，尤其是立法者還通過了一項後續提案，要求他州銷往加州的雞蛋，也必須遵守符合二號提案中規定的飼養條件。愛荷華州特別能感受到這股震波，因為該州是雞蛋生產最大州，飼有六千萬隻母雞。愛荷華州內人口只有三百萬，因此這些飼養母雞當中的五千七百萬隻，都是為了他州的需要而飼養的，其中當然包括

加州。

　　在二號提案通過的幾年後、但在提案生效的期限之前（法案中有六年的轉換期，讓農人可以改變飼養體系），我有機會造訪愛荷華州最大的蛋雞場，這個蛋雞場足足飼有一千萬隻母雞。安排這次的訪問的人，是傑瑞・克勞福德，他會變成朋友著實讓人意外，而且他還是個問題解決者。克勞福德是個很有影響力的愛荷華州律師，有好幾個大型蛋雞場都是他的客戶。他取得授權讓我進入「賴特郡蛋雞場」（Wright County Egg），這間蛋雞場在當時是最惡名昭彰的工業化養雞場之一。就連人脈很廣、據說在愛荷華州無所不能的克勞福德，也都花了好大的功夫才促成此事。克勞福德曾在比爾・柯林頓、艾爾・高爾、約翰・凱瑞以及希拉蕊・柯林頓的競選活動期間，在愛荷華州的黨團會議中表現亮眼。我和他是通過美國人道協會的董事長瑞克・本索爾律師的介紹認識的。當本索爾首次向克勞福德提到我的名字的時候，這位土生土長的愛荷華州人臉都漲紅了。他聽過很多關於美國人道協會有多反農業、與農夫為敵的鬼話。不過，經過幾次來來回回，本索爾說服了克勞福德，至少和我坐下來談一談。我們見過幾次面之後，克勞福德就堅持要我親眼看看雞蛋的生產，並且認識一下那些經營者。他八成覺得讓我更靠近、更個人化地檢視產蛋業，會讓我的態度放軟一點。於是，我飛到他的家鄉德梅因（Des Moines），開車往北將近九十分鐘的車程，抵達賴特郡蛋雞場，途中經過一望無際的玉米田和大豆田，只有偶爾出現一棟農舍或是高聳的灰色風車。我們和彼得・德寇斯特在他們公司的一棟小

型紅磚辦公建築裡碰面。德寇斯特年約四十，一頭黑髮，臉上有些灰白色的鬍疵，瘦竹竿的身材。彼得是主要的經營者，雖然他父親傑克才是老闆。傑克・德寇斯特因為污染空氣和水、侵害勞工權益，已經有好幾年都官司纏身。即使是在這個以對農業執法不嚴出名的州，傑克都算是惡名昭彰。

好巧不巧，我和克勞福德的這次參觀，剛好就在二〇一一年夏天的一次大規模產品下架回收事件之後。那次下架的廠商，正是這座養雞場以及鄰近的另一家、不同老闆的「希蘭代爾農場」（Hillandale Farms）。那次下架的原因是沙門氏桿菌中毒，而來源正是這兩家養雞場的蛋。那次雞蛋下架的規模是有史以來最大的，不僅攪亂了德克斯特家族的生意，漣漪也擴及整個產蛋業。根據一些報告的估計，來自賴特郡和希蘭代爾的受污染蛋，在全國至少讓五萬六千人身體不適，其中有十人死亡。這次事件引起的爭議以及全國民眾對食品安全的恐懼，讓加州的立法者有理由追加規定，他州在銷往加州的雞蛋也必須符合二號提案的規定。愛荷華州的雞蛋顯然就是他們想規範的對象。

彼得・德克斯特告訴我們，母雞分散於九十座建築物中，這些建築物散布在數百英畝的土地上，所以他要我們上車跟著他開，前往其中一棟。開了五分鐘之後，我們在一棟建築旁停下來。這棟建築物大到無法形容，長度和足球場一樣。他指示我們套上塑膠靴和全套保護衣。我們看起來像是一個團隊，全身從頭到腳都是白的，和建築物裡的雞很搭。小德克斯特看起來並沒有特別不開心，但顯然對於我的造訪感到焦慮，這也不難理解。產

品下架事件之後,這間廠商最近才剛恢復雞蛋銷售,此事卻引起了他們不想要的高度注意,德克斯特父子還不得不到國會的一個委員會面前做說明。在那之後,父子倆被列為聯邦刑事案件的被告和共同被告;不久之後兩人都被判入獄三個月,併科七百萬美元罰金。面對這一切,彼得‧德克斯特還願意讓我入內參觀,這一點你不得不給他加分——這樣的待客之道我想他父親是絕對不會有的。

我們才進去不久,德克斯特就發現一隻逃出籠子的母雞。他以單膝跪地的姿勢,把母雞用左手臂抱住。在那隻雞眼前,他用手指沿著地板一前一後地移動,大約有二十秒鐘,然後才把雞放開。母雞攤在地上毫無動作,眼神空洞地看著前方——他把雞給催眠了。這是個無害的心理小把戲,而且也許對雞來說,不管是生理上還是心理上,這樣的狀態比和其它雞一同關在籠子裡,還要好過。幾分鐘之後,在我和克勞福德驚訝的注視下,德克斯特彈響手指,母雞驚醒過來快步跑掉,在被重新關起來之前,衝向牠這一生很可能是最後一次的自由。克勞福德告訴我,傑克‧德克斯特甚至還要更厲害:他可以走進養了十萬隻母雞的雞舍,只從喉嚨深處發出一個聲音,就讓裡面吵個不停的母雞統統安靜下來。不管我還會看見什麼景象,這一幕說明了德克斯特父子確實對雞很了解。

彼得‧德克斯特帶我們沿著走道走,在鳥的喧鬧聲中他很少發表意見。在我們兩旁,籠子堆得比我們還要高。這些禽鳥從不曾離開過籠子,也不被允許活得有一分半點像隻鳥,更不要說是

覓食、感受腳下的草地、看看陽光與天空了。我看看四周觀察這一大片的動物，四處白羽飛舞，我忽然覺得只有把自己給催眠的人，才能認為這景象是可以被接受的；只要彈響手指，就會讓他們如大夢初醒。

好像十二到十八個月不斷地分娩還不夠糟似地，這些母雞之後還會被送去屠宰。二○一五年，美國人道協會發表了有史以來第一份廢棄母雞屠宰廠的報告。這種屠宰場專門宰殺身體已經不堪負荷、無法產出足夠雞蛋的母雞。我們有一位勇氣過人的調查員，到巴特菲爾德食品公司（Butterfield Foods Co.）臥底，該公司是位於明尼蘇達州沃通望郡的屠宰場。這位調查員記錄下，從全美以及加拿大各地的層架式雞籠養雞場運來的母雞，其中很多雞隻已經衰弱不堪，或是因為骨折、饑餓而衰弱。這個產業很會製造扭曲的格言，例如說：「我們愛老母雞。」

這位調查員的報告記錄了這家屠宰場如何接收母雞，這些母雞運送時被關在甚至比層架雞籠還小的籠子裡好幾個小時，彼此擠壓的情形比在養雞場裡更嚴重。如果層架式雞籠就像是在電梯裡擠進八個人，一周七天、一天廿四小時；那麼再往電梯裡塞個四到五人、並把電梯縮小，那就是運送時的樣子了。不論是在什麼氣候條件下，牠們都會被運往屠宰場宰殺，運送期間既沒有食物也沒有飲水。我們的調查員還發現，那些在週末時運來屠宰的母雞，就直接被留在卡車上不管，直到週一屠宰場重新開始作業為止。暴露在明尼蘇達州的冬天裡，最外側的雞隻直接被凍死。

　　到了屠宰的時刻，調查員親眼見到工作人員用金屬勾伸進擠得滿滿的籠子裡，把母雞從腳勾住拖出籠子外。然後工作人員把母雞倒掛在屠宰線上，這時雞還是完全清醒的。靠上鐵銬之後，成排倒掛的雞會通過一個通了電的水槽，目的是讓牠們被電暈，可是並非總是有效。每天，母雞就活生生地被迫倒吊著浸入燒燙的熱水中。短短三十分鐘內，調查員就見到大約四十五隻雞是被活生生地淹死或燙死。巴特菲爾德食品的工廠，就如同幾乎所有的禽肉業一樣，是用一種極度過時的方式屠宰母雞，這種屠宰方式要是用在牛或豬身上，就會違反聯邦法律。可是既然美國農業部把鳥類從聯邦法「人道屠宰法條例」（Humane Methods of Slaughter Act）裡剔除（這等於是在法律上不把牠們視為〔動物〕），那麼根本沒有任何規範，可以要求屠宰這些生蛋雞之前，先將牠們施以麻痺。屠宰場屠宰每隻雞會付兩到三美分，讓蛋雞場的老闆有些額外收入，否則蛋雞場可能會直接把雞送去掩埋。這些雞對於企業來說已經無利可圖，因此被視為只比垃圾好一點。

　　回頭再來看蛋雞場裡密集籠養的慘狀，那其實是一種複合式的折磨，除了空間不足，還要加上無法在群體中建立自己的啄食習慣，每次呼吸都要吸入自己與群體排放的阿摩尼亞。標準的工廠式蛋雞廠，會在生蛋週期內讓燈光一天持續照射十六到十七個小時。要是世界上有個競賽，比賽用最冷血、黑心的方法來生產雞蛋，這些養雞場八成可以奪冠。

　　結束德克斯特農場的探訪之後，我不是很確定克勞福德有

沒有因為我們看到的景象而感到不安，畢竟他在業界已經是老經驗了，對這一行的內幕並不陌生。至於我自己，那樣的景象讓我非常難過，出來之後再無疑問——這種老式、可恥的雞蛋生產方式，必須被改變。確實沒錯，大眾已經盯上了傑克·德克斯特，也有很多他的同行認為他是個惡質的業者。但是就算是跟著標準走的業者，他們用的標準籠子在根本上，也是有問題的。這些蛋雞場的經營者都用一連串合理化的說法，來為這種對動物採取極端的做法開脫：說是他們在保護雞免受獵食動物威脅、提供牠們足夠的食物和飲水、鳥類本來就有群居和擠在一起的本能等等。既然母雞只不過是動物而已，生產者所做的這一切都是舉著人性的大旗，宣稱是提供饑餓的消費者廉價的基要食物。在我們討論什麼才是雞蛋生產最好的做法時，克勞福德本人就曾經好幾次對我說過最後這個理由。

> 沃爾瑪自己的顧客調查顯示，對於確保以人道方式對待禽畜的零售商店，有百分之七十七的顧客會「增加信賴感」、百分之六十六的顧客會「提高購買率」。

　　在我們的賴特郡之行結束不久之後，我和克勞福德前往歐洲，進行一次參觀比較。我們參觀了幾處位於英國與荷蘭的蛋雞場，這些養雞場都處於轉換期，從層架雞籠轉換為棲地式雞籠（colony cages），這樣的變革是來自歐盟的規定。每個棲地式雞籠裡大約飼養六十隻雞，但是每隻雞的平均生活空間是舊式雞籠的兩倍；籠內還有產蛋箱、棲架和磨爪設施。透過克勞福德的

安排，有一位「大荷蘭人公司」（Big Dutchman）的人員擔任我們的導覽人；大荷蘭人是全球兩間最大的蛋雞舍製造商之一，他們的產品包括層架式雞籠、棲地式雞籠，無籠式雞舍，無一不包。

我們最先參觀的農場之一，是由一對兄弟經營，飼有約四十五萬隻家禽，分置於四棟建築物中。名字也很恰好的伯德（Byrd）兄弟，有兩座傳統的層架式雞籠設施。在母雞十二到十八個月的壽命期間，雞糞就堆積在雞舍地面，只有當母雞被移走時，才會清理。第三座雞舍也是用傳統籠架，但是籠子下方設有寬寬的塑膠輸送帶，把雞糞運到雞舍外。第四座雞舍則設有棲地式雞籠：空間較寬敞，籠裡還有附加配件，籠底也有塑膠傳送帶運送糞便。

伯德兄弟告訴我們，為了反對歐盟通過禁止層架式雞籠的法規，他們傾盡所有。他們認為這樣的系統對家禽來說已經足夠，還能以合理的價格把雞蛋送到消費者桌上。但是他們是守法的人，只好不情不願地修改雞舍；於是一座接著一座採用大荷蘭人所建的雞舍系統，以符合歐盟的規定。第一座改建過的雞舍完工後，隨著新雞舍的運作，他們自己的想法也改變了。雞隻的死亡率大幅下降、飼料費用也是。在雞舍內的現場工作人員更不需要加以說服，因為空氣的品質明顯好多了。動物的福利條件顯然改善許多，這讓每個相關的人，包括伯德兄弟，突然間都對他們所從事的這項行業感覺良好許多。誰會想要一天八小時（或以上），被成千上萬無法移動、受苦的生物圍繞？

　　看到這一切，尤其是看到伯德兄弟的熱情，讓克勞福德的態度也開始轉變了。想要成為更好的人、想要做得更好、想要站在創新的那一邊——這樣的動機是很強烈的。這一點，我在農業從業者和其他領域中，見證過很多次。後來克勞福德又安排我和查德‧格雷戈里私下會面，格雷戈里不久之後就會接替他父親的位置，成為雞蛋產業工會的執行長。我和他首次會面的情形，就如同我和克勞福德首次會面時一樣，氣氛是有點不自在，畢竟我和他在二號提案時，在針對應該如何對待動物的議題上，是站在絕對敵對的兩方。還好我們是在克勞福德在亞歷桑納的別墅裡碰面，在舒適的氣氛下，我們逐漸放鬆下來；不久之後就開始一長串嚴肅的對話，討論雞蛋產業的未來。之後我們又見了幾次面，二號提案的衝擊讓格雷戈里記憶猶新，因此他表示，他將領導整個雞蛋業進行革新。他也在歐洲看過棲地式雞籠，看得出來那套系統遠比美國所用的先進。但是，轉換過程將會是個挑戰，改造成千上萬個籠舍會帶來龐大的支出，還要說服蛋農這些變化和干擾都將是值得的。格雷戈里想要成為領導這一切的人，而他也準備好面對挑戰了。

　　接下來，格雷戈里進行了一次炫風式的旅程，拜訪了所有美國雞蛋產區的主要廠商，在他的半威脅半利誘下，大多數的廠商都同意加入淘汰層架式雞籠的計劃。美國人道協會和雞蛋產業公會也正式同意彼此合作，一同終結層架式雞籠的時代。

　　正是因為這個看似不可能的聯盟關係，從二〇〇一年開始，我才能和魯斯特以及其他業界人士，展開真正的對話。在這個過

程中，儘管我對他們目前操作的系統深感厭惡，但我卻發現到這些人都是認真工作的好人。他們選擇的生產方式是為了讓效率大幅提高，而不是故意要讓母雞生活在悲慘的狀況中。從他們經營農業的角度來看，層架式雞籠曾經大獲成功。這個系統讓他們可以用低成本（每打二塊美金或更低）大量生產，這許多年以來讓他們賺了很多錢，其中有些人變得極端富有。在不知道這些雞是如何飼養的情況下，消費者以激增的需求量鼓勵生產者。二〇一四年，美國人平均每年消耗二百六十四顆蛋；這個數字聽起來似乎不太可能，但仔細想想就可以了解：雞蛋變成了馬芬、蛋糕、糕點、美乃滋、餅乾，以及各種各樣的食品。每一隻母雞每年大約也是生產同樣的數量：二百六十顆蛋。換句話說，如果你吃蛋，飲食習慣也無甚特別，那麼你就需要一隻母雞一年忙到頭。但是，除非你刻意購買自由放養的雞蛋，那麼幾乎可以肯定，你的母雞是被關在狹小的籠子裡，度過牠悲慘生命的每一刻。

我和格雷戈里在國會山莊共同發表了一篇聲明，此舉引起眾人矚目並且廣受讚譽。接下來的幾個月，我們又花了許多時間遊說立法諸公，將協議的條款化為法規。也有些雞蛋生產商，像是魯斯特，致電他們當地的議員，要求對方加入我們的戰鬥陣營。儘管這項改革是出於智慧，更有美國人道協會和雞蛋產業公會史無前例的通力合作，最終國會還是未能採取行動。很大一部分的原因是來自於牛肉業與豬肉業的干預；他們反對聯邦為動物福利設下任何先例。這個法案從未遭遇反對，民主黨幾乎是一致同意，共和黨中也有相當多的支持者；但是卻在是否進入立法程序

的表決中遭到否決。這個事件是個苦澀的提醒：國會還是經常怠於付諸行動，即使是專為所有利益相關者設計、以滿足其需要的提案。

但這一切並非徒勞無功。合理的改革念頭是難以抑制的，經常會透過其他的方式展翅高飛。加州新的母雞福利法規將在二〇一五年生效，規範的對象不僅止於蛋農，也擴及蛋商，為致力於更人道方式養雞的蛋農創造了市場需求。大型零售商出於法律規範加上企業社會責任的理念，也登上了這輛人道列車。二〇一四年十二月，就在二號提案實施之前，星巴克（旗下有一萬五千家店）同意，二〇二〇年以前將全面改採自由放養的雞蛋。我已經可以看到這股勢頭，它有意跳過從層架籠轉換為棲地籠的過程，直接飛入無籠化飼養。

二〇一五年初，全國最大的食品服務商：康帕斯集團、索迪斯集團以及愛瑪客，也同意改採用無籠化飼養雞蛋。這些公司加起來，每年採購超過十億顆蛋，此舉等於讓三千五百萬隻母雞可以離開籠子。甜甜圈店 Dunkin Donuts 也加入此一行列，宣布將做出改變。那時沃爾瑪發表「五大自由」的聲明才剛過了幾個月；母豬定位欄和小牛監禁欄正要被淘汰，層架式雞籠將成為最後一種極端禁閉動物的飼養方式，誰會想要被當成落伍者呢？雖然沃爾瑪並沒有提出改採用放養雞蛋的時程表，但是該公司的走向已經相當明顯。

不過，影響雞蛋業未來最重要的聲明，與母豬妊娠定位欄的

案例一樣，是掌握在麥當勞手中。二〇一五年九月，就在沃爾瑪發表聲明的四個月之後，麥當勞宣布將在未來十年內，在美國和加拿大的所有麥當勞餐廳內，全面改採用無籠化飼養的雞蛋（幾年前，歐洲的麥當勞就已經改用放養雞蛋了）。這個宣言更有力量，因為一直麥當勞是一個聯盟的中心，這個聯盟由許多公司、科學研究人員和雞蛋業共同組成，該聯盟花費了數百萬美元、長達好幾年的時間，研究比較各種蛋雞的飼養系統。就許多跡象看來，這項研究似乎抱持著一項前提：比起無籠化飼養，棲地籠更能在人道飼養和經濟效益之間取得平衡。我們雖然知道麥當勞會做出一些行動，以改善蛋雞的生活；但我們也擔心他們的腳步太慢，會拖長以無籠化飼養取代棲地籠的戰鬥。

多年來，我的同事夏畢羅參與了麥當勞的每一次股東會議，每次都禮貌但是堅持地表達意見，強調對動物採取極端圈禁的年代必須結束、無籠系統終將成為唯一能被公眾接受的飼養系統。在沒有股東會的時候，夏畢羅就繼續遊說、和麥當勞協商，但他卻越來越擔憂雞蛋業的研究方向。所以，當麥當勞的副總裁表示她和其他人已經作出相關的決定時，夏畢羅心中打了一陣子鼓，據他自己的說法，他撥電話過去的時候「像是喉嚨裡有個腫塊」。電話接通知後，麥當勞的首席發言人首先就省略一切的客套話。「我們不想拐彎抹角。我們很快就會宣布，十年後將全面改為採用無籠化飼養雞蛋。」她說。

這個時間表拉得很長，但是終點卻是正確的。夏畢羅說，他當時高興得說不出話來，因為他和其他幾個美國人道協會的成

員，成年後的人生都致力於廢除層架式雞籠。我們所有曾參與這場戰鬥的人都一致覺得，麥當勞的聲明終於讓這項爭議落幕。就這一點來看，以後我們將會是就條件以及時程表談判，不再需要爭論基本的概念。

麥當勞每年採購、售出二十億顆雞蛋，約占全美的百分之三，這項聲明的影響力，將會擴及到生產者以及其他的食品零售業、影響經濟行為。就如同對豬肉的採購一樣，當業界最大、最重視成本考量的公司表示，他們將會做出改變，也不會對消費者提高售價時，會讓其他的公司再也沒有搖擺不定的空間。就如同母豬定位欄那次一樣，在麥當勞之後，其他公司也會宣布類似的政策。麥當勞宣布放養雞蛋政策之後三星期，就推出了一份新的全天候早餐菜單，供應的餐點中大量應用了雞蛋。兩個月之後，Taco Bell（百勝餐飲集團〔Yum! Brands〕旗下的墨西哥式餐廳）也宣布，將會完全採用無籠化飼養雞蛋。這家餐廳以前一直掉隊，從未做出任何和動物福利有關的承諾。該公司甚至承諾一年之內就會達成此一目標，可說創下了一個新標準。這對一個有六千家分店、菜單上還有一長串以雞蛋為主角的早餐選項的公司來說，著實相當不容易。到了二〇一五年底，好事多（他們賣出的雞蛋比麥當勞來要多）的執行長克雷格‧傑林內告訴我，他們將在二〇一八年底接近百分之百販售無籠雞蛋的目標。

麥當勞、好事多、Taco Bell、索迪斯，以及其他大型食品服務及零售商，會做出這樣的決定，並非只是隨便說說，也不是單單因為美國人道協會的要求。當食品零售商改變採購策略，背後

必須有供應商的支撐才行。緊跟在麥當勞之後，亞歷桑納州的前
十大雞蛋生產廠之一的老闆：格倫‧希克曼表示，他的公司也
將逐步轉換為全面採用無籠式生產。「無籠化飼養是合理的下一
步，是這個產業的未來。」希克曼如此表示。在麥當勞發表聲
明之後一個月，倫勃朗公司的執行長雷丁也發表了聲明。「對於
大型食品公司紛紛改為只提供無籠化飼養雞蛋，這樣的變化我
們欣然接受。」這個人領導的公司，是一直以來都對雞相當強
硬無情的。「在合理的時間表之下，我們可以滿足客戶的一切需
求；我們也熱切盼望能推動我們的客戶，進入無籠的未來。」史
蒂夫‧埃爾布魯克是密西根州最大的雞蛋生產商之一，也是無籠
化飼養的的支持者，在麥當勞發布聲明的時候，他已經把他養的
七百萬隻雞中的四百萬隻，移到了無籠化飼養的雞舍。隨著越來
越多公司加入無籠的行列，埃爾布魯克已經卡好了絕佳的戰略位
置，因為他是先看到了這場爭論到最後結果會如何，並有系統地
打造了無籠飼養的雞群。對他，還有其他像他一樣的生產者來
說，他們不會再打造任何一座籠子。所有新推出的產品都會是無
籠生產的。

　　即使是格雷戈里，他在二〇〇八年二號提案的推案期間，曾
領導一個預算一千萬美金的反對陣營，也對我說，他不得不承認
無籠飼養是蛋雞產業的未來。從加州一面倒地通過二號提案到現
在，七年來，食品零售業和雞蛋生產業對美國人道協會的態度，
已經從原來的全面開戰，轉變為開放對話，到最後完全接受無籠
化的未來。

　　不論是製造商、產業公會，或是零售商，每一間企業都必須為贏得今日以及明日的客戶而努力，在食品這個產業也不例外。就連最大、最成熟的品牌，也會受到後起之秀、價值觀改變的威脅。在經營模式中存在著酷虐，是一種不值得冒的風險，現在比以往尤甚。沃爾瑪自己的顧客調查顯示，對於確保以人道方式對待禽畜的零售商店，有百分之七十七的顧客會「增加信賴感」、百分之六十六的顧客會「提高購買率」。當輿論已經對長久以來的做法產生意見，接下來的發展往往相當迅速，豬肉業、雞蛋業和小牛肉業都是這樣的例子。顧客一旦發現他們喜愛的產品製作過程中會傷害到動物，有很多人就會到別的地方買。隨著越來越多的公司踏出動物福利改革的腳步，那些負隅頑抗者將不會受到歡迎。不管是身處動物保護的爭議圈內或圈外，很多公司都學到一點：不需要消費者的群起抗議，也足以對生意造成災難性的破壞。只要有百分之十或十五不滿的顧客，就足以讓銷售量下滑、讓社交媒體聞風而起，或引起對產品的抗議行動。每個執行長都必須保持警戒，原來只是邊緣的議題，會變成主流思想——不跟上就會被淘汰。

　　還記得嗎？以前汽車製造商曾經高聲抗議，表示加裝安全帶的規定會為該產業帶來災難。如今，安全已經成為汽車銷售的核心。不過短短幾年前，將動物福利的概念納入農業的核心價值之一，這樣的想法還被視為不實際、太天真；任何抱有這念頭的食品製造和零售業的人，都會被視為異類。如今，若是一家公司採用了對動物傷害較低的做法，則成為一大賣點。在這個人們對

殘酷廣泛抱有惡感的文化中，商業計劃中必須注入動物福利的思維。各大公司的執行長們，正在把這種社會關注化為經濟上的機會；奇巴塔和全食超市是其中的先鋒，沃爾瑪和麥當勞透過這種做法讓他們的商業模式跟上美國大眾的思維腳步；魯斯特、雷丁以及其他的生產者們也這樣做，因為他們不想掉隊，也不想讓生產出的數十億顆蛋滯銷。「做正確的事」不再被視為對效率或收益的犧牲之舉，轉而成為一門好生意，不止可以建立品牌形象、提高股價，還能躲開未來的風險。只要擁抱這樣的價值觀，執行長們就再也不必擔心青天霹靂般的接到伊坎的電話，也不用和公民提案、聯邦法案或法規對抗，以捍衛他們的生意。任何一個執行長，都不希望公司被消費者視為落伍或是殘酷。當公司的高層領導有方、作出對社會有益的事，就會賺錢，因為他們符合知情的消費者的需求。

第三章

我們養大一隻雞，結果只吃牠的胸或是翅。要避免這樣的荒謬，就該用一種適當的介質，讓這兩樣東西分別成長。合成食物將會……從一開始就和天然食物沒有區別。

—〈五十年後〉，溫斯頓·邱吉爾爵士（Sir. Winston Churchill），一九三一。

雞還是蛋？或者兩者皆非？

沒心肝的肉

除了時間早了幾十年之外，邱吉爾預言的這個遠景還真是大膽而精準。即使過去這五年來飼養及屠宰動物方式已經有很多重要的改變，以及更多更人道的方式，但還是有對此不滿的消費者。對這些人來說，這種新世代的食物生產策略不只是紙上談兵而已，而是已經出現在牛奶和起士的貨架上，甚至是肉品櫃裡。未來世界的肉品已經來到，一舉抹去我們的食物上沾染的受苦氣息、血腥汙點，那將會是現代科學最美妙的創舉之一。

安德拉斯·佛卡司來到我們美國人道協會位於華盛頓特區市中心的辦公室裡；他來此地是為了引誘我吃肉，打破我三十年來吃素的習慣。不過佛卡司既非牧場主人，也不是肉品業的代表，那塊肉也沒有裝在密封收縮包裝裡。佛卡司其實是一位在哈佛受教育的科學家，他拿來的肉是如同開胃菜一樣的一口大小，可以放在手提包裡。他和幾位生物製造（biofabrication）的科學家，在他的公司裡研發出一種方法，只要從一隻公豬或是公牛身上採取針挑般的一絲絲肌肉細胞，就可以做出一小堆的可食用肉──「實驗室生成肉品。不傷害任何動物。產地：布魯克林。」

佛卡司的公司「現代草原」（Modern Meadow）是體外肉類和皮革生產的實驗先驅。這個過程不像從一萬年前的猛瑪象或是

乳齒象化石裡找出 DNA、加以複製那般困難。佛卡司並無意要創造侏羅紀公園;而且恰恰相反,他是從地球上數量最多幾種的動物身上,製造出肉類來。

　　佛卡司和他的同儕科學家們,彷彿是屬於另一個宇宙的創新者,要用最根本的方式,為我們的人生以及農業經濟,帶給巨大的改變。有一群科學家創立了「孟菲斯肉類」(Memphis Meats),在鋼槽中養出肉來。還有三個印裔美籍人士在矽谷創立了一間公司叫 Muufri,利用基因工程改造的酵母,製造牛奶和起士。在我認識佛卡司的幾個月之前,馬克‧珀斯特博士以及他的團隊,在荷蘭的馬斯特里赫特大學裡,製出了歷史上第一個在實驗室裡生成的漢堡,並在倫敦烹調,讓一群記者們享用。對這群用餐者來說,這一頓飯絕對令人難忘,但不是因為這道很未來的菜色很合他們的口味。培養的肉類雖然可能還需要幾年的時間來精進,但無疑地,它和第一台電腦、或是一九八〇年代的早期手機一樣,是一種劃時代的產物,其出現意味著巨大的改變將隨之而來。珀斯特博士的漢堡生成事業,一開始時,背後有個主要的支持者,他不但是個重要人物,而且自己也有亮眼的創新成就,那就是 Google 的創辦人億萬富翁瑟吉‧布林。布林說他會投資這項事業,是因為「當你看見那些牛是如何被對待的,那景象實在是讓我不舒服。」他並不認為研發培養肉是異想天開、癡人說夢。他這樣對媒體說:「不管做什麼事,總該讓某些人認為是科幻小說才行,不然肯定是不夠創新。」

　　對於珀斯特博士的事業,現代草原公司的佛卡司有很多好

話可說，但他也強調，荷蘭人的實驗室操作是運用不同的生成程序，更具有實驗性。「他是重建肌肉纖維，一次一條纖維」，然後把纖維組在一起。佛卡司認為，他自己使用的生物組織基因工程法，離商業應用更近。聽起來像是典型的發明家之間的競賽嗎？一點也沒錯。如今，珀斯特博士宣稱，他已經可以讓每個漢堡的批發成本，降至十一美元。佛卡司表示，隨著時間推移，他的漢堡也將具有價格競爭力。他和他的團隊使用的生成程序是從採取肌肉活體開始。「先把細胞分離出來，然後在細胞環境中培養。」他對我解釋：「就像湯一樣，裡面有維他命、礦物質、糖，還有所有成長需要的養分。」細胞經由分裂而增多，這個程序和動物生長的生物過程並無二致。

佛卡司的肉製程，和傳統的肉類不同之處，在於需要投入的資源更少，因為不需要長出腿、蹄，或是毛髮，也沒有不斷跳動的心臟、呼吸的肺，因此熱量消耗率大幅降低。目標非常精準：所有生產出來的，都是可食用的肉類，以及可用的皮革。

聽著佛卡司的說明，讓我想到幾十年前，作家弗朗西斯・摩爾・拉佩（Frances Moore Lappé）在《一個小行星的飲食》（*Diet for a Small Planet*）一書中寫道：「動物是蛋白質工廠──才怪。」牛大約需要吃掉十二磅（五點四五公斤）的穀物，才會生成一公斤的肉，更別提這中間的每一個階段所消耗的那些量大到難以置信的水、土地，以及石化燃料。佛卡司還是需要利用植物為材料來養成動物的肉，但他的做法有效率得多。

現代草原公司的生產方式所製造的廢物量，也幾乎微不足道，不過是一些死掉的細胞以及生物殘留物。相反地，根據美國環保局的報告，全國有一萬八千八百座圈養動物業，這些設施中有大量的牛、豬、雞被監禁圈養，每年會製造出五億噸的糞便，相當於一萬億磅重；是美國人每年消耗的肉、牛奶和雞蛋加起來重量的三倍。畜牧業的溫室氣體排放量，等同於二點四三公噸的二氧化碳，是地球上最大的溫室氣體來源之一。一份歐盟的研究顯示，實驗室生成肉可以減少百分之九十九點七的土地使用；從河流及含水層中抽取的水減少百分之九十四，並減少百分之九十八點八的溫室氣體排放量。

這一切在布魯克林展開，是再適合不過了。此地曾有無數的畜牧場、肉品包裝廠，以及肉品市場。十九世紀的美國，我們的城市中擠滿了動物，包括活生生的禽畜。在距離消費者不遠之處飼養禽畜，或者運送到消費者附近再加以屠宰，這樣的做法在實務上是必要的，因為在運送的過程中，「牛肉和豬肉經歷了一連串的異變，這些異變會讓肉品先是變得不可口、然後變成不可食用，最後變成具有危險毒性。」威斯康辛大學的歷史學家威廉・克羅農如此表示。在過半的工業時代、以及工業時代以前的所有年代，大部分的食物都是「本地的」，標準就是從農場直接到餐桌上。畢竟，我們國家當時大部分還是仰賴農牧。當時許多農夫在城市的邊緣耕作畜牧，甚至有時就在城市裡面。

隨著國家向西擴張，新住民可以占有密西西比河兩岸肥沃的氾濫平原，並且越過這塊大陸中央廣大的大平原區，一路從德

州延伸到德克薩斯州，直到加拿大的草原區。在內戰時期，獵人（不論是為了休閒或是市場需求）將美洲野牛趕盡殺絕；聯邦軍隊和疾病又讓印第安部落大量死去。當時從歐洲來到美國的人，和當地的動物或人類都不能和平共處。於是這塊土地上的原始居民及物種，要不是趕盡殺絕，就是被逼入一小塊地帶或是保留區裡。牧場主和農夫於是得以把長角牛和其他牛隻、羊群、豬群放進這個「開放牧地」中，利用大自然恩賜的、原本養活了數百萬隻野牛的草地。在許多地方，他們則在地上種起玉米，取代了天然的草原，然後把穀物用來飼養禽畜。

到了十九世紀後半葉，冷藏鐵路車廂把這些農場和越來越膨脹的城市連結起來；從歐洲來的移民擠滿了城市，他們都要吃肉。漸漸地，農牧需求外移到這些鄉村地區，城市裡的農牧業則被製造業、營建、金融，以及其他和工業經濟相關的公司所取代。

但是大部分的交易和加工仍然是在城市裡進行，這就需要仰賴牛仔和火車車掌，橫越數百哩各種不同的地形，把動物運送到城市裡。目的地通常是一個畜舍，和肉品業相關的各領域人士把動物聚集在此地，然後進行交易，接著運送到東部，或是送到現場屠宰。當時芝加哥的聯合畜舍就設在市區，被稱為「世界的豬屠夫」；十九、二十世紀之交，有兩萬五千人受僱於此，每天處理超過美國總銷售量八成的豬肉。十九世紀七〇年代，此地以「在一百畝地上有二千三百個場站，能同時處理兩萬一千頭牛、七萬五千頭豬、二萬二千頭羊，以及兩百匹馬」自詡。辛辛那堤

則是專門收集、交易及屠宰豬，因此被暱稱為「豬肉都」。曼哈頓的肉品包裝區則位於哈德遜河邊，當地矗立著二百五十棟屠宰場，把活的動物變成完整的屠體及肉塊。

如今，城市裡的畜舍已大多消失，就連在芝加哥、堪薩斯、明尼阿波利斯以及其他中西部的城市也不例外。州際公路系統及貨車運輸的興起，讓農場可以直接將動物送到屠宰場，而不需要經由交易中心轉手。隨著時間的推移，屠宰場也因為較低的土地成本、靠近牧場、冷藏設備等因素，跟著遷移到鄉村地區。把冷凍的肉類運送到城市裡，比運送活生生的動物來得便宜。

時至今日，曼哈頓的肉品包裝區已經看不見屠宰場，而是以時裝、酒吧和餐廳著名。在布魯克林也是如此，年輕的專業人士住在改建過的建築和閣樓裡，鄰居則是一些新創公司，像是現代草原。感謝佛卡司的這間公司，布魯克林可能是唯一一個行政區裡，實驗室生產的肉類比農場或飼養場的還要多。

佛卡司的背包裡裝的是一塊圓形的牛排片，形狀和周長就像是它生長其中的培養皿。「它的脂肪含量很低、蛋白質含量很高，非常健康，不易變質，是非常安全的食物。」佛卡司這樣對我說，好像在描述某種牛肉乾一樣。「要是可以從細胞中養出肉來，為什麼還要用有知覺的動物呢？」

「細胞培養的技術已經有一百多年的歷史了，但最近幾十年，這項技術突飛猛進。」他對我解釋。「我們已經知道如何在實驗室中，輕易地養出細胞來。事實上，已經有很多產品是從細

胞培養的技術而來；例如酸奶，這種食品裡面含有培養的乳酸菌。酵母也是細胞培養的產物。生物科技產業裡，有一大堆藥物都是用人工培養的細胞做的，例如藥用的胰島素。」

現代草原公司是佛卡司的第二家生物技術新創公司。他還創立了另一家公司，叫做「新器官」（Organovo），運用 3D 生物列印技術，製作醫療用組織：用一種機器將細胞層層相疊，以複製肝臟、腎臟、皮膚組織以及其他活體器官。透過仿製實際人類的生理系統和重要部位，科學家可以更有效地測試藥物，比用動物來測試更好，因為動物生理通常無法模擬藥物或是毒物在人類生理系統中的作用。這種生物列印的另一個目的，是用來複製用於移植的器官，或者是修補受損器官，例如梗塞的心臟。「我們可以製作出醫療等級的人類組織，用來解決人類醫療以及藥物研究的需求；為什麼不能也製造動物組織，用來協助解決地球環境和動物的問題呢？」這個想法，讓這位科學家一腳跨進了價值萬億美元的肉品市場中。

在網路時代，我們不需要被提醒就知道，科技經常會讓某個長期存在的產業天翻地覆，最終實現大多數人的利益。佛卡司對我說：「我們是創新企業家，一心想解決地球的問題，但也沒有忽略巨大的機會和潛在市場。我們正在創造一個新的產業。」

今日，這世界一年飼養七百七十億隻禽畜（牛、豬、雞以及其他動物）以供食用，平均每個人十一隻。在歐洲和美國，動物製品的人均消費量有略微下降，但就如同佛卡司指出的，下降的

數量還遠遠及不上其他地方增加的量。讓他猛然覺醒的那一刻是發生在上海,在那兒,人均肉品消費量正在成長,而且所有優質的產品都是來自拉丁美洲或是澳洲。「為什麼在上海的人,要吃從半個地球外空運來的肉?」在中國,隨著所得的成長,新興的中產階級吃的肉變多,和資源相關的問題也將隨之越來越嚴重。「這個數字(人均肉類消費)不能再加倍了。」佛卡司警告說:「我們已經在拉扯地球的承載量了。」

佛卡司又從他的背包裡撈出一些烤肉口味的肉片,每片都經過仔細包裝。他在盤子上擺了一些肉片,放在我面前。接著他拿出他的 iPhone,秀一段瑟吉・布林吃這種肉片的影片給我看。布林吃了之後,前美國農業部長安・維尼曼也吃了——要是她還在任上,此舉可能會引來牛仔協會的義憤。這兩位試吃者似乎都覺得這肉相當可口,但很難找到形容詞來描述它,也沒有跳起來大喊:「給我打包一袋!」但事實上也不需要。這次試吃不是要讓誰覺得好吃到不行,而是要跨越從「這很荒謬」到「這有可能成真」的那道鴻溝。有這麼多新的想法,看似絕無可能實現,但是創新者不但理出了頭緒,首項產品還已經準備好可以商品化。接著這產品就會進入那些最早適應的人手中,這些人樂於接受新的想法和科技。如果這一切順利,接下來就可以被大眾接納了。

我問了佛卡司,要讓他的產品在市場上成功,接下來他會碰到哪些挑戰?其中包括:公眾能否接受實驗室養成的產品、產品的口感和味道、可行的量產規模,以及從肉品業來的政治及其

他干擾。食物是我們的首要必需品，在人類的飲食歷史上，有過一連串的變革，其中馴化野生動物，並將其做為食用以及糧食相關的勞動力，就是其中最重大的變革之一。微量營養素的發現則是近期的重大發展，由此改變了對食物的選擇，並產生後來出現的食品補充劑，讓人免於營養不良的相關健康問題，如壞血病、佝僂病和貧血等等。在如何加熱以及冷卻食物方面，也有很多革新：烹、烘、烤、冷藏以及冷凍。有了肥料和氮，高產量作物的年代隨著綠色革命而來。在穀物收成方面也屢有創新，出現了收割機和脫粒機。如今，人們在爭論基因改良的農產品。有這麼長串的農業改革歷史，在實驗室裡養肉，難道不可能嗎？

不管怎麼說，我得承認，基於一些個人的原因，這次的試吃還是讓我陷入了兩難。我已經吃素三十年了，而這個樣品讓我感覺好像是在我的素食原則上開了一個小縫。要是我吃了這東西，還算是素食者嗎？即便這片實驗室肉的養成過程，沒有造成任何動物受苦，尤有甚者，製造它的目標就是要消除大規模的讓動物受苦——即便如此，感覺還是有點怪怪的，我要好好想一想。

一個可以拿來類比的例子是吃雞蛋。我連放養的雞蛋都盡量不吃，大部分是因為我是個素食者，這是個長久以來的習慣；另一方面也是因為作為一種個人的抗議，反對巨大的工業化農業，以如此系統化的方式錯待動物。我承認，要是有人吃的蛋是從被好好對待的母雞而來，那我對此不會有任何道德上的疑慮。母雞下蛋不會痛，就跟公雞啼晨一樣是一種生理功能。實驗室肉似乎也屬於這一類，是無害而不殘忍的蛋白質。

「素食的定義可能會變得有點模糊，因為這雖然還是動物產品，但是只有千分之一是來自動物，其他都是從植物生成或是製造，那麼基本上，你也可以說這是植物產品。」佛卡司解釋。實驗室肉最大的不同，就是它甚至從來不曾是一個生命。它沒有腦、沒有意識，也沒有痛苦。這種做法與肉品工業中的一些生物工程研究，剛好相反。肉品工業中的一些科學家，正嘗試要消除豬的「壓力反應基因」，好讓牠們比較不怕痛不怕死。這真的是個陰險的計劃，要讓這些生物被無止盡的利用，同時還要失去作為有意識、有感覺的動物的尊嚴。

儘管心有疑慮，但我還是吃了一口養成肉的肉片。我吃得出烤肉醬的味道，但也沒有喚醒我的味蕾。不過平心而論，就算吃的是牛肉乾，我也不會有太大的反應。我暗自心想，當專業和業餘的廚師遇上實驗肉的時候，那才是真正的考驗。他們是否會覺得這種肉和他們習慣的肉一樣，可以煎可以烤？也許現在只剩下一個最大的問題：當這家公司規模擴張時，產品的口味和功能是否也會改進？關於這一點，我們也只能留待佛卡司的公司壯大、並且把肋眼牛排（以及那些林林總總的肉類產品）放在老饕的面前時，再來看看盤子會不會被清空吧。

在我認識佛卡司的一年之前，我參加了柯林頓全球倡議（Clinton Global Initiative）在紐約的年會。這個倡議每年都主持霍特獎（Hult Prize）競賽，這是全世界最大的學生創新社會企業競賽。由學生們組成的團隊，來到評審面前，針對社會創新事業進行一場八分鐘的演示，展現該計劃的創意、對社會的影響，

以及經濟上的可行性。二〇一三年，勝出的團隊來自蒙特婁的麥吉爾大學（McGill University），他們提出的社會企業叫做「冀望」（Aspire），目標是在有吃昆蟲傳統的國家裡推廣昆蟲飼養。這個團隊的成員做出一個結論：食物欠缺的問題並不只是熱量不足而已，同時也是食物錯誤的結果。因此，他們開發出一套「價廉又長遠的昆蟲飼養科技」。「這個耐用飼養組合為鄉下的農夫帶來穩定的收入，並且降低了可食用昆蟲的價格、可以在社會上造成更廣泛的影響。我們的核心任務就是讓最貧窮、最需要資源的人們，更容易取得高營養價值的可食用昆蟲。」用昆蟲做的食品不太可能在全食超市或是西夫韋超市上架，但對於很多開發中國家來說，卻是個很有潛力的想法；對當地的人們來說，吃蟋蟀或是甲蟲是再正常不過。

前總統比爾·柯林頓在頒發這個獎項的時候開玩笑說，不知道他那些吃素的朋友們對這個計劃會有什麼看法。他本人看起來似乎並不擔心這個計劃會威脅到他的半素食原則，因為他不需要試吃這個得獎計劃所提供的樣品。但他也提出質疑，對於一個想要解決食物問題的創新世界，我們所熟悉的定義究竟有何意義。

看起來，昆蟲飼養計劃為了實用性而犧牲了口感，如何以人們可負擔的方式提供營養和蛋白質是他們的優先考量。還有另外一個產品：「豆餐」（Soylent）也是運用同樣的概念。「豆餐」的發明人是羅伯·來因哈特，他有個願景，希望能廉價地取得營養，同時避免吃飯的「麻煩和耗時」。於是他開發了一種混合食物，成分幾乎完全來自植物，製成一種混合漿，據稱含有所有人

體所需的養分。一天兩次、總共一個月份的「豆餐」要價七十美金，大約是去一次超市購物的價格。

有一些食物革命人士，像是佛卡司，正努力複製我們愛吃的食物；來因哈特則是希望人們掙脫飲食習慣的束縛，少愛食物一點，採取更清心寡慾的飲食制度。他把食物簡化，只考量價格、時間，以及營養的問題。來因哈特希望人們省下準備食物、外出吃飯、品嚐美食的時間、金錢和精力，也不用搞那些繁複的食物花招。對來因哈特來說，最重要的不過就是那個終極目標：食物是人體的燃料。有很多食品評論家對他的產品提出尖刻的批評，主要都是因為他的產品挑戰了飲食的樂趣，以及圍繞著這種樂趣而產生的龐大產業。即便如此，該公司的市值已經達到一億美元；這反映了該公司的潛力——可以將產品銷售給那些有糧食危機的開發中國家。又或許，在美國也有它的利基市場，有一類的消費者重視方便勝於其他的一切。還有可能存在另外一類人，他們願意為了做任何事，只求能擺脫傳統的農業束縛。和昆蟲食品以及「豆餐」相比，佛卡司的實驗肉似乎更有優勢，因為他並不要求消費者放棄原來的飲食習慣。他的皮革產品也是一樣，現代草原公司除了想讓人們終止食用動物，也想要讓人停止穿戴牠們。皮革工業營業額高達六百億美元，每年處理的皮革達兩百億平方英尺。皮革業也製造出許多問題：毒素、污染，以及其他的環境危害。自不待言，大多數的皮革都是牛皮，這是養牛業的重要的核心利潤，支持了整個養牛業。另外還有珍稀皮革產業，這個產業飼養鱷魚、短吻鱷以取其他野生動物以取其皮，這是個快

速成長的產業。

「我們的目標不是和皮革完全相同，我們創造的東西有皮革的外表，但在設計上和功能上有其優勢。就像培養肉，它更健康、更安全、更方便，也不會傷害動物和環境。」佛卡司告訴我，這種皮的基礎是膠原。他想創造出耐磨、耐用的材料。他培養皮膚細胞，形成薄膜，然後按比例把薄膜層層疊起，創造出皮的組織。「這種皮沒有毛髮、沒有肉、沒有脂肪，也沒有需要製革廠處理的那些髒東西。」佛卡司表示，製造這種皮所需的化學品比傳統皮革製程少，所需的能源更只有一半。

我問他，既然已經有很多植物性食品和人造皮了，為什麼還要花這麼多工夫，用細胞來製造肉和皮革？例如保羅・麥卡尼的女兒、時裝設計師史黛拉・麥卡尼就推出了一系列不用皮革的美麗鞋子和包包。佛卡司則回答，確實市面上已經有這些好產品了，但是對有些人來說就是不行。「這必然牽涉到長遠的歷史和社會習慣，還有身分地位的表徵。」他說出他的觀察：「個人的行為很難被改變，但若是把這些產品推上市場，以無縫接軌的方式，終有一天可能會造成全球性的行為變化。」

體外培養肉和培養皮是相當顛覆性的想法，需要改變整個產業體系。但是比起工業化畜牧把數百萬隻原本應該活跳跳的動物，關在籠子裡，放進狹窄、無窗的建築物，還改造牠們的生理，讓牠們變成快速長肉的機器——培養肉和培養皮難道不會更迷人嗎？在自然界中，被消化的草可以轉化為肉與皮，所以在

受到控制的環境中，用植物為燃料讓動物組織生長，似乎也很合理。要是可以用複製動物組織的方式製造肉與皮，過程中也無需付出道德成本、不會產生浪費，那麼在道德上，這麼做難道不是必然的嗎？要是功能相同，製程卻更優異——套句作家馬修‧史考利的話，這是「不包含死亡的晚餐」——又有什麼理由好反對的呢？實際上，培養肉顛覆了這樣的執念：屠殺動物為食有其必要，是大多數人類所行的必要之惡。佛卡司以及他的競爭者們，若是以這項前瞻性的大業，將傳統肉品業取而代之，那麼他們將成為經濟概念中「創造性破壞」的示範案例——破壞劣者並創造出更佳者取代之。

在地上種牛排

「我是個男人，我吃肉。」在一篇高度曝光的漢堡王電視廣告中，一個演員如此說道。這是一九七○年代海倫‧雷迪膾炙人口的歌曲〈我是女人〉的驕傲男性版。廣告中這個二十來歲的年輕人，正在和他的女伴約會，兩人坐在不知名的餐廳裡，桌上鋪著白色餐巾。當侍者端上兩個裡面只有幾片蔬菜的盤子時，他從座位上跳了起來。就算他的女伴八成享受這種細緻的餐點，但他可不。他沒揮手說再見就頭也不回地衝出門，很像是那種「把老婆孩子留在村裡，男人出去打獵好給家裡帶回真正的食物」的樣子。他離開餐廳的時候這麼說：「我餓死了，女人的食物無法滿足我。」

於是他走進城裡的街道（城市也可以說是叢林，是野性的象徵），宣告說：「我是男人，我要怒吼。」此刻他的動物本能已經占上風，他要和文明以及女性化說再見。他「餓死了」、「無可救藥地想要撲上……德州雙層牛肉堡。」他要和豆腐說掰掰，因為只有肉才能滿足饑餓的男子漢。此時，在他身後已經聚集了幾十個男人，都和他一樣，一副「我受夠了我要瘋了，不要再給我蔬菜和那些娘娘腔軟趴趴的東西」的樣子，這些人集體抓狂撒野，還把一輛箱型車抬起來從橋上丟進河裡。這群人如今成了民兵了（或者不如說是軍隊），展現出另一個男性本能：戰鬥衝動。在這個情境中，他們的對手是這個要他們不要當男人的世界。這支軍隊唯有肉下肚，才能讓他們強壯起來，準備打仗。如此這般，他們用雙層牛肉堡武裝自己，如同動物一般撕咬肉塊，一邊行軍一邊大口咬下巨無霸雙層牛肉堡——不用餐具、餐巾、盤子，或是任何一種現代化、女性化的社會陷阱。吃肉讓他們身心圓滿；此時旁白說道：「是男人，就要吃得像男人。」

有無數的食品零售商廣告，將吃肉與男子氣概聯結在一起。阿比餐廳（Arby's）有「大塊頭堡」、奧斯卡·梅爾餐廳（Oscar Mayer）請來十八世紀的愛國者保羅·列維爾，提醒觀眾說，他漏夜從波士頓馳往康科德回報軍情，「靠的可不是啃裹著藜麥脆片的蛋白棒」。有一則麥當勞的廣告，用三十秒單單定格高聳的大麥克漢堡，旁白則警告說：「麻煩素食者、美食主義者、挑嘴人士，避開你的目光。」這個概念是在傳達：心地善良的素食者或是美食主義者，無法忍受盯著肉食看，但是吃肉的人則無

法把目光移開。「黃豆或是藜麥沒辦法這麼多汁。」旁白這樣告訴大家。旁白一方面喚起人們注意那爽口生菜，並同時暗示大家讓生菜留在原來的地方——它只是個裝飾、點綴，絕對不能放在盤子的中央。漢堡「不需要解釋」，因為它顯然就是我們心之所嚮。對那些肉品業的人來說，光是圍著肉歡欣鼓舞還不夠，一定要貶低其他選項才行，要不是抱怨生菜的空虛，就是諷刺時尚食物（例如藜麥或羽衣甘藍）是精英主義。

自從一九五〇年代雷‧克羅克讓麥當勞轉型後，一直以來，這間公司以快速服務、穩定品質、低廉價格提供蛋白質（配上薯條和汽水）聞名。事實上，在我小時候，在金色拱門下吃一餐，只要花一塊錢。今日它還是一樣價廉，靠的是便宜的碎牛肉、簡單配料，以及低薪的勞工。針對像我這樣關心動物的小朋友，麥當勞很開心地讓我們相信這些食物是從「漢堡花園」裡長出來的，在那裡的漢堡裝扮成像是跳舞的植物一樣。孩子們也知道那不是真的，但至少這麼做也模糊了焦點。這個系列叫做「快樂兒童餐」，有個小丑擔任導遊，遠離了一旦知道動物受苦難過，會給人（尤其是小孩子）帶來的沉鬱和痛惜。整潔彩色的包裝盒，聯同附帶的玩具，只會增加人們和工業化畜牧場、飼養場、屠宰場之間的心理距離。然而，今日美國有超過三分之一的孩子被認定為過胖，消費者也開始挑戰速食業長久以來的主流觀點。父母們不再接受這種公然操縱孩子的做法；在越來越多的家長心目中，速食餐廳已成為全國性不健康飲食問題的象徵與代表。二〇〇四年有一部紀錄片【麥胖報告】，因為拍攝本片而聲名大噪

的摩根・史柏路克，在片中一日三餐、連續一個月吃麥當勞餐點，最後胖了二十五磅（十一點三十四公斤）。在第二十一天的時候他感覺心悸，他的內科醫生建議他停止這項實驗，以免面臨長期的健康問題。不止【麥胖報告】，其他針對速食業的報導還有艾瑞克・西洛瑟的《一口漢堡的代價》、麥可・波倫的《雜食者的兩難》等。針對這些報導引起的公眾輿論，速食連鎖業者的回應是，在他們短短的菜單上添加沙拉和水果的選項。由於銷售衰退以及競爭者環伺（例如奇巴塔、Shake Shake 漢堡），麥當勞在二○一四年做出大幅的改變，開始提供以植物為基礎以及更人道的產品，並且設立了購買體驗服務，讓消費者可以選擇他們的捲餅或是漢堡的內容。一九五○年至今，美國人消費的肉類及魚從一年一百五十磅，成長為二百二十磅，增加了百分之五十。美國人平均每人吃掉的肉和魚，幾乎比全世界任何一個國家都要來得多，比俄羅斯、阿根廷或是澳洲人都要多。這也就是為什麼佛卡司認為，要顛覆肉品業唯有提供肉一途。

但是有些創新企業家認為，還有其他務實的方法可以複製肉的味道和口感，讓消費者可以依此做出對自己、對動物、對環境都更好的選擇，而且也不至於感到有所犧牲或被剝奪了什麼。

伊森・布朗就想要開發出植物性的漢堡。他可不是什麼吃素的嬉皮，他今年四十歲，確實住在加州沒錯，但是頭髮短短、側分，嗓音是男中音；身高六尺五寸，體重二百二十磅，大學時曾是籃球隊前鋒，隸屬康乃迪克學院。他從事燃料電池領域中與環境相關的工作，並在哥倫比亞大學取得 MBA 學位。在三十歲

的後半段，他找到了他的使命，並開始尋找投資者資助他的新創公司「超肉」（Beyond Meat）──公司的名字就和他的想法一樣直接。他的童年有很長一段時間是在農場上度過，所以從孩提時起，他就想要幫助動物。有一種方法可以達到這個目的，同時還可以減少碳排量、促成更健康的生活方式，而且還是透過在市場上提供令人滿意且熟悉的產品來達成。

我來到瑟袞多市拜訪布朗，這個城市緊鄰洛杉磯南部，是個工業混合住宅的城市。這棟單層磚造、倉庫模樣的建築物，外面沒有明亮的燈光或是大型標誌，也不是食品大賣場或是工廠，這就是布朗的公司兼研發中心。前門上有個小小的手寫標誌指示訪客從側門進入，於是我繞過建築物轉角，穿過一扇推拉門，就這樣走了進去，四處張望想找接待櫃檯在哪。如果說他們會擔心有人來竊取機密的話，至少從外表上是絕對看不出來。一直到我走進去十步（這一路上還有不少人），才終於對上某人的目光，我告訴對方我要找伊森・布朗。

「韋恩！」布朗大聲地說。「歡迎！」他給我一個有力的握手，並用另一隻手拍拍我的肩。然後他帶我穿過一連串想來是辦公室的障礙物，裡面的傢俱擺放的樣子像是剛剛經歷過一場小型的地震。這是個大大的開放空間，天花板很高，裡面擺滿了金屬桌子，其中有半數有人占據。看不見西裝、領帶或洋裝，只有T恤和牛仔褲。在房間中央，有個大型設備（後來我才知道它是一檯擠出成型機，叫做「阿牛」），雖說是這家公司的鍊金機器，但是看起來不像是有在做什麼的樣子。我們還經過廚房，在這家公

司，廚房不只是員工聚在一起吃中飯的地方，也是創意中心。廚房裡，主廚戴夫‧安德森和一個由植物化學家、結構生物學家及其他科學家所組成的團隊一起工作，試圖找出富含蛋白質的植物，並加工成肉類的現代替代產品——不只是替代肉，還要比肉更好。

最後，布朗和我來到一間會議室，房間裡一張會議桌占據了八成的空間，讓我覺得自己好像被釘在身後的牆上似的。他提醒我，我們在二〇〇八年曾經在華府見過一面。他對我說，那時候他雖然已經雄心萬丈，但還沒有創立「超肉」，那是一年之後的事。在那之前，他在大西洋中部地區旅行（也就是我出身的區域），販售台灣來的素牛肉條。「和尚們好久以前就做出這種東西了，因為寺廟裡是不能有肉的。他們用的材料是大豆和麵筋，並透過低壓擠壓塑形，讓材料聚合在一起，做出像肉一樣的樣子和質感。是好東西，但還不足以進入大眾消費市場。「事實上，任何亞洲餐廳裡，你一般都會看到很多以植物為主的主菜。」

「我想找一些科學家來破解製造出替代肉的密碼。我開始和哥倫比亞密蘇里大學的科學家合作。這些科學家用一種獨特的方式擠壓植物製品——加熱、冷卻，以重塑植些這物的結構，並把他們混在一起，製造出形狀和質感都更像肉的產品。擠出成型是一種廣泛用於食品業的製程，像是義大利麵、玉米片，還有許多不同的食品。「這就像是保險櫃的密碼鎖，這些人正試著找出密碼。」他解釋道。

「肉是什麼？」他突然考我每日一字。「是氨基酸、碳水化合物、脂質、礦物質和水，這些在植物王國裡都找得到。為什麼不能用這些建築單元來做出一模一樣的結構呢？那樣的話，牛需要兩年做的事，我們只要三分鐘就可以做到。」他這樣對我說。「看看特斯拉的例子，設計這種車是為了解決環境問題，但它不止為環境帶來益處，而且還很酷、很優雅。」這是他的願景中核心的一點：他決心要做出一種食品，不止要吸引關心環境或是動物福利的人士，而且這種食品本身就要有吸引力和魅力。

這一切都是非常實驗性的，然而，包括「超肉」在內的這些新創企業想取代的那個體系，不也是一樣還在實驗中？工業化畜牧發展至今只不過五十年，它擴張到以往沒有的範圍，測試新技術的極限，也測試動物的極限。二戰之後的年代，中產階級增加，人們湧入新開發的郊區，製造與科技起飛。而支撐這些形形色色製造業起飛的思想，會進而影響農業是一點也不奇怪——看看近來的食安議題就知道了。一九二〇年代有一波大規模的農場破產潮，到了一九三〇年代又因為大蕭條和黑色風暴事件[2]（Dust Bowl）而越演越烈。二次大戰時期實施配給，人們被要求在自家門前種植作物（稱為「勝利花園」）以對抗食物短缺問題。戰後則是充裕的年代，農業的目標正如艾森豪總統時期的美國農業部長艾札拉・塔夫特。班森的口號：「不做大就淘汰。」

2　Dust Bowl，又被稱為骯髒的三〇年代，當時嚴重的沙塵暴影響了美國和加拿大的生態及農業。

　　美國政府推行了幾十年的食物金字塔，把肉類吹捧成精神活力的來源，蔬菜和水果則被歸成一類，擠到餐盤的邊上。在一九七〇、一九八〇年代，政府又與肉品業攜手，制定了退稅計劃，每年讓數千萬美金流入針對消費者的行銷活動，促銷以動物肉製成的商品。這些行銷活動所創造出家喻戶曉的口號，例如以下這些：「牛肉就是晚餐！」、「超鮮超好吃的蛋」、「豬肉也是白肉」，還有：「你今天牛奶了沒？」造成牛奶、雞蛋和雞肉的消費量激增，牛肉和豬肉則因為有和癌症及心血管疾病相關的疑慮，而大致持平。二〇一五年十月，由世界衛生組織召集的國際專家小組的一項公布，證實了大眾的懷疑：食用加工肉品，如熱狗、培根，會提升罹患直腸癌的風險。

　　除此之外，這幾十年來，政府和業者共同促銷肉類的結果，還有很多需要矯正之處。一九六四年，國會設立了「美國肉類動物研究中心（US Meat Animal Research Center）」，如今就矗立在內布拉斯加州西部，占地五十五英畝。該中心裡的研究員，以及其他農業研究服務（Agricultural Research Service）轄下的研究機構、加上許多贈地大學[3]（land-grant colleges），都在研究如讓肉品業更有效率，而且主要是透過基因工程以及操縱動物的生殖機制。他們透過實驗選擇快速長肉的禽畜品種，把這些實驗動物關在建築物內，給牠們注射 β-激素、類固醇和抗生素，並控制餵

3　受益於土地撥贈法案（Morrill Land-Grant Colleges Acts）而成立的美國高等教育機構，主要提供農業及工程教育。

食、溫度及動物生活中的每一個面向。

二〇一五年初，紐約時報刊出一篇報導，是由內布拉斯加中心裡的一位獸醫詹姆斯・肯恩所揭露。一個星期之後，我和肯恩博士見了面，他向我描述這個聯邦機構裡那種反烏托邦的氛圍。研究人員曾經試圖增加母豬和母牛的一胎產仔數量，結果母豬踩死了小豬、小牛犢生下來就變形。他們甚至試圖開發出「易照顧」的羊，結果眼睜睜看著牠們被土狼攻擊、被冰雹擊打，只因為有些研究人員認為這些羊不需要牧羊人、也不需要羊舍。政府每年花十億美金在諸如此類的研究上。此外，內布拉斯加中心每年還飼養、出售數千頭動物用以屠宰，以彌補預算的不足；這也讓政府等於直接涉足肉品產業。

七年前，一隻雞需要十二周長成，如今只要不到七周就可以達到市場所需的重量，速度比以前快了一倍，而且重量還是以前的四倍。據阿肯色大學的研究人員說，要是人類長得和雞一樣快，那麼一個六點六磅（三公斤）重的小嬰兒，兩個月之後就會變成六百六十磅（三十公斤）重。有些雞隻甚至站不起來，業界甚至還有特殊的行話，稱這種雞是「划走雞」，因為牠們試圖用翅膀拖著身體在地上移動。火雞也是被育種成嚴重過重，把這種原本迅捷的鳥類，變成慢性癡肥飛不起來，一副諷刺漫畫中的模樣。乳品業的乳牛如今每年產乳兩萬七千磅（約一千兩百二十七公斤），遠超過自然界中母牛哺養小牛所需。這些母牛於是快速消耗殆盡，無以為繼，壽命只有三到五歲。

這些工業化農場不止養出怪異癡肥的鳥，美國的密集農業也育成了一批特殊的、長得又大又快的農業經營者，排擠了其他那些有極限概念、還像以前那樣對動物有責任感的農夫。為了取得競爭優勢，這些農業經營者貸款以獲取更大的建築，在裡面塞滿更多的動物。那些不採取同樣做法的，就很難與之競爭。尤其是在一九八〇年代，當時畜牧業中有很多大型公司垂直整合，於是很多農夫宣告破產。肉品業的領導者，例如泰森公司、史密斯菲爾德、IBP 公司 [4]，他們不止飼養動物，更透過控制屠宰場來制定價格。過去四十年來，雞農的數量減少了百分之九十五、豬農減少百分之九十一，酪農則減少了百分之八十八。但是美國的畜牧產品數量卻穩定上升，從一九六〇年的十五億隻，成長為現今的九十億隻。越來越少的農夫，飼養越來越多到不行的動物，其中很多農戶都是採用越來越嚴苛的做法。剩下的家庭式農場變得非常脆弱，因為成千上萬的這些農戶都成了像是泰森食品或是海岸食品這類大企業的契約農戶。這些農戶要負擔取得大型建物和硬體設施的成本及貸款，但動物卻不是他們所有，他們只是負責飼養，而且價格還是由肉品處理商設定。

如今更甚以往，我們越來越孤立，不止和經濟動態沒關係，也和動物的命運越離越遠；而這正是肉品業所希望的。把處理和殺死動物的經驗從日常生活中移除，在超市中擺出一小塊包裝好

4　IBP, Inc. 前身為愛荷華牛肉處理公司（Iowa Beef Processors, Inc），現為泰森生肉公司（Tyson Fresh Meats）。

的動物，讓這樣的經驗被消毒，也移除了（至少一部分）道德上的不安。當然，肉品業最不希望的就是，讓你我即使有一時半刻也好，想到這些肉到達貨架之前，經歷了什麼樣的過程。對他們來說，最理想的飼養者是那些不會讓良心妨礙了他們的人；最理想的消費者也應該是這樣。

還有更過分的。這些農牧企業公司在產品包裝上，印上家庭農場的圖片，或是在文案中用上「自然」、「人道飼養」等字眼，完全與真相不符。他們力圖阻撓動物保護組織的調查員到他們的飼養設施裡檢查，推動的「農牧封口令」（ag-gag）法案，把調查工業化農場的現況、甚至只是拍照，都變成一種犯罪行為。他們還透過推動「農牧權」（right to farm）的方式，試圖把目前這種做法奉為圭臬，並讓改革的努力付諸東流。不幸的是，最近這幾年來，已經有好幾個州通過了這樣的法律，有些甚至讓這些農牧企業堂而皇之地受到憲法保護。這種種企圖美化工業化畜牧、將這些做法奉為法律的努力，等於是替新一輪的食物與農業創新鋪路。從某方面來看，是科學家讓我們陷入這種境地；同樣地，也是科學家也會給我們指引一條離開的明路。至少，我們還可以把希望放在像佛卡司、布朗這樣的人身上。

布朗的「超雞肉」比起佛卡司的現代草原產品，在短期內更有市場潛力；部分的原因在於，他只是企圖改良已經以某種形式存在數千年的製程。事實上，它等於已經跨進了市場，我就會定期在全食超市採買超肉公司的素雞肉條，在西夫韋超市和克羅格超市也可以看到。最近在一次反鬥狗的行動部署中，我踏進一

間熱帶綜合果昔的店，卻發現菜單上有超肉公司的雞肉——那是在阿拉巴馬州的多森市，一般並不會認為當地是素食活動盛行的地方。這種素雞肉很美味，而且我知道裡面有我需要的蛋白質。我還記得有一次，布朗上美國國家廣播公司（NBC）〈今日美國〉（Today）節目，節目中進行了一場盲食測試，把超肉公司的雞肉和碎牛肉產品，和真品一起端上桌——節目中的四位主持人都吃不出差別。

美國人道協會對於超肉公司的商業計劃非常感興趣，因此注資五十萬美金，是投資下限金額的兩倍。美國人道協會投資社會企業，一方面是希望獲得財務上的收益，但另一方面也是希望這間公司能做出對動物以及整個社會有益的事。美國人平均一年吃掉二十九隻禽畜（其中大部分是雞），這種投資等於也是另一種拯救動物的行動。對美國人道協會和布朗來說，和生產者競爭，並提供消費者更多選擇，以此來對抗工業化畜牧和非永續肉類生產的問題，這種角度是我們從前沒有嘗試過的。採取這種策略，不需要以道德或是生態為由取得消費者的共鳴（有些人就是說不通）；而是將目標設定為提供消費者他們熟悉的口感、富含蛋白質的產品，訴諸他們深植於心的口味和欲望。

不過不論怎麼看，布朗都不是這個領域中第一個採取行動的人。超肉公司只是數十家這類的公司之一，他們致力於回應消費者的期待，提供低脂、無膽固醇、不殘酷的蛋白質食品。保羅·維納在一九八〇年代創辦的「田園漢堡」（Gardenburger），是主流市場的原創品牌，現在是家樂氏旗下的一員，在全國的超

市裡都看得到。它的競爭者還有依福（Yves）、闊恩（Quorn）、博卡（Boca）、豆腐雞（Tofurky）、田燒（Field Roast）、國際田園蛋白（Garden Protein International）、美區（MATCH），以及晨星農場（MorningStar Farms）等，後者也是家樂氏旗下的一員，同時也是美國最大的素食食品生產者。二〇一四年，品尼高食品公司（Pinnacle Foods）以一億七千四百萬的金額，收購了國際田園蛋白，在全國兩萬兩千家商店中，都可以買到該公司生產的素雞肉條、素雞肉塊、素碎牛肉和素魚柳條。有些素食快餐連鎖店，像是有幾十間分店分散於各大城市的「素烤餐廳」（Veggie Grill），在菜單上提供「田園蛋白」的產品，製成沙拉、捲餅以及三明治。同樣的素食連鎖餐廳還有「賴夫廚房」（Lyfe Kitchen），該公司的創辦人曾經擔任過麥當勞的高層，目前共有十四家分店，提供植物性的食物，以及以更人道方式飼養的動物製成的產品。速食業中成長最快的公司奇巴塔（二〇一四年有將近兩千家分店，營收四十一億美元），也提供一種以豆腐製成的辣味產品「豆角」，與其他較為人道飼養的動物產品，一同列在菜單上。就連傳統的漢堡店，像是「白堡漢堡」（White Castle）、漢堡王等，現在也都供應素漢堡。

雖然製造、提供植物性蛋白質食品的公司名單越來越長，代表時代在改變，口味也在改變；但是和肉品業比起來，這個產業仍然很小，無法和肉品業的每年幾千個億的銷售額相提並論。布朗希望能在肉品櫃中陳列超肉公司的產品，並以同樣的口味和價格，與雞肉、牛肉一較高下，因為該公司的銷賣點一向就是：提

供富含蛋白質、口味佳又便宜的產品。布朗告訴我：「我們人類吃肉已經有兩百萬年了。我們之所以是我們，是因為吃肉的關係。吃肉讓我們長出大容量的大腦。但人類也不是為了吃肉而吃肉，而是為了吃營養密度高的食物。要是我們能製造出和肉同樣令人垂涎，但營養密度更高的食物，又會如何？」

這種對肉的渴望，即使在真的已經超越肉食的人看來相當不能理解，但還是不應加以低估。二〇一四年，一份人道研究委員會（Humane Research Council）的研究報告指出，有百分之八十四的人，曾經一度自我定位為素食者，但是後來又恢復舊習，重新開始吃一些肉，儘管吃的量比一般美國人要少很多。這種廣泛的情況找不到一個單一的解釋，但這些前素食者提出的理由，大多數不外乎：渴望吃肉、缺少好的植物性食品，以及社會壓力這幾樣。布朗的目標不是要創造一個素食的文化，而是要透過提供人們更多選擇，以減少為了食用目的而被飼養並屠殺的動物數量。他想要的不止是抓住目前的素食者，還要「讓更多人加入這個領域」。當我前往拜訪時，他和他的團隊剛開發出突破性的產品：「野獸漢堡」，用的材料是馬豆、甜菜以及其他植物。

「野獸漢堡」正準備要在二〇一五年一月在「全食超市」上架，而我在布朗的辦公室裡正要準備搶先試吃。正當我準備大口咬下時，布朗告訴我，這些漢堡除了陽光和土壤注入的元素，沒有任何添加物。「這個漢堡只有二百五十大卡，而且裡面只有好的脂肪，就是人體需要的那種。裡面的蛋白質含量比牛肉高、多元不飽和脂肪（Omega）比鮭魚多，還含有鈣質和抗氧化物。」

而且和時下的碎牛肉不一樣的是，裡面沒有類固醇、賀爾蒙、抗生素等等對身體一點好處都沒有的成分。

說到複製肉的外觀和味道，布朗也不是沒有競爭者。史丹佛大學的一位科學家：帕特·布朗博士，也正在他的公司「不可能的食物」（Impossible Foods）中，從事改造植物以仿製肉品的工作。身為生物化學家，這位布朗博士正在尋找外觀、氣味與口味都和真的肉一模一樣的替代品。要達到這種形神似肉的目標，關鍵就在於血基質（heme），這種元素存在於固氮植物根部的小瘤裡，和肌紅蛋白（myoglobin）和血紅蛋白（hemoglobin）很類似，這兩種就是讓血液看起來紅紅的元素。二〇一五年七月，據報導，Google出價二至三億欲買下「不可能的食物」。這位史丹福的布朗博士和超肉公司的那位布朗一樣，在吸引投資人方面也非常成功，二〇一五年十月第二輪募資便籌到了一億零八百萬。布朗博士的公司有員工大約一百人，專注於以植物為模塊組建成仿製肉，並決心要比市面上任何更早出現的同類產品，更接近肉的形態。「牛是有極限的，牠終究只是一頭牛。但我們卻可以做到任何事。」他這樣對華爾街日報表示。

「以植物為基礎的飲食將是未來的趨勢，」食品開發公司「馬特森」（Mattson）的鮑勃·史塔基這樣說。「但是必須要能夠達到，從肉類和乳製品獲得的那種垂涎口感；那種鹹香、酥脆、鮮美的官能體驗。」當我熱切地把「野獸漢堡」吞下肚的時候，感覺眼前的這位技術人員兼創業家，比市面上其他的產品都更接近目標。「你可以走出健身房之後，馬上開始跑步。」布朗又添上

一句：「吃完之後感覺更健康。誰會不想要呢？」

二〇一五年十月，布朗宣布公司董事會有一個新的成員，不是別人，正是二〇一四年卸任的麥當勞前任執行長湯普森，也就是那位在二〇一二年和我還有伊坎一起，從麥當勞供應鏈中廢除母豬妊娠定位欄的那位。布朗在成為創業家之前，先是個運動員；他知道要讓產品在肉品櫃中上架、進入數百萬一般美國人的飲食中，需要仰賴團隊合作。

雞蛋挑戰者

全世界也許只有在矽谷這個地方，才會有人在說起肉乾和餅乾的時候，聯想到電腦運算。但是這些可食用的東西，已經悄悄進入高科技業的世界了。佛卡司吸引了一群重要的創投企業，投資他的體外培養肉片。二〇一二年五月，全球最有錢的人兼全球最大的基金會的金主，也就是那位鼎鼎大名的比爾·蓋茨本人，還有英國前首相東尼·布萊爾，來到北加州，吃了幾片成份特殊的餅乾。

他們來到位於馬林郡索薩利托的一處度假村，來看看一間他們透過創投所注資的公司。這間創投總部位於加州門洛帕克市，名叫科斯拉創投（Khosla Ventures）。矽谷目前所投資的創新企業中，有很多公司立意破壞工業化農牧，並建立起人道、永續、可負擔的解決方案，以面對二〇五〇年必須餵飽二十億人的世

界——科斯拉創投就站在這條戰線的最前線。這間創投公司由印裔美籍的億萬富翁維諾德・科斯拉主持，並押注在一家叫做「漢普頓溪」（Hampton Creek）的公司上，這間公司將會讓工業化飼養的母雞成為一種稀有動物。

漢普頓溪公司致力於將不同類型的植物以及其蛋白質，加以混合調配組合，以模仿一般雞蛋的功能和味道。據他們的執行長喬許・泰崔克的說法，他們的目標是：「把雞從這個方程式裡拿掉。」泰崔克在阿拉巴馬州出生，曾擔任西維吉尼亞大學的美式足球隊的線衛，如今他帶領的這間公司，是全球成長最快的企業之一。泰崔克給了蓋茨和布萊爾一個任何一個嗜甜的人都很難拒絕的挑戰：要求他們比較看看兩種餅乾，一種是傳統的加蛋製作的，另一種則是不含蛋的。蓋茨在這個高峰會上吃了餅乾之後，宣布：「我吃不出差別。」而布萊爾更預言：「這在歐洲會很風行。」

層架式雞籠要面臨的對手，不止是我們鼓吹無籠化生產的社會運動，還要面對市場上的另一種競爭者。就在我們去參觀魯斯特的農場幾周後，巴克和我就特地到漢普頓溪參觀，看他們是如何不用蛋、也不用任何動物性原料，製作出一般的食品。巴克在美國人道協會一直負責就動物福利改革一事和企業談判；但他同時也關注完全替代雞蛋的方案。正是因為他的幫忙，把他的老朋友泰崔克找來帶領這間公司。這間公司的名字由來，便是巴克小時候養的愛犬——牠叫漢普頓。「我們加上『溪』這個字，感覺比較好聽。」他這樣對我說。

　　我想看看巴克和泰崔克這一向都在忙什麼，所以我們就開車
到他們位於舊金山、占地九萬平方英尺的辦公室及研究設施。在
那裡有兩個主廚（他們剛用某種植物混合祕方做完一些手工）、
一些長形的廚房器具、一個鍋，還有火。那時是下午四點，對一
個規律進食的人來說，這不是吃東西的時間；但他們已經擺出了
一些我最喜歡的療癒食物，抗拒於是宣告失敗。

　　克里斯‧瓊斯和班‧羅許告訴我說，他們把原來在芝加哥知
名美食餐廳「莫多」的工作拋在腦後，西進來到此地，因為他們
對於漢普頓溪公司的目標感到十分興奮。巴克告訴我，以前從沒
有哪一間公司的產品，可以這麼快就在沃爾瑪上架。短短兩年的
時間，他們就從一個商業想法，變在全國最大的食品零售商貨架
上的產品。該公司的第一個商業產品「就是美奶滋」（Just Mayo）
是一種更健康、更實惠，也更美味的蛋黃醬，如今在中國及美國
的三萬三千家商店裡都可以買到。它也是「全食超市」裡最暢銷
的美奶滋；在某些連鎖店裡，銷售量甚至超過美奶滋的龍頭「家
樂」（Hellman's）。瓊斯說：「以前我們是為百分之一的人做菜，
現在則是為每個人做。」他是位經過正規訓練的大廚，他還在美
食餐廳服務的年代裡，曾經上過〈今日大廚〉節目。

　　漢普頓溪公司位於舊金山的索瑪區，建築物的立面看起來擦
得亮閃閃的，好像以前是汽車美容區一樣。但是這裡的工作可不
是一般般。他們的目標是讓整個畜牧產業被時代淘汰。這家公司
的產品，可不僅止於像美奶滋這樣的混合產品而已，這只不過是
他們的第一步。接下來，只要任何說得出以蛋製成的食品，包括

炒蛋在內，他們都想要找出更優秀的替代品。

　　我問瓊斯，市面上還有哪些植物性的蛋，但他似乎不太願意比較市面上的幾種替代品，或是其他植物性的蛋。在我堅持之下，他才說出心裡話：「我們的技術比較優秀。其他的替代蛋沒有蛋的口感，用途也比較少，加熱之後就會分解。這就是為什麼我們不止要做食品服務業，也要在沃爾瑪上架。我們的產品不止不會分解，而且味道和質地也和真的蛋黃醬沒有兩樣。」

　　瓊斯與羅許先讓我體驗一下產品的基礎，在我面前一次擺上了早餐、午餐、晚餐、還有甜點。一下子有三餐擺在我面前，我決定還是按照原本的順序來，從早餐開始。我先試吃煎成金黃色的法式吐司，無奶奶油和楓糖漿在上面閃閃發光。羅許說：「就是這個法式吐司，讓我信了這家公司。」

　　我也很喜歡。但此時，義式白醬蝴蝶麵吸引了我的注意。麵吃起來很完美。瓊斯告訴我，一般的新鮮現做的義大利麵含有蛋的成分，但是漢普頓溪的產品蛋白質含量卻高出三成。有一家雞蛋生產商叫做「米榭爾食品」（Michael Foods），每年生產三千萬個雞蛋，都是用來做自家生產的麵條。以一隻專門育種用來下蛋的母雞一年可以生二百六十顆蛋來計算，「光是義大利麵這條生產線，就可以從層架雞籠裡減少十一萬五千隻的母雞。想想看，一旦我們的生意開始上軌道，還有多少動物可以不用被關在籠子裡。」

「隱藏的殘酷不知凡幾。」我一邊吃蝴蝶麵，巴克一邊說道：「人們不會吃出差別來，他們根本不在乎產品有沒有用蛋，也不關心我們減少了多少動物的痛苦。」

瓊斯一邊檢視我的晚餐選項，一邊解釋：「『義式玉米糊』（Polenta）通常含有奶油和鮮奶油，用我們的美奶滋可以做到一樣的細滑口感。」我已經開始覺得飽了，但是我想我吃得夠快，所以可以領先我的胃一步。很快就到了甜點：餅乾、小甜餅還有冰淇淋。這讓我想起英國喜劇團體蒙提・派森（Monty Python）的電影【脫線一籮筐】（The Meaning of Life）裡的一幕：餐廳裡有個超胖的顧客，看著菜單說：「每樣都來一些。」很快我就舉起白色的餐巾紙投降，拜託他們讓我等一下再吃。包含最知名、銷量也最好的美奶滋在內，漢普頓溪公司已經有三十六種食品項目，未來提供的產品種類還會更多。

我拜訪漢普頓溪公司的時間點好巧不巧，前一天，全球的食品巨頭聯合利華，也就是家樂牌美奶滋的擁有者，剛剛撤銷對漢普頓溪「就是美奶滋」產品的訴訟案。這場官司的起因可以追溯到一九五〇年代的行政命令，美國食品藥物管理局規定，沒有蛋的產品不能叫做美奶滋。而聯合利華撤告的原因，是因為面臨了來自各方的批評聲浪，而且此舉意外地讓漢普頓溪快速發展的品牌，更加知名。對我來說，這個事件讓人遺憾，因為兩年以前，聯合利華剛剛做出強而有力的企業社會責任承諾，表示他們會轉向完全使用無籠飼養的雞蛋。

　　即使聯合利華已經撤銷告訴，食品藥物管理局還是去函漢普頓溪公司，威脅要撤銷他們使用「美奶滋」一詞的許可。但是就跟那家跨國企業做出控訴不久又徹告一樣，我們的聯邦也是如此。二○一五年十二月，食品藥物管理局替自己找了下台階，要求漢普頓溪公司在標籤上做出幾處更動，就可以繼續使用「美奶滋」一詞。

　　抵禦了來自聯合利華以及食品藥物管理局的攻擊之後，漢普頓溪稍後才知道這些攻擊是源自何處。原來漢普頓溪已經被一個準官方單位「美國雞蛋委員會」（American Egg Board）盯上，這個經美國農業部授權許可的單位，是由雞蛋生產商繳納稅費（然後轉嫁給雞蛋消費者）所成立，專責促銷雞蛋的工作。透過〈資訊自由法〉（Freedom of Information Act）所調閱的電子郵件中顯示，美國雞蛋委員會策動阻撓漢普頓溪公司的產品在食品零售店上架。美國雞蛋委員會的主席喬安‧艾薇，曾在二○一三年八月寫信給全球最大的公關公司愛德曼（Edelman），信中提到：「若是愛德曼公司能認為此產品為對雞蛋生產業的未來具有重大威脅、將造成危機，就再好不過了。」二○一五年秋，這些關於愛德曼公關為何攻擊漢普頓溪公司的文件曝光之後，不久艾薇就辭職了。畢竟，這個聯邦單位存在的意義，是為了促銷雞蛋業，而不是為了詆毀競爭對手。猶他州的參議員、屬於保守派的麥克‧李以及其他幾位議員，就提出這樣的疑問：「這些從大蕭條時期成立至今的單位，其存在目的早已過時，且有證據顯示，它們表現得像是國有合作社一樣，威脅並妨礙了公平競爭，如此一

來，國會是否應該繼續授權給這些單位？」

在我前去拜訪的同一天，漢普頓溪的團隊又宣布了第三輪的募資已籌措了九千萬的資金。已經有十二位億萬富翁投資該公司，他們已經成了矽谷的當紅炸子雞。事實上，投資人總共想要投注的資金是一點五億美金，但是泰崔克和巴克拒絕了一部分的資金來源；因為他們只接受目標和他們一樣，想要永久且系統性地改變全球食品工業的投資人，而不是把漢普頓溪公司迅速變成一個各行其是的大型集團。除了科斯拉創投以及它背後的蓋茨和布萊爾，其他的投資者還包括：臉書的協同創辦人愛德華多‧薩維林、凱悅酒店集團的尼可拉斯‧普利茲克、前雅虎執行長楊致遠、PayPal 的共同創辦人彼得‧泰爾、企業管理系統 Salesforce 的創辦人兼執行長馬克‧貝尼奧夫、身家高達三百億的亞洲首富李嘉誠，以及新加坡政府。

丹‧齊格蒙是一位科學家，他從 Google 跳槽到漢普頓溪公司。他說他自己是這一行「無聊」的那一面（這是在他們開始發展產品之前），並且說這間公司是「探索」公司。他告訴我世界上有四十萬種植物，每種植物有四萬到五萬種蛋白質；換句話說，可以選擇的植物性蛋白質有高達一百八十億種。他就率領一群科學家研究這些植物蛋白質。那些植物化學家、蛋白質科學家們正在電腦和離心機之間埋頭苦幹，齊格蒙眼光掃過他們，補充道：「我們正在嘗試，找出有價值的蛋白質」以複製出蛋的最佳特徵。「我們已經研究過五千至六千種樣本，但我們認為還有更多植物蛋白質存在。我們才剛剛入門而已。我們是企圖射中月

亮，全力以赴朝向偉大的新產品攀登。」

正如現代草原、超肉，漢普頓溪公司也是投資在應用科技上，把硬邦邦的科研加上創新以及廚房裡的嘗試。「我們把這些成分拿來做成產品樣本，例如馬芬或磅蛋糕，然後經過一系列的測試。」齊格蒙對我解釋：「我們會測量樣品的高度、體積，以便瞭解它是否會膨脹、固化，就像蛋那樣。」產品還必須有蛋的功能。「它是好的乳化劑嗎？是好的充氣劑嗎？是好的芡質嗎？這些必須通過數據以科學加以分析。我們收集所有的數據，試著將範圍縮小、找出可行的方向。」

漢普頓溪對於蛋的研究之透徹，可能無人能出其右，即便他們的目的是取而代之，而且不止是在美國，是在全世界。領導這群科學家團隊的李佳悅（Lee Chae，音譯）表示：「我們希望這個產品壽命持續很長的時間。」這必須要透過測試植物蛋白質、研究其是否穩定、在鍋內及盤中是否有正確的組成而定。「如果我們想要進入新興市場，幫助沒有冰箱、無法取得乾淨水源的顧客，那這產品就必須能在貨架上放置很長的時間。」

泰崔克告訴我，以漢普頓溪對於研究及測試的投入來看，未來可以推出的商品種類會是沒有上限。美奶滋是美國第一大調味品，而聯合利華的控告以及美國雞蛋委員會的運作，顯示出漢普頓溪已經成功地挑戰了這個市場。「我們向雞蛋掀起全方位挑戰：在價格上、蛋白質含量上、健康上、人道上都是。我們可以改善這些面向，比蛋更優異。」泰崔克說。

　　漢普頓溪公司由耀眼的創新企業家和科學家組成，這些人有了不起的才智和遠見。消費者很喜愛雞蛋的口感，就像他們也很喜歡牛肉和豬肉一樣；不過有很多時候，雞蛋是作為食品的其中一種成分，這些「隱藏版」的雞蛋要是被替換了，消費者也不會有感覺。果不其然，二〇一五年三月，漢普頓溪就宣布和全球最大的食品服務商康帕斯集團旗下的採購部門「食物採購」（Foodbuy），簽訂一筆每年一百八十億美元的合約，把產品線中以蛋為基礎的產品，像是美奶滋、醬料及其他品項，以漢普頓溪的產品替換。「在塔吉特、沃爾瑪和全食超市上架是一回事，食物採購的合約又是另一回事。這個規模足以讓業界側目，通過這個系統的食物流，簡直是無比巨大。」泰崔克表示。二〇五年秋，泰崔克又吸引了另一輪的一億一千萬的私人資金，使該公司的市值達到十億美金。

　　改變我們的飲食方式，以更多植物性的產品替代剝削動物的食物，將會帶來很多好處。每年有數以億計的母雞，在層架雞籠和屠宰場內忍受無止盡的痛苦，但大部分的美國人都對此一事實感到隔膜。這些母雞會被剪喙，以避免牠們和同一籠內的母雞互啄。還有小公雞的議題。這些雛公雞對雞蛋業來說沒有用處，於是就被塞進袋子裡悶死，或是直接被丟棄，出生幾天之後就被活活埋葬。格雷戈里告訴我，雞蛋業界正試圖找到一種方法，在小雞孵化之前就先鑑定其性別，以避免出生之後屠殺雛公雞。但是在找到方法之前，只能讓這些小公雞被活活攪碎。這樣的道德習題沒有人會想解釋，更不會想找理由開脫。二〇一五年三月，

萊比錫大學的研究人員瑪麗亞‧伊麗莎白‧闊特瓦德雲根翰斯便宣布，她已經發現如何在蛋生成後的僅兩到三天，就可以知道小雞的性別。德國農業部長宣布，截至二〇一七年，全國的養雞場將全面採用此一方法。這樣一來，可以解決等到必須等到雛雞孵化，然後殺掉其中一半的問題。德國一年約有四千五百萬隻雛公雞，全球可能有十億隻，這個仁慈的創新將會解決雞蛋業中最醜陋的隱藏問題之一。（德國養雞協會也宣布，將停止對蛋雞以及火雞剪喙，顯然一旦其他國家的雞農看見成效之後，這項發展也將擴展至其他國家。）

　　二〇一五年五月，我和格雷戈里一同進行拜訪時，他同時間還在處理另一個龐大又醜陋的問題——在我們訪問的前兩周，爆發了禽流感，到處是死亡及痛苦的動物，以及憂心忡忡的雞農。禽流感在養雞場之間流竄，無論某一雞群的感染率是百分之一或是百分之百，州政府及聯邦主管機關下令，一律必須將雞群全體撲殺，並在周圍拉起紅色警戒區，禁止任何動物進入。小型養雞場，尤其是開放式的，幾乎沒有受到禽流感的影響，因為禽流感病毒在戶外無法存活；而且生活在戶外的雞群天然的免疫力較佳、整體來說也較健康。大型的養雞場易受影響，因為他們把大量的動物塞進單一的空間裡。當高度傳染性的疾病發生時，所有的動物都必須被處理掉。這裡撲殺三百萬隻、那裡五百萬隻，數字很快就攀升到難以置信的程度。美國人道協會的公共衛生及畜牧部門主任、醫學博士麥可‧葛雷格說：「加速生長和疾病抗性之間有逆向關係。也就是說，快速生長的雞隻比較容易患病。」

從第一起案例發生在大型的層架雞籠農場開始，三個月之後，已經有超過四千八百萬隻雞死於禽流感，或是被當局下令撲殺；其中九成以上都是蛋雞，是愛荷華州蛋雞的四成、全國的一成五。魯斯特和雷丁的養雞場也赫然在列。對那些雞來說，這是非常慘烈的狀況。格雷戈里告訴我，連那些從不公開掉淚的硬漢們，也都紅了眼眶。

　　禽流感爆發六個星期後，全國大多數的地方，一打裝的盒裝雞蛋價格翻了一倍。有將近八百家分店、遍及十州的「哇漢堡」（Whataburger）餐廳，把早餐時段縮短；其他很多食品零售商也都四處搜刮雞蛋。史上第一次，美國開始討論是否要進口雞蛋。在我和格雷戈里會面的時候，美國政府已經撥出第一筆補償金三億九百萬美金，補償雞農的損失；美國政府對於此事件的總支出上看十億美元——這又是另一項美國消費者的隱藏成本。據農業經濟學家的估計，光是在愛荷華州和明尼蘇達州兩地，禽流感的影響為當地經濟帶來的損失就高達十億美元，其中包括飼料商減少的銷售額，以及其他和雞蛋相關的產業。撲殺這些雞隻的方式也很不好看，不是把牠們放進可移動的小間裡施以毒氣，就是用一種以水性泡沫將牠們窒息而死。據美國人道協會的獸醫主任麥可・布萊克威爾表示，用這種方式，雞隻可能會花上三到七分鐘才死亡。然而堆得高高的層架雞籠無法使用泡沫撲殺，因此美國農業部在二〇一五年九月發表一則聲明，表示在某些案例中，可以用關閉通風扇並把雞舍加溫的方式使雞隻窒息死亡——這種死法簡直無法想像，更加悲慘。

　　儘管有政府的金援，但也許是因為大規模的撲殺禽流感雞隻，讓我們看見市場重新洗牌。巴克告訴我，大型的食品零售商不樂見這種供貨不穩定的情形。「禽流感爆發之後，造成許多供應鏈失常。這些大型的食品公司幾乎把漢普頓溪公司的電話被打爆了，說他們想停止採購雞蛋，並讓含有雞蛋成分的產品下市。」他回憶道。二○一五年六月，全球最大的連鎖便利超商，就決定把以原本雞蛋為主的美乃滋，換成「就是美奶滋」，用來製作鮮食三明治。可以確定的是，漢普頓溪絕對不會受到禽流感或是大規模撲殺的影響，更不用說處理數百萬的動物屍體，或是成為聯邦大規模緊急事變的救急對象。泰崔克補充說，這家公司「本來就已經成長迅速，這次的事件後更是加速狂奔。」

　　在畜牧業，要解決的問題實在太多，悲慘和死亡已經滲透了整個高度工業化的運作體系。除了動物的悲慘，還有一個基本的問題也無法解決：工業化畜牧所耗的資源太多。動物成長需要很多飼料，用效率很低的方式把植物轉換成蛋、肉和奶。「到了二○五○年，世界上的人口將超過九十億，對肉的胃口更是有增無減。對肉的需求量在二○○○年到二○五○年之間，將成長一倍。」在一次執行長高峰會之後，比爾‧蓋茲在他的部落格上寫道：「這也就是為什麼我們需要有更多的選項，以不會耗竭資源的方式來製造肉。有令人振奮的公司正在積極面對此一挑戰。他們在開發植物性的產品，替代雞肉、碎牛肉，甚至是雞蛋；這些替代品不僅更永續，味道也很讚。」

　　大家都知道，說這些話的人，很會把一個簡單又複雜的想

法，變成足以改變世界的新發明。我們都會在有生之年看到這個
故事展開，看到人們了解到舊體系是如何殘酷而又非必要，新的
人道的替代方案於是取而代之。一個又一個案例出現，更健康、
更美味的新產品問世，人們的選擇也會越來越集中。這其中沒有
得益的只有「殘酷」，那麼套句布朗的話來說——以新換舊，何
樂而不為？

第四章

在我生命的早期，可能是因為與生俱來無法饜足的好奇心，讓我對訓練有素的動物表演感到厭惡。我的好奇心毀了這種表演的娛樂性，因為我總想知道這些表演的背後是什麼、又是如何做到的。而我在這些膽大的演出以及閃亮的表面下發現的東西，可不怎麼美好。

—— 《傑瑞的兄弟麥可》，傑克・倫敦

娛樂時間到了

電腦成像與電影新時代

　　HBO 影集【黑道家族】是一齣描寫「盜亦有道」的影集。在二〇〇二年有一集的內容是黑道老大湯尼・沙普蘭諾懷疑他的一個手下拉夫爾・西法列多殺了一匹他們共同擁有的賽馬。這匹名為皮歐麥的賽馬在一場馬廄大火中被燒死,湯尼發現拉夫爾表現相當冷漠,因而懷疑他是為了二十萬的保險金鋌而走險。雖然湯尼從事的是粗暴的生意,自然也不是容易感傷的類型,但是殺害一匹馬……這也太超過了。事情從此急轉直下(至少對拉爾夫來說),這場戲的結尾就是湯尼叫來另一個手下,替他清理現場。

　　在現實生活中,十年之後,一樣是在 HBO,有另一場關於馬廄的意外也成了導火線。HBO 頻道的高層決定砍掉一齣高收視的劇集【馬場風雲】(Luck),導因於第二季時一匹名為「超速噴射機」的母馬,從拍攝現場被帶回馬廄的途中受驚立起,轉身以頭朝地翻倒。這已經是第四次有真的馬匹在拍攝現場死亡,對一向享有對動物友善名聲的 HBO 來說,面子相當掛不住。

　　大約在同一個時期,有傳言說電影【哈比人:意外旅程】拍攝期間,有動物受到傷害。據報導,一共有廿七隻動物因此死亡。我有一位住在華盛頓的友人克里斯・帕莫爾寫了一本書,揭露某些自然影片拍攝者,使用非道德的手段,利用受拘禁的動物

當成野生動物來拍攝，讓牠們演出不真實的特技，有危害動物之虞。

在電影製作這一行裡，虐待動物的情節層出不窮。不過，電影也是個很有力的工具，可以將人與動物之間的聯繫戲劇化。這些了不起的故事應該、也必須繼續下去，但背後卻不應該有隱藏的殘酷行為。

為了更加接近真相，我決定拜訪導演戴倫‧艾洛諾夫斯基。二〇一四年，我看過他執導的【挪亞方舟】（Noah），片中他運用新科技的方式讓我目眩。不用說，電影描述的是個古老的故事，從聖經〈創世紀〉而來；但是艾洛諾夫斯基敘事的方式以及他所呈現的景象，卻是獨一無二的，尤其是方舟裝載動物的那段情節。

就在即將淹沒草原、森林，最後連高山也無法倖免的那場大洪水漲起之前的一個星期，動物們受到神的指示，紛紛從天上降下、從洞窟巢穴裡爬出來，攀上甲板入口。這些動物有的看來眼熟，但大多數都是一副我們不熟悉的奇異外表，有披著皮毛的、羽毛的、鱗片的，有閃耀著明亮顏色的、身上有惹眼斑紋的，還有頭上有尖角的、尾巴特別長的等等。各式各樣的動物湧入方舟裡，然後各自窩進專為牠們打造的藏身處。在這艘充滿腔室的船內，動物們呼吸的空氣裡混合了氧氣和某種令牠們陶醉的氣體，讓牠們陷入一種麻木狀態，好在接下來幾個星期的波濤洶湧中，保持鎮靜。在恢復意識之前，所有的動物，包括獅子和羊，全都

和平共處。牠們之間沒有衝突,相反地,不同種類的動物之間有種不言而喻的約定。神在創造動物之後,宣告說牠們都是「好的」。但是人類卻違背了神,因此神憤怒了,要把一切都沖走。只有登上方舟的動物,每種兩隻,才能活下去。六百歲的挪亞建造了這艘方舟,這些有史以來最珍貴的一船性命,也被交付在他手中。

要是諾亞在建造方舟的過程中遇到過什麼樣的問題,艾洛諾夫斯基為了他這部二〇一四年的史詩級電影仿製一艘方舟時,這些問題他也都同樣遇上了。既然這部電影的情節幾乎是無人不知、無人不曉,艾洛諾夫斯基很清楚,他只能用裝載動物的畫面來吸引觀眾。他成功地辦到了這一點,畫面上充滿了美麗、各式各樣的生物行列。艾洛諾夫斯基告訴我:「我們就是需要很多種動物。」這個挑戰算是大師級的,而艾洛諾夫斯基不止辦到了,而且拍攝現場沒有用到任何獸欄或是馴獸師。

艾洛諾夫斯基的辦公室位於布魯克林威廉斯堡地區。我第一次拜訪的時候,站在門口再三檢查手上的地址。眼前的這棟建築物外觀相當破舊,門上還貼滿了小廣告。我對自己說一定是哪裡搞錯了,【力挽狂瀾】和【黑天鵝】的導演辦公室不可能在這種地方。

我按了門鈴,門打開之後,我爬上幾級台階,進入艾洛諾夫斯基寬敞、半開放空間的辦公室,裡頭有十幾個人正盯著電腦螢幕,還有一些人在講手機。這再次提醒了我,外貌是多麼會騙

人。艾洛諾夫斯基一身休閒打扮，滿臉鬍渣，和我打了招呼，我們坐下來聊【挪亞方舟】的拍攝過程。「使用被圈養的動物有一個問題，就是種類範圍太小。被圈養的動物就是你在動物園裡會看到的那些，可是動物世界遠遠比那些要更複雜、更多樣。所以、從很早開始，我就知道我不要北極熊、長頸鹿、大象，或是那些我們熟知的家禽家畜。我想要提醒觀眾，這個奇蹟有多偉大，因為動物世界是如此的多樣化。」

另外還有一些實務上的考量。「有很多很多的案例告訴我們，當你把動物聚集在一起，會是一個大問題。」艾洛諾夫斯基補充道。「首先就會引來掠食動物，接著這些動物就會聞到掠食者的氣味，然後陷入驚慌。」

在艾洛諾夫斯基小時候，挪亞方舟的故事就很吸引他。十三歲的時候，雖然他當時還沒有立志要拍電影，但他以聖經中著名的人物挪亞為主題，寫了一首詩。那首詩在一場全國比賽中獲獎，他獲邀公開朗誦他的詩作。那是在一九八〇年代。「那一次，我體驗到自己創造的作品被認可，這經驗推動我朝寫作與寫詩的方向前進，最終也把我領上電影專業的道路。」

挪亞方舟的故事是有史以來第一個、也是最廣為人知的動物救援故事，因此吸引了艾洛諾夫斯基。「諾亞其實是第一個環保人士。很多基督教團體攻擊這樣的說法，但是你告訴我，對於一個花十年打造一艘船，用來拯救世界上所有一對一對的動物——這樣的人不叫做環保人士，要叫做什麼？他就是拯救動物

的人。」他說道。

「至少，亞當和夏娃是素食者，很可能連奶蛋都不吃，因為神給他們的命令是吃花園裡的果子，而不是碰觸動物。」艾洛諾夫斯基繼續說：「而神毀滅世界是因為人類在地上行邪惡之事。他們敗壞了土地，這些惡行的其中一個，可能就是因為吃活生生的動物。」這違反了神的禁令。「這樣想來也很合理，就是塞特的其中一個子孫挪亞和其他人不一樣，他被神揀選，也許是因為他遵循上帝的指示。也因為這樣，我們把挪亞描述成素食者。」

艾洛諾夫斯基學生時期曾經是研究過動物行為，也許是因為這種業餘自然學家的背景，讓他被挪亞的故事吸引。在他青少年時，曾請纓參加「田野研究學院」（School for Field Studies）的任務，該學院贊助學生出國（或至遠地）學習生態學或是野生動植物。他持續不斷地遊說，終於爭取到一個肯亞的任務，在當地他努力「證實野生動物比起馴養動物，更有尋找水的策略。」

「之後我又去了阿拉斯加的威廉王子灣，那是在埃克森的油輪瓦爾德茲號漏油事件的兩年前。」艾洛諾夫斯基描述：「那時，那裡的環境真的非常原始。我們乘著獨木舟出海，住在一條冰川底部，研究港海豹（harbor seal）的體溫調節機制；足足五個星期沒有見過其他人類。從哈佛大學畢業之後，他進入美國電影學院藝術院攻讀碩士，並開始拍攝電影。二〇〇五年，他在拍攝【真愛永恆】的期間（該片是一部科幻片，主角是休‧傑克曼和瑞秋‧懷茲。艾洛諾夫斯基和瑞秋‧懷茲有過短暫的婚姻），他

的兩個愛：電影和動物，彼此之間產生了衝突。為了某個場景，這位導演訂購了活生生的猴子。賣猴子給他的人是個奇怪的動物訓練師，那人把猴子裝在後車廂裡運來給他，中間橫越了整個美國——從溫哥華到蒙特婁的拍攝現場。在那之前，艾洛諾夫斯基沒怎麼想過電影裡的動物是怎麼來的。「那真是淒慘。」他回憶。「我看到那些籠子，那經驗真是令人痛苦。在那之前我根本不知道自己的要求意味著什麼。」

「那時我還不懂讓動物加入拍片現場，是一件多複雜的事。」他補充道。「那一次的經驗讓我留下深刻的印象，所以當我開始著手拍攝【挪亞方舟】的時候就很清楚，我不會用動物來拍攝。我的出發點是很務實的，結果這決定很合理。這部電影要傳達的訊息，不能用這樣的方式產生。那對我來說是個成長的階段。」

幾年前，在艾洛諾夫斯基拍攝【真愛永恆】的期間，他還沒有那些用來拍攝【挪亞方舟】時那些描繪動物的工具。當時一般拍攝動物的方式，除了讓人類演員穿上動物服裝之外，就只有聘請動物訓練師強迫動物表演。但是就【挪亞方舟】的拍攝規模來說，這種做法會很困難。「撇開如何對待動物的道德議題不談，要是我們用了真的動物來拍攝，恐怕實際上效果不會太好。」解決問題之道，就是電腦成像（computer generated imagery），這種技術不用利用或傷害任何一隻動物，就可以生成栩栩如生的動物影像。

電影拍攝的百年歷史中，許多導演都想要呈現動物真實的

一面，但卻又受限於訓練動物的困難，以及野生動物表演的不可靠性。早期，人道倡議者一直希望能改善馬戲團和雜耍歌舞戲團中動物的處境，這些地方常常對動物很殘酷。然而，當電影這個新媒體出現時，帶來的不是動物的福音，卻是另一種殘酷。不論是在表演、訓練，或是蓄養條件上都是如此。在一九二五年，由《基督科學箴言報》（Christian Science Monitor）召集的藍絲帶小組，建議擯棄那些「強迫動物做出不自然又危險的演出」的場面。「鬥牛、牛仔競技、馬跳水、牛群互相踩踏、動物裝扮成人類表演……這類的表演降低公眾的品味，也對參與其中的無害動物造成痛苦。」只有少數的時候，影片製作人會用假的動物上場，或是使用影片後製方式，達成想要的效果；但整體來說，虐待動物的行為在業界持續了幾十年。不管有多殘酷，幾乎每個導演、每間電影公司都有合作的馴獸師。

在電影史上，有一長串動物演員的名單，包括動物明星、動物主角、動物配角，還有其他各式各樣的演出。其中比較知名的有：【任丁丁歷險記】（Rin Tin Tin）裡的德國狼犬、【老黃狗】（Old Yeller）裡的流浪狗、【靈犬萊西】、【綠野仙蹤】裡桃樂絲的狗托托、狗明星班吉（Benji）、【我家也有貝多芬】裡的聖伯納犬等等，都是好萊塢的 A 級狗明星。還有一些馬演員也很出名，包括【艾迪會說話】（Mr. Ed）、【怒火】（Fury）等片裡的馬，這匹馬是一九五〇至六〇年代的明星，當時每年約替牠的馴馬師賺進五十萬美金；牠的代表作包括【神駒黑美國人道協會】、【靈犬萊西】等。而豬明星則有像是【我不笨，所以我有話要說】裡

的「寶貝」，黑猩猩則有一九三〇年代早期的【泰山】系列電影中的「奇塔」，這隻黑猩猩奇蹟般地活到八十歲。直到二〇一一年，泰山系列的影迷們，都還可以到佛羅里達州的靈長類動物庇護所，和這隻曾經與莫琳・奧沙利文以及約翰尼・維斯穆勒同台演出的黑猩猩說聲哈囉。

馬匹通常在電影中被用來拍攝奔馳與戰爭的場面，安全飽受威脅；其中又以西部片及戰爭片最甚。一九二五年拍攝【賓漢】時，就有一百匹馬死亡。有傳聞說，一九三六年上映的電影【英烈傳】（The Charge of the Light Brigade）拍攝時，導演麥可・寇蒂斯讓很多馬匹因為絆馬索而摔斷了腿或是脖子，多到讓該片的演員艾羅爾・弗林偷偷地向美國防止虐待動物協會提出抱怨。一九三九年上映的【蕩寇誌】（Jesse James），也迴盪著哀嚎聲：該片的導演讓一匹馬衝下山崖，造成牠當場死亡。同一年，經典電影【驛馬車】（Stagecoach）的導演約翰・福特用絆馬索讓馬匹戲劇化地死亡：「用繩索套在馬的前腳上，繩索穿過馬肚帶上的一個環，然後綁個死緊。」如此一來，「當馬匹跑到繩索的盡頭時，前腳就會被扯住。」不止美國的製片者這樣搞，一九九六年蘇聯時期的經典電影【安德烈・魯布廖夫】（Andrei Rublev）中，有這麼陰森森的一幕：一匹馬被從一座階梯上推下去，落在一支長矛上。

不止在電影中使用馴化的動物引起一連串的非議，對待野生動物的方式更是問題重重，因為這些動物更加不可預測。一九〇三年，發生了影史上最醜陋的一幕：在康尼島上的一場公開表

演中，付費的觀眾們觀看兩個江湖郎中對一隻名為托普斯的亞洲象，施以一連串的折磨：下毒、鎖喉、虐待，最後加以電死。托普斯是廿五年前在野外被捕捉、運送來美國，然後在馬戲團裡忍受了無止境的虐待，最後殺死了一個男人，因為那個男人用雪茄頭燙牠的鼻子取樂。公開的處刑是對牠的最終懲罰，同時也是最後一次從這隻受盡折磨的動物身上，榨取更多收益與知名度的機會。「愛迪生電氣」（Edison Electric）甚至還將過程錄製成七十四秒長的黑白片。

　　是最早突破此一狀況的是動畫片，即使是早期的動畫片，如一九四二年的【小鹿斑比】，也是生動出色、感染力強大，之後也產生了很多不同的演繹版本。不過，動畫片的主要觀眾還是小朋友。不久之後，電影製作者開始使用機械偶，例如【侏羅紀公園】中，就用了這種好似有生命的機械偶。不過這些機械偶，還有一些早期的電腦成像，常常會造成所謂的「恐怖谷」效應——對於看起來很像有生命的東西，會使人覺得厭惡——因此也不能說是完美。這些仿製品說是假的看起來太真，說是真的看起來又太假。

　　在二戰後的時期，電影中描繪的動物越來越讓人感到溫暖，其中的佼佼者就是【老黃狗】。但是幾十年過去，就連迪士尼也無法避免為了電影的光環而犧牲動物。有一部片中就有一個畫面，拍攝北極旅鼠爬過懸崖，墜落下面幾百英尺深的岩石海灘上。旅鼠通常不會有集體自殺的行為，這些動物是被人丟下水的，就這樣淹死在最知名的假自然電影裡。

　　通常電影導演會拍攝很多個畫面，然後剪接在一起，為觀者創造出一個迷人的幻象。這意味著，通常一個小時的影片，就要拍上好幾百個小時。在有動物出現的電影中，這些未使用的片段裡，常常就會包含動物受傷或死亡的畫面，以及不人道的訓練、甚至是處罰與運送的悲慘過程。在【永不低頭】一片中，克林特‧伊斯伍德和一隻名叫克雷德的紅毛猩猩一起上路，牠的表演讓觀眾捧腹大笑。但是不止一個動物福利團體指控，克雷德的訓練師會打牠，強迫牠表演。據珍‧古德表示，克雷德是被用棒槌和裹在報紙裡的鉛管訓練的。根據「善待動物組織」（People for the Ethical Treatment of Animals）的調查結果：「在拍攝續集【金拳大對決】接近尾聲的時候，那隻紅毛猩猩被抓到在片場偷拿甜甜圈，就被帶回訓練設施裡，用三尺半長的斧頭柄，打了二十分鐘。不久之後牠就死於腦溢血。」據該組織表示，牠是歹毒欺凌的受害者。

　　一九四○年開始，一紙與「美國電影協會」（Motion Picture Association of America）簽訂的合約，讓「美國人道組織」（American Humane Association）負起了監督拍片現場動物利用情形的責任。美國人道組織的工作人員開始跟進一些有關動物的拍攝工作，而遵照美國人道組織指示的拍片者們，就可以在影片的片尾放上「沒有動物受傷」的標誌，等於是給潔身自愛的電影公司一個標章。一九八一年，美國人道組織和一部電影槓上，這部電影【天堂之門】（Heaven's Gate）不只是票房毒藥，對參與拍攝的動物來說更是惡夢一場。這部片的拍攝現場設在懷俄明州，拍攝過程

中造成許多匹馬死亡，甚至還出現鬥雞的畫面。因此美國人道組織不僅拒絕發放沒有動物受傷的標誌，甚至組織抗議活動到戲院抗議。

> 公眾的監督和關注，雖已讓電影拍攝過程中的動物虐待行為急遽減少，但當拍片中使用野生動物時，老問題卻依然存在。

　　美國人道組織在【天堂之門】拍攝期間所記錄的動物虐待行為，之後讓該組織得以進入更多拍攝現場，權力也更大；然而從那時開始，就有很多批評聲浪，批判該組織對於其保護動物的任務執行不彰。「表演動物福利協會」（Performing Animal Welfare Society）的已故創辦人派特・德比，曾經擔任過電視表演動物的訓練師，就曾在一九八九年發表他的觀察：「我已經觀察美國人道組織很久了，我認為該組織比較像是訓練師的保護機構。在所有我參與過的拍攝現場，每當要拍攝比較棘手的畫面時，美國人道組織派來的人就會被帶出去喝咖啡。」德比還有一位電視名人兼動物福利倡議者鮑勃・巴克，一直是美國人道組織的批評者當中最直言不諱的。據他們表示，美國人道組織的獨立性有疑問，因為電影公司付錢給該組織。隨著電影製作的全球化，許多電影是在外國拍攝，這讓美國人道組織根本不可能跟上電影業的腳步。美國人道組織既沒有權力、也無法在電影開拍之前進駐，而通常最糟的動物毒打、虐待事件，都是在開拍前發生的。二○一三年，《好萊塢報導》（Hollywood Reporter）曝光的一起事件，顯示美國人道組織和美國電影協會的合約關係中，存在著重大的問

題，不足以保障動物的安全。

公眾的監督和關注，雖已讓電影拍攝過程中的動物虐待行為急邊減少，但當拍片中使用野生動物時，老問題卻依然存在。在【少年 Pi 的奇幻漂流】拍攝過程中，導演李安拍攝一個男孩和一隻老虎，一起待在一艘二十呎長的船上的故事。李安使用電腦成像所達成的效果讓人驚豔，畢竟他不能讓男孩和一隻真的老虎在如此近的距離互動。但電影中還是有許多場景，李安認為必須用真虎來拍，而結果並不順利。二〇一一年，一位美國人道組織派出的人員，在私人通信裡寫道：「那場要拍牠的戲搞砸了，牠想要游上岸卻搞不清楚方向，媽的差一點就淹死了。」但是這部片上映時，還是獲得美國人道組織的「沒有動物受傷」認證。李安在魔幻般的技術上獲得了一片讚譽聲，但他那位有條紋的明星瀕臨死亡的經驗，卻被忽略了。

艾洛諾夫斯基在我們的對話中指出，近來有一系列重新熱門起來的【人猿星球】（Planet of the Apes）連環電影，可以被視為是預告事情即將變好的先聲。對於這一系列電影的最近幾部作品，艾洛諾夫斯基說：「他們做的事相當了不起。」在二〇一一年的【猩球崛起】、二〇一四年的【猩球崛起：黎明的進擊】等片中，導演魯伯特‧瓦耶特和馬特‧里夫斯使用電影成像，描繪「有感情」的猩猩，讓牠們跳躍、搖擺、打鬥、騎馬，以及交談。艾洛諾夫斯基認為他們的作品可以稱得上是拿到電腦成像的金牌，完全取代了使用真的動物來拍攝。

　　夫妻團隊瑞克・賈法和雅曼達・席爾維，在其中扮演了相當重要的角色。他們推動猩球系列的電影回歸，並為福斯影業的拍攝工作撰寫劇本。賈法告訴我，他曾經蒐集私人飼養猩猩的影片記錄，驚訝地發現，當人們飼養猩猩當寵物，對這些動物來說「結果總是很糟」。牠們會「攻擊鄰居，或是咬傷飼主。當牠們越來越有攻擊性，或是長大的時候，就會被關進籠子裡，和飼主分開。就算被安全的避風港收容，這種分離的影響還是很嚴重，就像是和自己的孩子分離一般。」

　　同時，賈法也一直很努力研究基因改造的議題。「當時房間的地板上散置著各式各樣的文章，突然間有個聲音進入我的腦袋——人猿星球。」賈法和席爾維都是這個原始系列的影迷，當這個想法黏上他們的腦袋之後，他們就向福斯提案。他們想要開發猩猩的角色，包括領導猩猩革命的主角凱撒。艾洛諾夫斯基的挪亞是以人為主角、動物為配角，但賈法和席爾維卻是想要讓電腦成像的動物當主角。

　　賈法和席爾維語帶欽佩地指出，導演詹姆斯・卡麥隆以及視覺特效公司「維塔影視基地」（Weta Workshop），在【阿凡達】一片中以「動作捕捉」（performance capture）」技術達成了非凡的成果。這種新技術可以捕捉人類的表情和動作，然後複製到類似動物的數位角色上。【猩球崛起】、【猩球崛起：黎明的進擊】中的角色，就和【阿凡達】一樣，完全依賴這種技術而生。賈法和席爾維在撰寫電影劇本的時候，就已經知道卡麥隆和維塔影視已經破解了密碼，為嶄新的電影製作方式鋪了路。

　　【猩球崛起】和【黎明的進擊】兩部片的導演們，以動作捕捉技術呈現出最有真實感的電腦成像，製作過程混合了人類動作和技術的魔術。「扮演猩猩的演員穿著灰色的貼身套裝，內建有全身感應器，臉上的肌肉也有定位點覆蓋。」賈法解釋道：「這些資訊都被送進電腦，到處都有攝影機捕捉這些訊息。藝術家和技術人員截取這些演員的表演動作，然後匯聚成螢幕上的影像。」

　　「我們已經看過無數的片段，其中演員穿著灰色貼身套裝，展現出強而有力、很有情緒感染力的表演；會讓你忘記四個月之後，這些表演都會變成猩猩。在電影中看到猩猩時，你看到的其實是真人的演出。這真是非常奇妙，無與倫比。」他們將電腦成效的技術發揮到極致，雖然有了令人讚嘆的創新技術，但仍然需要人的表演，才能讓演出栩栩如生。他們夫妻倆對我說：「扮演星星主角『凱撒』的演員安迪·瑟克斯是穿著緊身衣、頭戴緊身帽演出的，好多次他的表演讓人看了熱淚盈眶。」

　　我也和賈法、席爾維一樣，是原始版的【人猿星球】迷（由羅迪·麥當沃和查爾頓·赫斯頓主演）。片中設定猩猩推翻社會秩序的虛擬世界，具有某種趣味與顛覆性。那時的我默默希望【人猿星球】這部片，可以激起人類心中的自我反省，即使當時我還只是個孩子。這部電影中出現的猩猩，包括人權倡議者科尼留斯和奇拉，都是由人類穿上戲服、化妝所扮演的，但還是有幾隻猩猩寶寶短暫地露面。「那時化妝師約翰·強伯斯做出一種面具，是可以活動的。強伯斯絕對是個天才，那就像是往前跨越一大步，幾十年後動作捕捉的技術才又邁進另一大步。」賈法告訴

我。和這部原始版不同的是,新版的電影中不但要出現幾千隻猩猩,而且每一隻還要原創又獨一無二。他們具有真實猩猩的肌肉線條及特徵,能做出連奧運體操選手都自嘆弗如的動作。「在【黎明的進擊】接近尾聲時,有一場戲是一群猩猩要過橋,而警察想攔阻他們;在這場戲中,你會站在猩猩那一邊,因為他們是如此具有感情和感染力。」

賈法和席爾維告訴我,他們絕對不想參與用真的動物拍攝的電影。席爾維告訴我:「我們在寫【黎明崛起】的時候,本來想要參考【X計劃】(Project X),但有人告訴我們,那部片拍攝時,片場總有荷槍實彈的大塊頭站崗,因為拍片用的是真的猩猩。這讓我感到一陣寒意。那樣對每個人都危險。」這部一九八七年上映的電影,描述美國空軍實驗中暴露在輻射下的猩猩,引爆了動物福利運動,並導致某種內戰。這部電影的出發點觸及了軍方用黑猩猩來實驗的亂象,讓很多動物福利倡議人士額手稱慶;但同時也有些人認為,片場中打猩猩、讓牠們受到創傷的做法,替片中想要呈現的訊息抹上汙點。

【X計劃】已經成為歷史,現在拍片時沒有任何黑猩猩應該受到傷害。「用電腦成像一切都可以達成,有更好的表演效果,而且一切都在掌握中,從服裝到表情都是。可以控制。而且實際上還便宜很多。」賈法說。

艾洛諾夫斯基的說法不約而同。他解釋道,用真的動物拍攝「一天就要花廿萬美金。要是你因為動物的表現不如預期,必須

重拍,那費用還會直線上昇。用電腦成像就沒有這些問題。」他強調,用電腦成像塑造的角色,既不是木偶也不是動畫。「你可以創造出具有說服力的野生動物,還可以讓這些野生動物完全聽你的。」

有鑑於會有這麼多的人接觸到電影和電視的世界,並樂在其中;我們有必要向大眾傳遞一個正確且精確的訊息:為了說故事而犧牲動物是不應該的。隨著一個一個的行業脫離對動物殘忍的行徑,這將會使得仍然仰賴虐待動物的其他行業更加脆弱和孤立,並為其業內的革新布置好舞台。

終結片場剝削動物的時代這件事上,有件非常實際的事,就是在過去十年內,電腦成像為電影中的動物所作出的貢獻(更不必說為增進影片品質帶來的好處),比過去七十五年來美國人道組織所做的還要多。這種新技術不僅讓動物從電影中消失,還讓導演們可以繼續用動物來做為人類故事中的核心。只要想想全世界有多少電影是在描寫動物,這個數字還會不斷增加,讓難以計數的動物避免了痛苦的命運。再也不需要懷疑「沒有動物受到傷害」的標誌是否真實了,因為根本沒有動物參與拍攝。

姿態放軟的玲玲馬戲團

「還有無窮盡的可能。」說這話的人是「菲爾德娛樂公司」(Feld Entertainment)的執行副總裁朱麗葉塔・菲爾德;該公司

是「玲玲馬戲團」（Ringling Brothers and Barnum & Bailey Circus）的母公司。朱麗葉塔預言：「更多摩托車運動、挑戰人類體能極限、冒險犯難的表演」將會取代玲玲馬戲團知名的大象演出。玲玲馬戲團在二〇一五年三月間宣布，將逐步淘汰巡迴大象表演；這個消息宛如雜技演員從大砲裡射出一般，不只發出驚人的碰一聲，突如其來、意想不到，讓許多動物福利倡議人士以及同類型的馬戲團，驚訝得合不攏嘴。長達一個世紀以來，該馬戲團就以讓穿上戲服的厚皮動物倒立、同步單腳旋轉等把戲知名，並自詡為「地球上最偉大的秀」。

「我們不斷地變化、不斷地學習。」現任執行長、一九八四年在父親伊凡·菲爾德死後，子承父業的肯尼斯·菲爾德如此說道。「據我所知，沒有任何一家一百四十五年歷史的公司，可以毫無變化地生存下來。這樣做對我們公司、我們家族都是最好的。」肯尼斯指出，過去幾十年來，玲玲馬戲團的領導階層，藉著展示各種怪人來設計演出內容，包括有鬍子的女人、矮人、巨人，甚至是身體殘缺或是生病的人。藉由這種令人不舒服的展演，玲玲馬戲團訴求人類天性中的好奇心、製造驚嚇，換來了社會接受範圍的擴張。幾十年來，公立或是私人動物園的做法也差不多，藉著展示珍奇動物來吸引顧客，有時不僅品味低劣，甚至還逾越妥善對待同類的界限。一九〇六年，紐約的布朗克斯動物園把一個剛果來的侏儒奧塔·班加關在籠子裡，在「九月的每個下午」和猴子一起展出。顯然是想對民族學和人類起源做出某種很爛的說明。這項展示吸引了大量觀眾，目瞪口呆地看著這個和

紅毛猩猩關在一起的人類。後來當他後來被允許四下走動時,還有些人還騷擾他、威脅他。非裔美籍的部長們為首,人們群起抗議對班加的不人道對待;而園方人員威廉·洪納戴則捍衛這項展出,當時許多社會上的意見領袖也和他同聲一氣。被威脅要提起訴訟之後,他終於屈服並放班加自由。十年之後,這位年紀還很輕的非洲人,就用槍射擊了自己的心臟。

作家傑克·倫敦並不是第一個關注娛樂表演和影片中動物虐待情事的人,但在他身後出版的著作《傑瑞的兄弟麥可》,卻讓對抗這種殘酷的社會運動更加聲勢壯大。書中傑克·倫敦描寫了表演動物所承受的苦難,並在前言中要求停止讓野生動物進行這類表演,更呼籲孩童和父母共同抵制這類演出。經過他的遺孀同意,「麻塞諸塞州防止虐待動物協會」旗下的組織「美國人道教育協會」(American Humane Education Society),發起了「傑克·倫敦俱樂部」,呼籲大眾抵制動物表演,正如這位作家在前言中所要求的。「麻州防止虐待動物協會」所出版的月刊《不會說話的動物》(Our Dumb Animals),每期都會用幾頁描繪這些動物下了舞台之後的淒慘生活:牠們被關在狹小的地方、粗暴地被運來運去,基本的需求都被忽略。一九二〇年代,公眾對於虐待表演動物的不滿情緒已如此高漲,玲玲馬戲團因而在二〇年代後半期,終止了大型動物的演出。

最終,玲玲馬戲團撐過了傑克·倫敦抗議之聲的遺緒,但從未掙脫環繞著虐待、展演野生動物的爭議。不只是玲玲,其他馬戲團、私人動物園、海洋公園等等,也會面臨持續不斷的輿論壓

力，圍繞著馬戲場上的大象、大貓；私人動物園裡供付費遊客拍照的小老虎、小獅子、小熊；以及被關在主題樂園裡水泥砌游泳池裡的虎鯨。

正是這種無法澆熄的動物福利爭議，最終迫使菲爾德家族讓步，同意在二〇一六年五月之前，讓團裡的大象全部退休，住在公司經營的佛羅里達大象保育中心裡（這個時間表已經提前了，原本他們是希望在二〇一七年底）。該公司的一位發言人史提夫·培倪對媒體表示：「我們已經感受到某些觀眾的情緒轉變，他們對於大象在各個城市間巡迴，不盡然感到愉快。」菲爾德先生也表示，對玲玲來說，儘管他們已經很習慣和無處不在的批評聲浪對抗，但經營一個巡迴表演的馬戲團，卻在十幾個地方會碰上限制使用動物表演的法令，或是禁止使用公牛勾來對待動物，是一件很麻煩的事。事實上，在美國人道協會的施壓下，洛杉磯和奧克蘭才剛剛宣布因人道的理由，禁止使用公牛勾；時間就在玲玲宣布讓大象退休的幾周前。「不能和市政府對抗啊。」菲爾德先生這樣說。

大象一直是玲玲馬戲團的招牌，因此這項宣示對動物保護運動來說，就像是柏林圍牆倒塌一樣振奮人心。和工業化畜牧或是動物實驗比起來，馬戲團用的動物數量比較少，要是把全世界的數量加起來，可能只有幾萬隻；而其他使用動物的產業則是數以百萬計。但是這件事的象徵性卻無法比擬。在美國，很難找到一個孩子沒有看過馬戲表演的，這就好像是一種文化儀式一樣，每個孩子都看過玲玲馬戲團的表演。玲玲每年花好幾百萬在廣告

上，來吸引孩子們，而這些廣告的內容正是以大象為主角的秀。正因為是玲玲，停止使用動物表演的決定才會跟他們使用的那些動物一樣，這麼有分量。其他馬戲團沒有像玲玲那樣的資源，也沒有像玲玲那樣的毅力，堅決捍衛以動物表演做為核心商業模式。當玲玲終於拉上馬戲團裡大象表演的簾幕（也許還包括其他的野生動物），其影響是顛覆性的。這對人道經濟的發展來說是一個分水嶺，顯示出就連人們最熟悉、看似無害實際卻對動物殘酷的行業，終究也能讓步，往好的方向改變。

但是這一路走來，一點也不順利。多年來，菲爾德先生以無情、狡猾地對付對手而聞名。在一九九〇年代早期，菲爾德聘請了一位前中央情報局的執行副主任克萊爾·喬治，在此人的帶領下，進行了一系列祕密行動，收集敵人的情報，用以分化或干擾對方。其中一個目標對象就是珍妮絲·帕特克。這位自由作家為華盛頓特區發行的一份商業雜誌《雷加迪》（Regardie's），撰寫了一篇關於菲爾德娛樂公司的一萬字文章。當帕克特表現出有意更深入挖掘，並以此為題寫一本書時，菲爾德就讓克萊爾·喬治出馬了。根據後來的一場法律糾紛中起出的數千頁文件顯示，喬治招募了一名幹員羅伯特·艾林格，讓他和帕特克交上朋友，從而干擾她的工作。這場陰謀在菲爾德存在長達八年，其對象只不過是一個相當不知名的記者，不僅是反應過度，而且完全小題大作。據帕特克的估計，菲爾德花了三百萬在對她的監視和干擾行動上。

喬治是因為涉入伊朗軍售醜聞而被踢出中情局。菲爾德

也曾派幹員滲透至少另外兩個批評馬戲團的動物保護團體（善待動物組織和表演動物福利協會），據說喬治也參與了這些行動。後來菲爾德和上述兩個團體展開長期的法律鬥爭，最後付給表演動物福利協會一份未公開金額的和解金，並把玲玲馬戲團中的幾隻大象交給該團體，這些大象後來就生活在該組織在加州的療養設施內。隨後，菲爾德又陷入另一輪和動保團體的法律攻防，這些團體控告玲玲馬戲團有違反「瀕危物種保護法案」（Endangered Species Act）之嫌，因為他們長期上鏈鎖、毆打、虐待亞洲象。這個案子最初是由美國防止虐待動物協會、動物福利機構（Animal Welfare Institute）以及動物基金（The Fund for Animals）領頭，纏訟長達十四年之久，結局卻對菲爾德有利。地方法院法官艾敏特‧蘇利文否決了動物保護團體發起的聯合訴訟，未做出對馬戲團的指控有利的判決。當菲爾德感覺受到威脅時，他的反應一向就是採取侵略性的做法，因此他提交了一份「指控腐敗詐欺組織法」（Racketeer Influenced and Corrupt Organizations Act）的公民投訴案。這場法律長征，從一開始由動保團體發起控告，到後來菲爾德回頭以公民身分做出組織犯罪的指控，一直持續到玲玲馬戲團發表那份大象退休聲明的十個月之前，才終於塵埃落定。動物團體（包括美國人道協會在內，因為與原告之一的「動物基金」合併，而牽涉其中）最終必須為菲爾德支付「指控腐敗詐欺組織」一案的法律費用，但並未承認菲爾德含沙射影的任何指控。事實上，這場訴訟只暴露出玲玲在對待動物的議題上，更多引人非議的部分。

　　所以說，一個寧可大費周章，花數百萬在公共關係、陰謀滲透，以及無止盡的法律訴訟上的人，怎麼會在訴訟案結果出來後不久，態度卻有這麼大幅的轉變？可能是肇因於幾十年來，玲玲不斷地在動物福利議題上戰鬥，除了對抗動保團體，還要面對政府監管機關，所導致的疲勞。二○一一年十一月，針對多起涉嫌違反動物福利法的案件，包括強迫受傷的大象表演、讓大象脫逃、在擁擠的場地內讓大象失控等等，美國農業部對玲玲裁罰二百七十萬美金。對玲玲的罰款（儘管相對於他們每年好幾億的營收來說是九牛一毛）是該單位史上針對動物福利裁量，罰款金額最高的一次；對於菲爾德娛樂公司來說，是一個不小的形象打擊。

　　但更有可能的是菲爾德是把眼光放遠，看見這種政治對抗是沒有底的，因為還有更多的地方法令將要在全國各地萌芽。我從一個朋友那裡得知，菲爾德聘請了一個政治咨詢機構：「紫色戰略」（Purple Strategies），該機構的工作揭示了一個不可避免的事實，那就是動保團體多年來針對被圈養、表演用的野生動物所發起的社會運動，已經慢慢地讓公眾張開眼睛，看見在巡迴表演中使用大象已成沉屙。有調查人員拍攝大象在幕後是如何被虐待的影片、美國農業部也呈報相關問題、還有抗議者在表演場外亂糟糟地抗議要求革新……這一切，讓一個精明的人很難忽視在馬戲團裡使用大象的倫理問題。紫色戰略明確地表示，玲玲馬戲團要抵擋這些紛紛出現的地方法令，唯有透過投入高額的公關廣宣。但對於一家旗下還有很多子公司，從超大卡車競賽到冰上群星會

不勝枚舉的集團，那又有什麼意義呢？比起發起一場曠日費時、註定失敗的戰爭來捍衛動物表演，還不如投資在其他比較沒有爭議性的娛樂上。要是這是原則問題，那有什麼原則可以合理化讓像大象這麼高貴的動物，受到折磨耗損的這種行為？菲爾德是有錢沒錯，但在任何人看來，在這件事上他們沒有占上風。玲玲馬戲團已經成功地轉型過很多次，從以前在帳篷裡展示怪人秀，到如今在有三個舞台的現代化場地中，演出人類和動物的綜合表演。菲爾德娛樂公司也已讓旗下的表演內容多元化，如今年營收達到十億美金，其中馬戲團所占的比重一年比一年小。多年來，菲爾德和動物福利倡議人士，在一件事情上確實是有共識的，那就是亞洲象在許多方面來說都是很特別的，不只體型龐大，還有長而靈活的鼻子（由四萬束肌肉所控制），光是牠們的存在就足以讓人目眩神迷。幾十年來，大象一直是玲玲馬戲團（不怎麼祕密）的成功方程式的一部分，也是動物福利人士最大的抗議主題。玲玲長期以來就是靠著厚皮動物來換取觀眾的注意和喜愛，但這也讓他們獲利模式變得很脆弱，有可能會讓他們反過來被粉絲疏遠；因為其幕後藏著對動物的剝削，而這些粉絲們當中有很大一部分人，就是衝著對大象的喜愛而來的。馬戲團就像其他利用、傷害動物的企業一樣，陷入一種永無止境的遮遮掩掩中，用一流的言辭誇誇而談他們對動物有多投入、照顧有多無微不至，實際上動物的照顧者卻是用公牛勾打牠們、把牠們用鐵鏈鎖住。

一位八歲大的小學生索悉尼‧莫立克（美景克里夫頓德語學校的學生）就說道：「要是你們要增加演出，就增加只有人的演出。不要再有動物馬戲團了。你以為我會被動物表演娛樂，其實不會。只有人的表演才會讓我開心。」

就和電影中的野生動物一樣，重點不在於拍攝動物或是動物在表演的時候，在那之前或之後、在沒人看見的陰影中，才是問題所在。在獸蓬裡、在不通風的車廂裡，動物們持續忍受著匱乏，以及偶爾閃現的暴力。這種虐待可能肇因於照顧人員對動物惱怒，因為牠們不聽話；或是出於壓力，因為這些照顧者必須日復一日地讓動物們保持一定的狀態。說到底，這些人要面對的，乃是情緒長期處於恐懼和沮喪之間的動物。處理八千磅重又不開心的動物，絕對不簡單，再加上這些大象不能和牠們的家庭成員共度，還要面對無止盡的旅途、被關在狹小匱乏的欄舍、好幾個小時都被鐵鏈鎖著、所站之處不是只有水泥就是被壓實的塵污。牠們一年可能有四十八週都在旅途中，包括寒冷的月份在氣溫可能低於零度的地方，比起亞洲象在印度或印尼的天然棲地，氣溫少了華氏一百度左右（約攝氏卅七度）。這些大象幾乎從來不曾踩過草地、不曾從樹上摘取樹葉，也不曾感受過母親或是寶寶的溫柔撫觸。除了訓練的時段之外，就只有看不到盡頭的無聊；而在訓練時，則必須忍受毆打。表演則是一種工作，在暴力威脅下，被迫做出與天性完全不符的事。所以問題的根源是馬戲團必須控制大象，以及動物與照顧者之間巨大的體型落差。一般來說，大象比一個成年男性訓練員要重上三十倍，而且牠們知道

自己在體型及力量上占有優勢。這也就是為什麼在野外，一頭健康的成年大象不會怯於面對水牛、犀牛，甚至是老虎。事實上，由於偷獵猖獗導致大象的家庭瓦解，有一些年輕的非洲公象甚至會攻擊重達三噸的犀牛。想想看，要是大象可以掀翻、殺死像犀牛那樣強大的動物，那麼要把一個人變成破娃娃會有多容易。就連萬獸之王都知道最好不要去惹成年的大象。因此，在野外，狒狒、黑猩猩或是任何靈長類（最接近人類的野生動物）都不太可能會去煩到大象。然而，在被圈禁的環境中，在訓練師或照顧者在場時，大象會順服，因為他們是長期透過暴力毆打讓牠們屈服，並且在有需要時頻繁地施加這種痛苦，好讓牠們記得教訓。這種痛苦是透過馴獸師揮舞的公牛鉤而來。這種鉤結合了木棒和尖銳的金屬鉤，用尖銳的尖端來戳、刺、打在大象敏感的皮膚上。玲玲還有其他有大象的馬戲團裡，總會有個人握著這種公牛鉤，如影隨形地跟著，不論是在訓練中、從欄舍前往表演場的途中，甚至是在數以千計的觀眾眾目睽睽的表演場上。

公牛鉤是夠恐怖的了，但有時還不足以控制大象。一九九二年，在佛羅里達州的棕櫚灣，有一隻名叫珍妮特的母象就在場上發狂，當時牠背上還坐著五個孩童。訓練師讓另外一隻大象從側面靠近，在珍妮特傷害到那五個小孩之前，把小孩從牠背上拉下來。一位名叫巴勒尼‧多爾的警官朝大象開了四十七槍，才讓牠倒地死亡。多爾因為經歷了那天的恐怖震撼，之後變成一位呼籲馬戲團停止使用大象的倡議者。

兩年之後發生的事件，也許才是最可怕的。有一隻非洲母

象提卡（Tyke），牠就像其他大象一樣，長期被公牛鉤狠狠地毒打。牠屬於豪頌公司（Hawthorn Corporation）所有，並被出租給聲名不佳的「國際馬戲團」（Circus International），在檀香山進行一場表演。在牠快要上場之前，提卡攻擊了一名馬戲團飼養員，猛力地把他踢來踢去，直到提卡的訓練師試著介入。接著就在驚駭的現場觀眾、包括孩童面前，提卡把訓練師翻倒在地，然後彎下身用頭和膝蓋迅猛地壓在他身上數次。飼養員血淋淋地爬開，四周再沒有人能阻止這隻八千磅重的大象，於是牠大步經過驚恐的觀眾面前，由表演場地的出口之一跑出去，失控且驚嚇地跑到檀香山的大街上。在牠被引開注意力之前，有個停車場管理員被牠踢了好幾次，差點被殺死。牠在街上亂跑將近三十分鐘，人群四下狂奔，警察則步行、搭警車在後面追趕。警察對著提卡開槍，但是沒有任何武器可以有效地讓牠倒地，警方射了將近一百槍（多半都是用九厘米的手槍），這可憐的動物才滿身彈孔地死亡。就在事件發生的一年之前，提卡已經是兩起失控暴亂的核心。其中一起是在北達科塔州的米諾特市的園遊會上，當時牠踢倒踐踏了一名大象表演的工作人員，弄斷了他三根肋骨，然後跑給警方和馬戲團人員追；中間穿過一個露營區，還跑進一棟維修中的建築，廿五分鐘之後才被制服。儘管提卡有過這樣無法預料的衝撞行為，豪頌公司還是自信滿滿地載著牠在全國各地來來去去，在有數千名觀眾的場內表演。

提卡和珍妮特已經受夠了，所以才在盛怒之下暴衝。但是在一般的情況下，恐懼會製造順服。大象每天被處罰，乖乖地在

場上如人偶般，忠實地演出愚蠢的把戲。和牠們所要忍受的比起來，牠們的耐力驚人。「牠們被要求做出在自然狀態中從未曾出現過的舉止。」保育員兼研究者，辛希雅‧摩斯說道。辛希雅花了四十五年研究野外的大象。「總而言之，這些大象被當成商品，是提供人類娛樂的東西。馬戲團的經驗和真實的大象生活以及行為，一點關係也沒有。」

就連長期在玲玲工作的員工也承認，馬戲團裡經常使用公牛鉤和鐵鏈。羅伯特‧瑞德利已經在玲玲工作超過四十年，他就作證說，他一個月會有三到四次，在大象身上看到公牛鉤造成的「穿刺傷」。他也證明他有看到所謂的「鉤瘡」（公牛鉤所造成的傷口被感染），平均一周有兩次。有一份玲玲馬戲團的備忘錄中，就記載了一隻大象身上有廿二處傷口，想當然爾都是公牛鉤造成的。玲玲馬戲團內的動物行為專家出具的內部備忘錄中，也曾經描述有一隻大象在表演場上「血流滿場」，因為牠在表演期間被公牛鉤打了好幾次。玲玲馬戲團的電子郵件中揭露，在大象晨間沐浴的時候，大象身上有「鉤」造成的「撕裂傷」。單單是揮舞公牛鉤就可以提醒大象，只要訓練人員念頭一轉，這種隨時會加諸在牠們身上的懲罰有多痛。菲爾德本人也在宣誓之後作證說，該公司的每個訓練員都使用公牛鉤。

有鑒於對大象的智力有越來越多的了解，強迫式的訓練在許多地方都已經不再被奉為圭臬。「動物園及水族館協會」（Association of Zoos and Aquariums）是由大約兩百二十間有執照的動物園及水族館所組成的商業協會。該協會在二〇一四年就採用

了新的大象照顧標準，禁止使用公牛鉤以及直接的接觸，取而代之的是鼓勵進行「保護接觸」。「保護接觸」是在最近二十年開始盛行，是透過獎勵與讚美，使大象做出必要的行為，目的是在圈養的環境中使牠們得到保護。底特律動物園則是更進一步，在二〇〇二年關閉了大象的展示。該動物園的主任羅恩‧卡根把眼光放遠，做出一個結論，就是他與該動物園的員工們，無法提供大象所需的綜合性設施，此地也無合適牠們的氣候。於是他把園內的兩隻大象轉送到庇護所，讓牠們在那裏較溫暖的氣候中，徜徉在數百英畝的土地上。容我提醒一句，底特律動物園並沒有用鐵鏈鎖住大象，當然也沒有用公牛鉤，或是載牠們四處去表演。但就算沒有這些行為，卡根和他的同事們還是覺得他們無法提供這些大象一個得體的生活。不止底特律動物園做出這樣的結論。到了二〇一五年，芝加哥、紐約以及舊金山的動物園，都讓園內的大象退休了，也沒有計劃要用新的大象來替代。其他城市有養大象的動物園，因此也面臨必須跟進的壓力。

　　馬戲團裡大象的生活，幾乎在各方面都比動物園裡更糟。當馬戲團裡的小丑、走鋼絲表演人在火車廂裡、或是在移動式房屋裡，躺在床上一邊睡覺一邊旅行，這時大象卻是被鐵鏈鎖著、站在蓬車裡，從一個城市前往另一個城市。被圈養的大象沒辦法像在野外那樣，和家人一起生活。野外的大象一天可能可以走上四十英里、推倒大樹、從地上或是樹上抓起兩百磅重的草葉、在泥巴、水坑裡洗浴玩耍；而玲玲的大象卻幾乎一直都被鎖著鏈條生活。玲玲自己的「運送需求」（玲玲和鐵路公司簽訂的合約，以

利用鐵路運送人和貨物）裡就載明，一般來說，大象在運送過程
中兩隻腳會被鎖在硬質表面上，裝載於黑暗窄小的鐵路車廂內，
連續長達二十六小時。一年內，運送的期間總計達四十八周，牠
們常常都是被鎖著，長達六十到七十個小時以上。

　　動物在野外會碰到掠食者、乾旱以及其他威脅；但也有少數
幾種動物，被人類圈養比在野外壽命還短，大象就是其一（另一
種是殺人鯨）。善待動物組織根據美國農業部的文件做出一份報
告，顯示在過去十年中，玲玲馬戲團的大約五十隻大象中，有十
九隻染上結核病。結核病是一種有可能致死的嚴重疾病，在野生
大象中不曾發現過，但在圈養的大象身上卻很常見。有可能是因
為牠們被鎖在窄小的地方好幾個小時，因旅途中的緊密壓迫、極
度的低溫，還有對馴獸師的恐懼等等原因，所引起的壓力導致。

　　玲玲馬戲團的宣言就像是猛地一推，揭開了這個議題多年
來的道德困境和爭議。一些長期對此議題保持沉默的新聞媒體，
如今開始重述及呼應動保人士長期以來的批評聲浪。在玲玲做出
這項宣言之後的幾天，《波士頓環球報》稱此舉為「對這種崇高
動物的好消息」、「公眾意識的勝利」。紐約時報則宣稱：「比起被
打扮得花枝招展、在路邊做些小把戲，這些宏偉的動物值得更好
的。」〈達拉斯晨報〉則寫道：「『地球上最棒的秀』即將變得更
棒了，因為玲玲馬戲團宣布要停止大象表演。」玲玲的家鄉出版
的報紙《薩拉索塔先驅論壇報》則寫出他們的觀察：「（這項決
定）代表了馬戲團去舊迎新的演進。」《辛辛那提問訊報》的編
輯部則讓讀者一窺玲玲馬戲團的發言人培倪和一群小學生會面，

暢談該公司如何對待動物的場面。顯然那些小學生們對馬戲團裡的大象很開心這種說法，並不買賬。有一位八歲大的小學生索悉尼·莫立克（美景克里夫頓德語學校的學生）就說道：「要是你們要增加演出，就增加只有人的演出。不要再有動物馬戲團了。你以為我會被動物表演娛樂，其實不會。只有人的表演才會讓我開心。」

玲玲做出宣言的一個月之後，又有另一張骨牌倒下。「喬治·卡登國際馬戲團」（George Carden International Circus）的老闆比爾·坎寧安說，他們也將淘汰大象表演。他解釋說，大象表演把戲已經「對於更高層次的自我沒有吸引力，而且我們這個社會在很多方面都有長足的進步，這項表演也不能繼續原地踏步。」他還補充：「還有很多種娛樂方式可以選擇，能加入馬戲團的項目中，也有先進的技術可以讓表演更吸引人；為什麼要繼續（大象表演）這種看起來過時、又有可能會讓粉絲疏遠的表演呢？」

在玲玲和喬治·卡登看到這道光之前，已經有一些馬戲團停止用動物演出，包括二〇〇〇年有「大蘋果馬戲團」（Big Apple Circus）和「佛羅拉馬戲團」（Circus Flora），二〇一〇年則有「瓦哥斯馬戲團」（Circus Vargas）。有超過二十個國家已經禁止為娛樂目的使用大象，包括奧地利、坡利維亞、塞浦路斯和秘魯。截至二〇一四年，在澳洲和加拿大也已經有二十八個行政區起而效尤，下了同樣的禁令。這是一場反對動物表演的全球運動，而且正在迅速地攻城略地。

　　要是玲玲繼續用大象來演出，那麼菲爾德也不用久等，就可以看到更多的政治和實際上的反對行動。二〇一五年五月，就在玲玲做出聲明的幾個月之後，夏威夷州的州長大衛・伊格就承諾，將不會發放許可給有野生動物的表演登島演出。幾個月之後，加州的立法者以懸殊的票數，通過禁止公牛鉤的法案。州長傑瑞・布朗雖然加以否決，但原因是因為他對施行細則中的機制有意見，而不是因為他贊同使用公牛鉤。其他國家也採取行動禁止野生動物表演，包括墨西哥和荷蘭，其中荷蘭有十六間馬戲團有野生動物表演。

　　馬戲團之間的競爭，也是讓玲玲改弦更張的另一個原因。有些馬戲團，包括最有名的「太陽劇團」（Cirque du Soleil），從來就不用大象或是其他動物演出。一九八四年，蓋・拉利伯特與吉列斯・史特克洛伊克斯在魁北克市創立了太陽劇團，號稱是「一群踩高蹺的及街頭表演人」。此後他們就以驚人的雜技技巧、精巧的編排以及人體高難度動作而聞名。二〇一二年，太陽劇團的年營收達到十億美金，相當於菲爾德旗下所有娛樂項目（包括玲玲馬戲團）的總和。拉斯維加斯曾經以動物秀聞名，包括「齊格飛與羅伊的白老虎秀（Siegfried and Roy）」，直到二〇〇三年，一隻表演中的老虎咬住了魔術師羅伊・霍恩的脖子，差一點把他咬死之後，才讓這齣表演永遠謝幕。時至今日，拉斯維加斯幾乎已經找不到動物表演了。如今這座以娛樂和表演出名的城市裡，有八齣太陽劇團的表演。拉利伯特在二〇一五年四月以十五億美金售出大部分的股權，他如今在全球有十九齣表演，「每年在全

球賣出一千一百萬張票,比百老匯所有的秀加起來還多。」買下拉利伯特手中大多數太陽劇團持股的私人股權集團,計劃要讓太陽劇團在中國擴張,以善加利用當地正在蓬勃成長的休閒娛樂市場。拉利伯特與史特克洛伊克斯創立太陽劇團時,正是肯‧菲爾德從他父親手中接下玲玲馬戲團的同一年。社會對這兩種不同生意模式的反應,差別之巨令人訝異。無法想像會有私人股權集團買下玲玲馬戲團或是其他馬戲團的股份,原因就在於動物表演。聰明人會把幾十億的錢投資在沒有動物表演的公司上。

在動保人士的倡議下,加上公眾價值觀與品味的轉變,也許我們很快就會看到所有野生動物的表演永遠結束,這些動物表演相較於其他的娛樂,看起來十分過時。把太陽劇團的演出和玲玲馬戲團的大象表演拿來比較,就像是新與舊的代言人之爭,一個是人體雜耍與舞藝的創新展現,另一個則是舊時代的殘跡,在那個時代人們以看怪人秀、野生動物遭受痛苦為樂。我們正處在分水嶺上,沒有回頭的路。正如專欄作家查爾斯‧克勞塔默寫道:「把這些雄偉的動物打扮得花裡胡哨,再讓牠們四處招搖,而且常常還是繫著鐵鏈——這是對大象的高貴以及人類人性的雙重嘲弄。」隨著動物表演的數量越來越少,那些剩下的演出也會顯得更加不合時宜、不人道。繼續使用大象或是把牠們出租的馬戲團,也只是管理著一群老去的動物,因為如今亞洲象已是瀕危動物,不容易從野外捕捉,或是在圈養中繁殖。但是馬戲團裡的人沒有一個在想下一代的大象要從哪來,因為每個人都預期,動物表演很快就會成為過去式。很快地,問題就會變成:這些退休

的大象要往哪裡去？牠們的腳疼痛而殘破、皮膚上傷痕累累、精神委靡。在太陽劇團或是其他沒有動物表演的馬戲團，觀眾不需要越過「閒人勿入」的界線，去關心那些動物演員是否被鐵鏈綁著，一天長達十八、甚至二十二個小時。這些劇團也不需要擔心社交媒體上眾口一聲的韃伐、股東決議，或是有地區法令讓他們不能前往表演。他們的演出者是自願選擇這項職業，也得到合理的報償；贊助單位則毋需擔憂、抱怨或關切出現虐待動物的問題。如今，觀眾有更多選擇，他們已經展現出他們的想法，讓市場開始轉變。「沒有虐待動物」這個光環就是新的經濟現實，誰還會想念狹小的動物蓬車和公牛鉤構成的舊世界？

以新的眼光看世界

「我不過是個拔群的提問者。」加布里耶拉‧考博懷特這樣對我說，解釋她為何選擇海洋世界的虎鯨做為她拍攝的紀錄片【黑鯨紀錄片】（BlackFish）的主題。「我只是想知道，一位海洋世界（SeaWorld）的頂尖訓練師為何喪命。」這個問題，以及它所帶出的這部紀錄片，將會在海洋世界裡興風作浪。海洋世界的主題公園廣受大眾歡迎，遍布全美許多城市，包括奧蘭多、聖安東尼奧、聖地牙哥等地，全部加起來，每年吸引了兩千四百萬人次（其中包括看過虎鯨表演的一千一百萬人次），創造每年數十億美金的營收。【黑鯨紀錄片】引發了全國性的討論——把世界上最大、最有力的掠食者圈禁起來、訓練牠們做一些瑣碎的把

戲，還把牠們放在離我們不過幾英尺遠的地方，只為了換取人們的掌聲——這種行為是否可以被合理化？

　　大部分的紀錄片觀影人次不過是數以千計，但也有幾部紀錄片獲得巨大的成功，引起觀眾的廣泛注意，其中有很多部的內容，披露了動物被對待的方式。光是在二〇〇九年，就有羅伯特‧肯納控訴工業化畜牧的【美味代價】，以及為路易‧賽侯尤斯贏得艾美獎，描述海豚如何被捕捉、屠宰，堪稱驚悚的【血色海灣】。【黑鯨紀錄片】更是其中佼佼者，一星期內光是在美國有線電視新聞網（CNN），就吸引了二千一百萬的電視觀眾；這對一部小成本、議題嚴肅的紀錄片來說，是史無前例的。「海洋公園訛詐我們。」考博懷特解釋：「大人可能就算了，但他們是訛詐我們的小孩。海洋公園宣稱提供孩子們教育性、啟發性的經驗，但事實正好相反。當人們知道事實真相之後，感覺像是被詐騙了一樣，大家都想要退費。」

　　被北美原住民稱為「黑魚」（black fish）的虎鯨，就像是玲玲馬戲團中被虐待的大象、過去在片場被毒打的猩猩，或是被絆馬索絆倒的馬一樣，背後都有充滿痛苦的故事。【黑鯨紀錄片】上映之後，受到評論家的讚揚，並引起相當多的討論。當海洋公園發出一封公開信，敦請評論者們忽略該影片中「不精確」的情節時，更像是在這部片的成功背後推了一把。然而最有力的突破點，還是在於美國有線電視新聞網買下了這部片的公開播映權，在他們的頻道上播出。後來有線電視新聞網的高層發現這個賭注下對了，就決定加碼，連續重播了好幾次。不管觀眾是對此議題

很關心，或只是在選台的時候不小心眼球黏住，那段時間內都很容易看到這部對海洋公園大加韃伐的影片，出現在電視上。

海洋世界的股價下跌，這又引起華爾街的分析師注意，於是吸引了更多人關注這部片。在這部片上映一年之後，海洋世界的股價下跌了四成，該公司最大的股東「黑石集團」（Blackstone Group）於是了解到，這個傷害就像是虎鯨身上的斑紋一樣無法磨滅，這個私人股權集團並不想在公共關係上和【黑鯨紀錄片】一較高下，於是賣掉了二○○九年才剛剛買進的大部分海洋公園股權。說到對海洋公園投下不信任的一票的，除了黑石集團，該公司自己的執行長也默默地賣掉了手中價值三百萬的持股；評等機構把海洋公園的評等降級；長期和海洋公園合作行銷的西南航空，也決定結束夥伴關係。二○一四年在夏姆水上表演場[5]舉辦的一系列演唱會，雖然按照計劃進行，名單上卻少了很多大牌明星。加拿大的搖滾樂隊「裸體淑女合唱團」（Barenaked Ladies）是第一個取消該場演出的團體，以回應 Change.org 網站[6]上的請願。緊接著，威利·尼爾森也做出同樣的決定，他解釋道：「他們對待動物的方式，我不苟同。」之後 Trace Adkins、Trisha Yearwood、Cheap Trick、Heart、Pat Benatar、Martina McBride、38 Special，還有絕對有理由這麼做的 the Beach Boys 等知名音樂人或團體，都取消了演出。原本是要歡慶海洋世界精心安排，卻

5　Shamu Stadium，海洋公園內的水上表演場地，Shamu 是海洋公園一隻明星虎鯨的名字。

6　Change.org，社會公益請願網站，二○○七年創立於美國。

變成了一場競相逃離海洋世界的行動。【黑鯨紀錄片】上映一年後，海洋世界的參觀人次減少了一百萬，學校也把校外教學的地點改成迪士尼或是其他地方（我十歲的姪女和八歲的姪子看了這部片之後，打電話給我，語帶憤怒地問我他們可以做些什麼，來阻止海洋世界「傷害鯨魚」）。二○一五年四月，美泰兒把「海洋世界芭比」下架。大約同一時間，海洋世界解僱了三百名員工，其中包括執行長。當我在奧克拉荷馬商學院演講的時候，驚訝地發現到，台下的學生幾乎都看過這部片，而且不是校方安排的，是他們個人從有線電視新聞網頻道，或是網路頻道 Netflix 上看到的。對他們個人來說，海洋世界的做法實在不能原諒。

人道經濟不僅是新的概念和技能，也是永恆的道德價值，會隨著知識的傳播而愈加壯大、確立。【黑鯨紀錄片】讓我們看見，資訊的傳播可以多麼迅速地顛覆不道德的企業。只要利用動物的公司有可疑的做法，單單有一部製作精良的紀錄片揭露其背後的故事，那麼不管這個企業有多大，都無法高枕無憂。

在黑片上映之前的幾年，就已經有很多爭議圍繞著海洋世界，但是該公司卻有辦法抵擋這些批評，並且還持續成長，從一九九○年營收一億美元，到二○一二年變成十四億。然而在一九九○年代，動物福利團體就已經有共識，圈禁鯨豚類動物是極大的錯誤，因為長期圈禁對於這些非常聰明、擅社交的動物來說，其心理和行為都會被影響。一九九三年，美國人道協會聘請了納歐蜜·羅斯博士，這位海洋哺乳類科學家曾在西北大西洋研究虎鯨，之後她又發起一場全國性的運動，讓虎鯨被圈養在狹小的游

泳池、和家人分開生活的問題浮上檯面。

　　羅斯博士、派翠西雅‧佛坎、保羅‧歐文，以及其他美國人道協會的工作人員，在拯救「凱哥」（Keiko）並讓牠重返海洋的行動中，扮演了重要的角色。凱哥是一條虎鯨，一九七九年在冰島附近的海域被捕獲，當時只有兩歲的牠被帶離家人，連續被關在好幾間海洋主題公園裡，並被迫演出。一九九三年凱哥擔綱電影【威鯨闖天關】的拍攝，這部華納兄弟影業的賣座片，故事內容講述一個小男孩非常想把一條虎鯨從一間骯髒的海洋公園裡救出來，讓牠回歸大海和家人團聚。這部電影票房超過一點五億美元，其中有部分的鏡頭是拍攝凱哥在墨西哥一處娛樂公園內的真實生活。公眾的同情心被這部片激起，促成了一場社會運動，讓真正的虎鯨離開海洋公園，回到大海裡的家。身兼慈善家和報紙發行人的溫蒂‧麥考首先捐出動物保護史上最大規模的捐款，接著【威】片的製片理查和勞拉‧舒勒多納，以及全國成千上萬的小學生也加入行列，總共為凱哥募集了七百萬美金，把牠從墨西哥的海洋樂園買下，並幫牠在奧瑞岡的新港建造了一個新的養育設施（一個比原先好得多的設施，讓牠做好野放回到大海的準備）。在牠待在奧瑞岡的期間，因為環境更適合再加上受到專業人士的照顧，體重增加了超過一噸。

　　在麥考英勇地投入努力和資金、小學生發起社會運動之後，又有一次戲劇化的空運，把凱哥從奧樂岡運到冰島。全球有數百萬人都在追蹤牠回到海洋棲地的過程。有一段時間凱哥在海岸被定置網圍起的範圍內生活，讓牠重新適應海洋環境，凱哥終於回

到大海，在那裡牠捕魚吃、做一切鯨類會做的事。之後凱哥獲得完全的自由，並一路游到了挪威。凱哥在廿六歲時死於肺炎。參與凱哥釋放過程的倡議人士，把這整件事視為成功，因為凱哥得到自由，並經歷了一段更豐富、更自然的生活。

對於虎鯨的命運，多年來已經是許多文化教育、社會運動及爭論的主題，【黑鯨紀錄片】則傳遞了更貼近的論點。考博懷特的紀錄片提出明確的呼聲，表明人類圈養鯨豚的年代必須終結。在片中，海洋哺乳動物科學家以最新的研究資訊，說明野外的鯨類生活有多複雜；而以前為海洋世界工作的訓練師、補鯨獵人們，則哀嘆他們在壓榨這些動物的過程中，所扮演的角色。

考博懷特，這位原本計劃要從事政治科學，結果卻愛上拍片的導演，吸引她前往海洋世界的原因，是一位四十歲的虎鯨訓練師在二〇一〇年二月死亡的事件。「我以前也帶我的孩子去過海洋世界。我想知道為什麼這起可怕的事件會發生，為什麼有人會和食物鏈頂端的掠食者一起游泳。」她補充說：「我本來不覺得這背後有什麼鬼。我是帶著一個疑問展開這項工作，並沒有抱持成見。」

事件發生在一個陰沉沉、不合季節地寒冷的日子。在奧蘭多的夏姆水上表演場內，觀眾比平常少。提利康（Tilikum）已經表演了一些搖頭、擺鰭的動作換來觀眾的掌聲，牠的訓練師唐・布朗蕭也酬之以冰凍的鯡魚。海洋世界的高層准許訓練師騎在虎鯨背上，或是在牠們潛入水下時趴在牠們肚子上，或是站

在跳台（也就是虎鯨的嘴喙）上，彈入三十英尺（約九公尺）的高空。想想看虎鯨的體型以及掠食性，會覺得這些動作真的展現出驚人的信心。但是提利康的訓練師則是遵循另一套規則。提利康是海洋世界體型最大的虎鯨，重達六噸，而且牠的犯罪記錄相當驚人，但是海洋世界當然嚴守這個祕密。一九九一年在加拿大不列顛哥倫比亞的維多利亞市，在一間簡陋的海洋公園裡，牠曾經殺死一名二十歲的訓練師凱蒂‧貝尼。貝尼淹死之後，經營者關閉了那個地方，並把三隻殺人鯨（虎鯨的別稱）放在市場上公開標售。海洋世界就這樣買下了提利康，把牠空運到奧蘭多，在那裡牠加入一群比較大的鯨群。據考博懷特表示，那些鯨群會毫不留情地打牠。一九九九年，提利康顯然殺死了二十七歲的丹尼爾‧杜克。根據海洋世界的說法，杜克是個「浪人」，他在園區關門之後進入虎鯨的夜間池。到了早上，這個男人癱在提利康又長又寬的背上，生殖器不翼而飛；而提利康則是在牠夜間睡覺用的這個小水池裡，不斷轉圈圈。

幾年之後，就在一次「夏姆的午餐約會」（觀眾一邊吃園方供應的午餐，一邊看水上表演）中，提利康因為沒有按照指示或是失了注意，而被布朗蕭輕微地呵斥。就在表演快要結束的時候，布朗蕭在岩架邊緣採取俯臥的姿勢，就在虎鯨可以觸及的地方。忽然間，提利康咬住她的前臂，一個翻身把她拉進水裡。這一小群觀眾的反應從有趣轉為關切，然後變成驚恐。觀眾們了解這場表演已經沒有照劇本走，一場攻擊行為正在發生。提利康在水面上搖晃布朗蕭，痛打枉然地想逃跑的她。然後牠抓住她游到

三十英尺深的水底，偶爾放開她，然後又衝撞她，然後再度箝制她，以防她逃跑。這場攻擊從水池底到水面上，持續了彷彿無止盡的三十分鐘以上。其他訓練師與工作人員拍打水面、向提利康丟食物，想盡辦法要引開牠的注意力，卻徒勞無功。最終，估計布朗蕭已經斷氣許久之後，他們才把提利康哄誘進另一個相連的水池，不過牠仍然抓著那位訓練師的屍體不放。工作人員用一張網子罩住牠，把布朗蕭破碎癱軟的身體撬出來，屍體已經殘缺不全。她的頭皮和一隻手臂被扯掉了。一個月之後出爐的在驗屍報告，對於死因的結論是：「溺水以及重傷」所致。報告中也提到她的頭、頸以及軀體受到持續且重度的擊打傷害，脊椎斷裂、多處骨折，身上有多處撕裂傷。

雖然海洋世界所採取的官方立場是，布朗蕭遵循了所有的安全規範，然而一位該公司聘請的專家卻企圖把這起悲劇怪到她頭上，說她沒有遵守工作規範。實際上這個專家的說法，只是在企圖怪罪受害者並模糊焦點，讓大眾不去注意海洋世界應負的責任——他們竟然允許訓練師和高智慧的海洋掠食者一起游泳，這種掠食者甚至能殺死比他們體型大上二十倍的藍鯨。職業安全與健康評估委員會（Occupational Safety and Health Review Commission）針對布朗蕭的死亡展開調查，這位專家證人在提交給委員會的一份報告中寫道：「導致這一事件的唯一原因是，布朗蕭女士犯了一個錯誤，讓她的長髮漂到一個提利康可以抓住的地方，引起牠的好奇心。」

但是職業安全與健康管理局做出的是截然不同的結論：有錯

的是海洋世界，而非無助的布朗蕭。二〇一〇年八月，這個聯邦
單位把海洋世界的行為認定為：「任意妄為」，意即該單位認為海
洋世界對於員工的安全採取「無所謂」的態度。海洋世界則對該
認定提出異議。經過九天的法律訴訟，行政法庭的法官肯‧威爾
許維持原認定，但把程度降級為「嚴重」。威爾許總結，海洋世
界認為其做法足以保護訓練師的安全，但其實是嚴重的誤解，因
而釀成嚴重的後果。法官認定提利康抓住的是布朗蕭的手臂，而
不是馬尾；而且訓練師也遵循了所有的規定，而海洋世界的「專
家」既沒有和目擊者談話，也沒有閱讀驗屍報告。然而直到二〇
一四年，黑石集團的首席執行官似乎仍拿到錯誤的訊息，因為
他告訴 CNBC[7] 說那位已故的訓練師「違反了我們所有的安全規
定」。值得讚許的是，黑石集團在第二天馬上對此說法致歉，並
承認該說法並沒有「準確地反映事實」。

　　海洋世界還嘴硬說，提利康的攻擊是偶發性的事件，絕對不
是牠有意為之。但是這個說法也站不住腳，因為法官發現，海洋
世界早就知道有一連串的事故，也知道他們的訓練師和殺人鯨在
同一個水池裡會有危險，但卻依然決定要繼續這樣的做法。威爾
許法官因此支持職業安全與健康管理局的核心主張，也就是海洋
世界必須免除強加在訓練師身上的風險——當虎鯨表演時，訓練
師不能在水裡。這正是海洋世界千方百計想要避免的結果，因為
他們把訓練師和虎鯨之間的互動，當做是這項演出的賣點。

7　Comsumer News and Business Channel，美國財經電視頻道。

　　海洋世界對此項判決的回應方式，是把律師升級，聘請最高法院法官的兒子尤金・斯卡利亞，向美國哥倫比亞地區上訴法院提起上訴。但即使海洋世界使出渾身解數，也未能翻轉此項判決。二〇一四年四月，上訴法院認定行政法院的判決是正確的：海洋世界知道訓練師身處危險中，並有責任保護他們，讓他們不要進入池中。在聯邦訴訟程序中，這就是最後的結果了。

　　二〇一五年五月，職業安全局加州分局針對一起員工安全的投訴，對海洋世界裁罰二萬五千七百七十美元，因為他們在聖地牙哥的設施中違反了規定。加州分局認定海洋世界未盡責任保護員工及其主管，讓他們「在醫療池中騎在殺人鯨背上、和牠一起游泳」，並且「經常溜去殺人鯨的各個池子。」在這份報告中，加州也批評海洋世界要求訓練師簽署保密協議，讓他們因為「害怕遭報復」而不願提出安全上的顧慮。工業化畜牧業也是用同樣的手法，禁止員工把他們看到的虐待行為公諸於世。

　　在野外，虎鯨生活在母系為主的大家庭中。在這個獨一無二的家庭中，牠們一天可以游上一百英里。科學家認為，每個虎鯨群有自己獨特的溝通模式和文化；依照棲息地區的不同，也有各自的捕食技巧和獵物。有些虎鯨群會捕殺鯨魚，有的捕捉海豹，還有一些虎鯨吃鮭魚和其他魚類。但是在圈養環境中，沒有激起捕獵行為的誘因，也很少有來自家庭生活的陪伴，也缺少運動及其他生理、情緒上的刺激。雖然虎鯨會進行短暫的表演（那是牠們唯一獲得的刺激），一天中大部分的時間卻是被關著，夜間睡覺的水池淺而小，比牠們的身體長不了多少。

　　在某種程度上，海洋世界的詭辯術相當卓越。在表演中，他們一直強調虎鯨的體型和牠們是世界上最有力量的掠食者，藉此讓觀眾興奮。我們社會常常把虎鯨稱為殺人鯨，已經成為這種動物的別稱。我們可以不費吹灰之力地把這些動物描述、指稱為致命的，但是海洋世界的員工們卻進入牠們的水池裡，在三個場館中，一天有七次表演。和某些體型雖然巨大，但至少沒有牙齒、主要以小型甲殼類為食的鯨豚類進入同一個水池是一回事，但虎鯨又另當別論。這種動物生活在群體中，生來是可以殺死象鼻海豹、海象、長鬚鯨和座頭鯨的，甚至有殺死大白鯊的記錄。把人和這樣的動物放在一起，簡直比魯莽還要魯莽。還要考慮到牠們高度發展的腦所帶來的能力：謀而後動、耍小聰明、心懷不滿，還有因為無聊苦悶、極端圈禁以及被剝奪而導致的情緒變化。不止如此，還有被強行從家人身邊搶走的心理創傷，加上被迫住在和自然棲地完全不一樣的水池裡。和這種一萬磅重、有速度、有尖牙又有力量的掠食者打交道，其風險是加倍的。

　　聽逃過虎鯨攻擊的訓練師們的訪談內容，這些訓練師們似乎都不怪罪這些鯨魚。他們很愛牠們，把事件歸因於動物正常的情緒起伏，以及鯨群內、鯨魚和訓練師本身之間的社會關係所致。他們當中的佼佼者說，有時他們可以避開這些問題。但是工作場所中的安全性不應該仰賴這種直覺和運氣。勞工議題就像是虎鯨身上的斑紋一樣黑白分明，把人和虎鯨放在同一個水池裡混在一塊，就等於邀請傷害與死亡上門。正因如此，職業安全與健康管理局才會做出這樣的結論，這種和殺人鯨一起游泳的生意必須結

束，尤其是在布朗蕭死後。

　　據考博懷特說，海洋世界發生過多達七十次的安全事故，有時候虎鯨朝訓練師壓倒，有幾次還抓住訓練師，把他們拖到水面下，正如提利康對布朗蕭所為。有這樣一幕被攝影機記錄下來，也被放入【黑】片中：二〇〇六年，一條居領導地位的母虎鯨名叫卡賽卡，牠抓住了訓練師肯・彼得斯的腳，把他拖進三十英尺（約九公尺）深的池底好幾次。這是彼得斯生涯中遇到的第二大的鯨魚威脅事件。彼得森保持非凡的冷靜，在那八分鐘的考驗中用上他所有的潛水和呼吸技巧，以避免被溺死。然後等到母鯨鬆口，他抓住機會，緩慢而平靜地用手帶動身體往虎鯨尾部移動，遠離鯨吻，然後拚命游開。他越過水中的一道網子，迅速攀上池邊的滑台，虎鯨還緊追在後。最後他終於爬出泳池，幸運地留下一條命，只有腳上斷了幾根骨頭和韌帶。在另一次事件中，訓練師約翰・西利克被一隻虎鯨用全身的重量壓住，他的訓練師同事形容他：「只靠潛水衣才把全身兜在一起。」另一為訓練師塔馬莉・托利森被一條叫做奧企（Orkid）六千磅重（超過兩噸半）的虎鯨拖進水裡，並被同時在水槽裡的另一條名叫水花（Splash）的虎鯨嚴重咬傷。好在一位訓練師反應很快，把隔開另一條居領導地位的母鯨卡札卡（Kasaka）的鏈條放開；卡札卡的地位以及利牙讓另外兩條虎鯨感到威脅，不得不停止攻擊。其他訓練師趕緊把托利森拖離水池。她身上有多處傷口，手臂有複雜性骨折，不過撿回了一命。

　　事實上，鯨魚之間的暴力是海洋世界裡最嚴重的動物福利

議題之一。「牠們常常打架。」考博懷特告訴我。「牠們都困在同一個水池裡,你會以為牠們會給彼此安慰。但實際上你會發現,牠們承受的很多壓力是來自於彼此之間的衝突,因為空間不夠。牠們會常常爭奪支配地位,而且牠們不是從同一個鯨群來的,彼此語言不同。」母鯨位居主導地位,因此提利康儘管體型不小,卻經常被母鯨毆打。而且正因為牠體型龐大又必須在狹小的空間內迴旋,所以訓練師們發現牠「沒有其他虎鯨那麼靈活,也逃不開。」

把虎鯨和其他鯨豚類拿來展示,到底可以讓我們學到什麼?只學到牠們離開家人會很難過、牠們被關著會經常互相攻擊,偶爾還會攻擊訓練師。

　　提利康和其他被圈養的公虎鯨,有個獨特又具有象徵意義的方式告訴外界,牠們有某些事情不對勁——牠們的背鰭不是直挺挺的,而是軟趴趴地垂在一邊。在野外,只有不到百分之一的公虎鯨會有背鰭下垂的現象,但是被圈養的公虎鯨卻是百分之百有這種現象。提利康還有另一個理由不開心:牠被母鯨欺負之後,海洋世界把牠單獨隔離。尤其是在布朗蕭的事件之後,提利康被單獨圈禁,遠離人類或是其他虎鯨。牠被單獨關在後面,只在表演結束之前短暫出場,激起壓軸的一陣水花。不論是置身人為的虎鯨群,或是與其他虎鯨分開單獨生活,對提利康的圈養生活都沒有幫助。

提利康對海洋世界來說很有價值，不止因為牠的外表驚人，這條巨大的殺人鯨可以把表演場內前幾排的觀眾全都潑濕；另外還有一個原因：牠是全國繁殖計劃的核心。儘管牠有一連串對人類具有攻擊性的記錄，但海洋公園所擁有的虎鯨，有超過一半都是牠的種。

不管怎麼想，海洋世界選上一隻對人類最具攻擊性的公虎鯨，做為繁殖計劃的主角，是相當不合直覺的——難道他們不想挑選最不具攻擊性、對人類最友善的虎鯨來當鯨寶寶的爸爸嗎？這是因為繁殖圈養的虎鯨本來就已經問題重重，而提利康在這項任務上表現良好，不論是一開始用交配的，或者後來人工授精的方式，皆是如此。所以海洋世界的高層選擇繼續維持這個良好的表現記錄。

即便如此，海洋世界的虎鯨繁殖計劃還是面臨各種困難而不順利。有些母鯨拒絕養育牠們的後代，這在野外的鯨群中是前所未見的。即便母鯨和仔鯨建立了連結，海洋世界最後也會把牠們分開，這讓母鯨徒勞地哀哀為牠們的孩子連日哭泣。考博懷特告訴我：「仔鯨被迫和牠們的母親分開，看著這些動物因此而哀痛，會讓人也跟著心碎。」這也解釋了為何【黑鯨紀錄片】讓很多觀眾產生情感連結。「人們很熟悉這種親子之情。」

不過，這些繁殖上遇到的問題（包括亂倫在內，這又是另一個野外的虎鯨之間不曾聽說過的問題），和圈養虎鯨的問題比起來，都顯得沒那麼重要了。在我與考博懷特的討論中，她還講述

了海洋世界是如何在普吉特海灣[8]用快艇和爆裂物追逐虎鯨群，把鯨群用圍網圍住，再從其中抓走鯨寶寶。過程中造成一些虎鯨死亡，剩下的則要承受親人被偷走的憂傷。曾替海洋世界捕捉虎鯨的約翰·克勞是這樣描述其過程：「整個家族就在那邊，大約二十五碼遠……牠們彼此來來回回地溝通。呃，那時我就忽然了解自己在做什麼，你懂嗎……我轉身就哭了。我沒有停止工作，懂嗎，但是我實在無法控制。好像我是在把小孩從她母親身邊綁架。」後來他又反映說：「捕鯨是我做過最糟的事。」最後華盛頓州禁止了這種捕捉行為，但是海洋世界只是把旗下的捕鯨隊派到公海上，在靠近冰島的地方抓到提利康、凱哥、卡札卡，還有其他的虎鯨。

考博懷特也談到海洋世界運用的心理學，還有他們提供給粉絲的經驗。「那些明亮的色彩、音樂、笑容，再再告訴人們應該要感到快樂；人們處於一種麻木狀態，不會去做什麼批判性的思考，只是接受他們灌輸的一切。人們想要玩個痛快，放鬆不去想、跟著照做比較簡單。」

考博懷特的這段話也提醒了我，建立人道經濟，不止是關乎企業應該做正確的事，消費者也一樣。把資訊帶給消費者，而消費者則根據這些知識做出反應，並在市場中調整他們的消費行為。往往是在漫長的社會運動之後，透過許多書籍、調查式的

8　Puget Sound，美國西雅圖西岸的峽灣。

報導、訴訟與立法、科學報告及評論、慈善家的投入，還有抗爭，這些林林總總加起來，才能把一束光照在問題上。在海洋世界這個案例中，雖然有持續的施壓，加上「釋放威利[9]」這種大型的文化活動，但影響都是短暫的。但是在過程中，感情以及資訊的資本已經逐漸累積，直到唐‧布朗蕭的死亡，才讓整個運動一躍成為主流。大衛‧科比的著作《海洋世界之死》（Death at SeaWorld）為這個議題上了膛，但是直到考博懷特的紀錄片開了第一槍，才讓大眾聚焦不當對待海洋生物的問題，以及訓練師所面臨的危機。這部片引導了那些原本只知道片片段段的人們。現在，很多海洋世界的前粉絲開始討論這個議題，並開始以病毒擴散的方式發起運動，讓人們遠離海洋世界的大門。這鼓舞了長期批評海洋世界做法的倡議者，海洋世界則面臨了根本的危機。

「重點是人們意識到，牠們（鯨豚）和我們並沒有太大的不同。」考博懷特補充道：「想通這一點之後，就不難理解把仔鯨從母親身邊帶走是怎麼一回事，也會理解原本需要每天游一百英里，現在餘生卻只能在小小的泳池裡繞圈圈，是什麼狀況。」

「我去過洛杉磯動物園，那時看到銀背猩猩讓我覺得很不舒服，因為我看到牠臉上寫著『無聊』。但是在海洋世界，原本我一無所知，沒有發現那裡原來是個讓人難過的地方。直到拍攝【黑】片的過程中才醒悟過來。」

9　Free Willy，美國人發起的民間運動，將電影【威鯨闖天關】中的虎鯨主角凱哥放回海洋中。

　　馬戲團可以沒有大象，遊樂園與水族館也可以沒有虎鯨——不論是否出於自願。在海洋世界以外，全國有幾十間沒有養虎鯨的水族館，他們經營得好的很。其中只有喬治亞水族館好像有點搞不清楚方向，在二○一二年的時候一度企圖取得許可，進口兩年前在靠近俄羅斯的鄂霍次克海捕捉到的十八條白鯨。（根據申請許可的政府檔案，這些白鯨當中有許多本來是要進入海洋世界的設施中，但是二○一五年七月，海洋世界的立場不變，並表示不再涉足這項交易，並且反對進口鯨魚。）在美國人道協會及其他團體的施壓下，政府停止了這起轉運行為，保持了美國超過十年未進口被捕活鯨的記錄。喬治亞水族館及其合作夥伴對此決定提出訴訟，二○一五年九月，美國地方法院判決，國家海洋漁業局拒絕發放野生白鯨進口許可的決定維持不變。

　　有些水族館不止沒有採取這些糟糕的做法，而且還大獲成功。蒙特里灣水族館（Monterey Bay Aquarium）每年吸引超過兩百萬人次的訪客，館內展出以加州海岸為中心的當地海洋動植物。除了讓觀眾一窺海洋生態。蒙特里灣水族館還拯救陷入危難的海洋動物，用館方的專家和設施來照顧海獺和其他陷入麻煩的野生動物，使牠們康復。館方還設計了一份舊式晚餐的複製品，並展示菜單，教育觀眾如何選擇人道且可永續的海鮮；並把這份內容製作成影片和其他媒體，以加強宣導。館內的展示設計在強調海洋的壯闊、複雜、牽一髮而動全身。這樣的展覽比起展示單一物種或是讓動物在水槽裡表演把戲，來得更有意義且奧妙的多。這個水族館是蒙特里市主要的景點，快樂的訪客似乎並沒有

要減少的跡象。

德不孤必有鄰,蒙特里灣水族館並不是唯一一個以獨特的展示內容,來啟迪人們認識海洋、明瞭人類對海洋哺乳類責任的地方。巴爾的摩水族館首席執行官約翰‧拉卡內利在二〇一四年接任時,就決定結束該設施的海豚展示。他認為這些腦容量很大的動物,在圈養中根本過得不好。

把虎鯨和其他鯨豚類拿來展示,到底可以讓我們學到什麼?只學到牠們離開家人會很難過、牠們被關著會經常互相攻擊,偶爾還會攻擊訓練師。就像馬戲團只教給我們一件事:大象害怕公牛鉤。這些事實如此明顯,根本不會讓任何人變得更豐富。這些展演沒有給我們留下任何東西,至少沒有留下任何好的。

二〇一五年喬伊‧曼比被任命為海洋世界的執行長,把這間公司導正。他的挑戰是把目前這種在小水池裡圈養複雜哺乳動物的生意模式,轉為帶給數百萬訪客有建設性、令人振奮的海洋資訊。如今的時機再對也沒有,我們的海洋正面臨巨大的危機:無止盡的塑膠和垃圾污染了海洋、漁夫留下的漁網四處漂浮、過度撈捕、非法撈捕、開採水下資源,以及能源生產及其他商業活動所帶來的附帶傷害。要是這位執行長還死守過去的模式,讓虎鯨濺起水花娛樂觀眾,那麼他將必然會面臨爭議不斷、抗議、訴訟、孩子們如流水般的信件,在公眾心目中的地位將越來越低。

二〇一五年四月,就在曼比掌舵的同時,海洋世界投注一億

美金在廣告及社交媒體活動上，目的在說服顧客他們的做法是合乎人道的。當海洋世界增加媒體採購的同時，我注意到有線電視新聞網也增加了【黑鯨紀錄片】的重播次數。就算沒有這些反向衝擊好了，一億就能扭轉公眾對於把這麼聰明、龐大的動物關在這麼狹小的地方的感受嗎？我很懷疑。也許海洋世界以為，只要在苦澀的內容上放一張愉快的臉，就可以訓練人們忘記他們所知道的真相。但是在人道經濟的時代，當企業企圖用廣告漂白形象時，人們會知道。二〇一五年七月，就在大型廣宣活動之後，海洋世界公布了季度營收，比起去年同期足足少了百分之八十四。

　　二〇一六年稍早時，海洋世界才宣布將會投入一億美金，用來擴大水池的尺寸；這項巨額的投資等於承認他們目前讓虎鯨居住的環境確實不恰當。這項作為很顯然是要展示給大眾看他們很關心虎鯨，但是這同時也是一項訊號，顯示該公司要繼續無限期地把虎鯨秀當作生意模式的一部分。二〇一五年十月，主管加州海岸資源以及審核海岸新建設案的「加州海岸委員會（California Coastal Commission）」，批准了海洋世界的擴大水池的計劃，但條件是海洋世界不得繼續繁殖虎鯨、不得將加州聖地牙哥海洋世界的虎鯨轉運，也不得進口新的虎鯨。這個決議以十一對一的比數通過，這又是對海洋世界的另一個打擊，也讓人看到社會改變可以從最出乎意料之處發生。海洋世界的股價當天應聲下跌百分之五。原本是要拉皮的擴建計劃，一下子變成海洋世界在加州（也是最具代表性的一處）繼續經營下去的威脅。如果委員會的決議沒有逆轉，就等於為聖地牙哥的虎鯨秀定了落日條款，一旦目前

的虎鯨無法繼續表演，就只能落幕。加州的議員亞當‧希夫也緊接著在議會中提出一項法案，以達到同樣的目的。

隨著壓力越來越大，海洋世界也必須採取行動。他們的第一個反應是反抗，信誓旦旦地說要對海岸委員會的決議提出異議。但是不久曼比這位曾經擔任汽車業高層、空降海洋世界的執行長，卻做出出人意料的決定。他宣示將在一年內結束聖地牙哥海洋世界戲劇化的虎鯨表演，顯示他已經體認到，命令虎鯨濺起水花雖可以把觀眾弄濕，卻不能洗去該公司的問題。他也告知喬治亞水族館，表明海洋世界不想接收那些在野外捕獲的白鯨。這些作為並沒有在一夜之間翻轉海洋世界的時運，但感覺很像是試圖重建這家公司、找出未來合用的商業模式的步驟一和步驟二。

玲玲馬戲團使用大象和海洋世界使用殺人鯨，兩者之間的相似程度一直令我感到驚訝。兩者都是以動物作為品牌的核心；這兩種動物都名列地球上最大、最聰明、最有魅力的動物之一；這兩間公司也都因為員工安全以及動物照顧的問題，而在主管機關那兒碰了釘子——玲玲馬戲團是碰上美國農業部，海洋世界則是加州海岸委員會。兩者的經營及安全記錄也都因為出了人命受到高度矚目，因而蒙上陰影。兩家公司也都從野外捕捉野生動物寶寶，把牠們用來展演，而且不約而同地在最近開始投資圈養動物的繁殖，以避免從野外捕捉引起的公關和法律問題。不過這兩間公司的命運也開始走向不同的方向。最大的不同之處在於，玲玲決定改變經營模式，而海洋世界面對問題的第一個反應是建造更大的水池。玲玲馬戲團似乎已經準備向前邁進，而海洋世界還

在緩緩地調轉方向，沿途碰碰撞撞。「玲玲說他們不會再使用大象，而且引用了大眾的語言。」考博懷特告訴我：「大眾認為這樣不合乎人道，所以我們就不再這樣做。他們能展現這樣的人性著實令人吃驚。」我有種感覺，最終，這也將是海洋世界必須做的事；畢竟，人道經濟的力量可以讓最頑固的公司也屈服。

「釋放威利」的運動讓凱哥重獲自由，這對全世界來說是個絕佳的教育時刻，將藝術反映在生活中。當然，把一隻殺人鯨從墨西哥簡陋的遊樂園小水池裡救出來是一回事，釋放海洋世界內的幾十隻殺人鯨又是另一回事；畢竟海洋世界是個龐大企業，幾百萬的觀眾依然去看他們的秀。毫無疑問地，除了政治上的障礙以外，要是認真地著手把這些鯨魚從小水池裡放出來，還會面臨各式各樣的後勤問題。即便如此，就算是那些萬年反對者，也沒有辦法阻擋這件事。除果當初有足夠的決心和資源能建立這些圈養設施，就應該有能力解決這些必然的挑戰。人類能運用聰明才智，把虎鯨從海裡運到海洋世界，當然也能運用同樣的聰明才智，把牠們送回海裡。

「作為一間公司，海洋世界甚至還沒開始說真話。」考博懷特語氣激昂起來：「他們的生意是建立在這種動物上，把牠們馴服、騎在牠們身上、站在牠們的鼻子上。他們可以扮演有愛的角色、擁抱這些動物，而且這對那些訓練師來說也是出於真心的。但這無法改變他們是在玩弄地球上的頂級掠食者此一事實。」

我問考博懷特，這次的拍攝過程除了影片本身之外，有沒有

帶給她更廣泛的影響。她告訴我:「一切都改變了。我對生物有了更寬廣的同情心。現在我會觀察在我家外面築巢的知更鳥;也會注意蜜蜂,還有南加州蜜蜂消失的狀況。我和我先生(他是急診室醫生)現在傍晚六點以前吃素,他也很喜歡。」

二〇一四年,科學家在加拿大西部的海岸發現了一隻一百零四歲的殺人鯨,發現牠的地點就在過去海洋世界捕捉虎鯨的地方北邊一點。科學家叫牠「阿嬤」,牠和牠的孩子、孫子還有曾孫生活在一起。「阿嬤」首次被發現的時候,牠剛跟著鯨群一起,從北加州游了八百哩遠(約一千二百八十七公里)——這對一個老太太來說還算不壞。牠的孫子之一:肯努(Canuck),據報導被海洋世界捕捉後,四歲時死亡。鯨豚保育計劃(Whale and Dolphin Conservation project)估計,在圈養環境中出生的鯨豚,平均壽命只有四歲半;在海洋世界裡算是長壽的虎鯨,也都活不過二十幾歲。

「阿嬤」出生在海洋世界開始捕捉、圈養虎鯨之前的好幾十年,逃過了被捕捉的命運,並活了超過一世紀;但其他許多虎鯨卻變成海洋世界的受害者。我只能希望,「阿嬤」能活到那一天,看到海洋世界停止虎鯨秀、把生意轉為倡導海洋生態的時刻。

「我會記得我過去的樣子,我受夠了繩索和鐵鏈。我會記得我曾有過的力量,還有叢林的事。」吉卜林在〈大象們的圖麥[10]〉故事中如此寫道。早在那時他就預見動物的尊嚴被剝奪,被人類

變成娛樂、奇觀。現在，至少這種尊重的精神已經散布開來，幫助這些動物、還給牠們尊嚴的工作，每天都在贏得新的認同者。一點一滴，我們越來越厭惡看見繩索和鐵鏈，還有公牛鉤、小水池、絆馬索等等過時的娛樂業動物工具。我們會記得這些動物過去的樣子，而且現實永遠比這些動物的舞台秀來得更精彩、更動人。

10　*Toomai of the Elephants*，收錄於《叢林故事》（The Jungle Book）中。

第五章

不管在哪個時代,世界的重大進步,都是以人性的增長和殘酷的減少程度來衡量。

——亞瑟·赫爾帕斯爵士

動物實驗讓位給人道科學

和我們的野生表親立約

　　二〇一五年六月，我被困在波士頓洛根機場的聯合航空貴賓室裡，我打電話參加一場線上會議，並聽到我的童年英雄珍・古德那令人信賴的聲音。開啟這場線上會議的是「美國魚類及野生動物管理局」（US Fish and Wildlife Service）的主任丹・艾許，他宣布該單位要將「所有的」黑猩猩，依照聯邦法律列入「瀕危」動物名單。珍古德和我接著詳述了黑猩猩面臨的許多威脅，並慶幸黑猩猩的法律地位改變。這個四年前由美國人道協會、珍古德協會，以及其他組織一同提出的請願，如今得到了正面的回應。這不是一件值得慶祝的事，因為這種動物的處境如此危殆，甚至需要聯邦政府介入保護；不過美國政府改變黑猩猩的法律地位，標誌著一個轉折點——作為一種族類，人類，也就是智人，對動物王國中最親近的物種，也就是黑猩猩，造成了如此多的傷害，如今終於承諾要拯救這種動物，免於進一步被剝削。人類可以在其他動物身上加諸痛苦與失喪，但也可以反過來扮演動物的監護人；還有什麼比同屬靈長類的黑猩猩更好的保護對象？

　　「這個改變彰顯出，許多人終於開始認識到，對人類最接近的動物缺乏敬意、將其置於壓力下或有害的程序中，不論是當做寵物、放在廣告或是其他形式的娛樂中，都是不恰當的。」珍古德說。四十五年前，她對於坦尚尼亞的黑猩猩族群的第一手

記述，是我童年時代起對動物迷戀的來源之一。「我們開始意識到，我們對這些有情感、有智慧的動物有責任；這一點政府也聽見了。珍古德把黑猩猩稱為「黑猩猩類[11]」，她說這項決定「是一個覺醒，一個新的覺悟。」

此舉雖然沒有達到某些動物律師所尋求的對黑猩猩「人格」指定，但是對黑猩猩的保護地位升級，並且矯正了一九九〇年起，聯邦政府對列名不尋常又不合法的「分歧」。二十五年前，在法律的分類上，就已經承認漸增的威脅已危及黑猩猩族群數量並把野生黑猩猩列入瀕危動物；但是對於美國境內圈養的黑猩猩，卻無任何保護措施。這種黑猩猩法律地位上的不一致，還伴隨著另一個特殊規則，是專為此狀況而生，等於為生物醫學研究產業開後門，施與政治好處。

在一九九〇年這種分歧列名的做法的後果是，研究人員依然可以故意讓黑猩猩感染致死的疾病；私人動物園的經營者，依然可以把黑猩猩拿來展示以吸引遊客和路人，把黑猩猩關在可悲的籠子裡，沒有同伴相左右；國外的動物販子還是可以繁殖黑猩猩，把黑猩猩寶寶賣給國內的寵物交易市場，偶爾還會引起悲劇。有一起這樣的案件，就特別詭異又讓人膽寒：有一隻名叫崔維斯的寵物黑猩猩，由密蘇里州的寵物販子賣給一名康乃狄克州的女性。二〇〇九年，崔維斯無端發動攻擊，咬掉了飼主的友人

11　chimpanzee beings，類比於 human Bbeings（人類）。

夏拉‧納許的鼻子、嘴脣、手指和腳趾，讓她慘遭毀容。不止如此，廣告代理商還可以讓黑猩猩穿上愚蠢的服裝，讓牠們在電視廣告中引人注目。正是因為這些不當對待黑猩猩的方式，以及一些其他原因，讓珍古德在一九八〇年代把她的田野研究放在第二位，開始向全世界的聽眾發表談話。她呼籲大家注意消失中的森林以及其他因素對野生黑猩猩的威脅，也提醒大家美國以及其他地區內，被圈養的黑猩猩的困境。她認為把黑猩猩用來拍商業廣告以博君一笑，對於我們應如何對待這種傑出的動物，是一種錯誤的訊息，還會削弱全球保護行動的努力。

有幾十間公司都用黑猩猩來做廣告，有一段時間，這些穿著圍裙的可愛猿類似乎可以在超級盃美式足球賽期間，擠掉任何其他形式的廣告（這個時段的三十秒或六十秒廣告，也是廠商贏取眼球的激烈賽場）。好像黑猩猩出現得還不夠多、不夠老調似的，二〇一二年凱業必達（CareerBuilder）的廣告主角還是黑猩猩，讓牠穿著領帶和大衣、握著公事包，在上班的路上展現牠原始的停車技巧。像這樣描繪黑猩猩，之於黑猩猩保護計劃等於是「破壞了科學的、動物福利的、保育的目標」。以上這段文字是出自史提夫‧羅斯，他在位於芝加哥國家認証的「林肯公園動物園」工作，並主持「黑猩猩物種生存計劃」（Chimpanzee Species Survival）。

此外，表演對於黑猩猩來說，從來就不是一份長久的工作。當牠們長到七、八歲的時候，就會變得太孔武有力、太無法預測，因而不能用來當演員，甚至會造成危險。不止在拍攝片場無

法控制,對於小朋友的聚會或是路邊攬客秀來說也太危險。於是這些力量強大的青春期黑猩猩,就被丟到國外的動物市場裡。要是牠們好運的話,最終會在一間有信譽的收容所落腳;而沒那麼幸運的,則會變成某些經營者長期的照顧負擔。黑猩猩的壽命在青春期之後還有大約五十年,就像【泰山】系列電影中知名的黑猩猩「奇塔」,在收容設施裡的最後一個員工退休之後很久,還在那裡。

二〇一五年的這項宣布,將會改變現在美國境內大約兩千隻圈養黑猩猩的命運,其中包括在實驗室裡的七百五十隻,那裡的生活可以說是無法忍受地悲慘。法律保護地位的改變,不會讓這些黑猩猩在一夜之間脫離這種合乎不人道的圈養,但也已經加速把牠們轉移至收容所的速度,因為私人的飼主也必須遵守這項新的法律標準。傷害黑猩猩,甚至把黑猩猩寶寶和母親分開的做法,只有在增進野外黑猩猩族群生存前景的前提下,才能為之。讓牠們穿著可笑的衣服拍廣告,或是生醫研究人員把人類要用的藥物注射入黑猩猩體內,這些作為要達到上述的標準顯然不太可能。

終結國內黑猩猩剝削情況的呼聲,越來越強。雖然圈養黑猩猩的數量不過數百,和工業化畜牧的動物有數十億隻無法相提並論,但是保護這種演化上和我們是表親的動物,一直就具有特殊的道德意義。美國人道協會和其他動物保護團體,透過讓臥底調查員進入關鍵的幾處黑猩猩圈養設施,揭開了圈養黑猩猩遭到虐待的黑幕。有些政治領域的領導人也加入行列,質疑利用黑猩

猩，以及政府機關致力於轉送更多黑猩猩至進行侵入式實驗設施的做法，是否恰當。在廣告委員會的帶領下，廣告代理商們做出承諾，將停止在廣告中使用黑猩猩。製藥公司如默克、和亞培實驗室（Abbott Laboratories）也宣布未來將停止使用黑猩猩。這些進步都是受到風起雲湧的公民共識所支撐，這個共識就是黑猩猩和我們有百分之九十八的基因相同，也展現出有意識、有智力又有感情的生活。

新興的人道經濟發展出更有效、更經濟的替代方案，代替在實驗中使用黑猩猩，或在電視或電影製作中剝削牠們的做法。人們也逐漸意識到黑猩猩的自然棲地銳減，還有叢林野味的交易讓牠們在野外的生存受到威脅。在二○一五年的這項公告之前，政府的科學家和私人公司，對於傷害黑猩猩已經感到越來越不安。可以肯定的是，我們正在走向一個共好的未來，到那時我們照鏡子時，可以不用再為麻木不仁地虐待最接近我們原始祖先的這種動物，而感到慚愧。

這是一段很長的過程。幾十年以前，我還是眾多受到珍古德的動物行為學與人類學跨領域研究成果激勵的學生之一。她在廿六歲時，第一次以科學家的身分被派往坦尚尼亞，從此改變了我們對黑猩猩的看法，也為人類起源的故事添加了一個層面。她在傳奇的古生物學家路易斯・李奇的指導下工作，不顧科學界僵硬窒息的規定，為黑猩猩取名字，並視其為有個性的獨立個體。當她被黑猩猩群中的雄性老大「歌利亞」最要好的朋友「灰鬍大衛」接納之後，她就住在這些黑猩猩之間，就在坦尚尼亞的貢布

國家公園（Gombe National Park）裡。她的記述讓世界看到黑猩
猩的部落社會是如何運作；牠們的玩耍及遊戲、孕婦照顧、家族
紛爭、權力鬥爭、與鄰近部落戰爭，還有最知名的一點：牠們是
如何使用工具。在過去，這一點被認為是人類專屬的特性。

　　黑猩猩不是人類，但牠們的某些能力，像是解決問題、對
侵入的黑猩猩殘暴以對等等，反映出人類最好及最壞的部分。無
法否認，牠們靈巧的手和好奇的眼睛，確實和人類很像。從珍古
德近距離、第一手的記述，其他人也開始了解到，牠們與人類在
生理上和其他的方面的相似度，其中所具有的道德意味。人們對
待動物的方式，很多時候都只有回頭看時，才會顯得清楚，而且
往往中間還要經過許多的政治阻撓，以及層出不窮拒絕改變的藉
口。在珍古德對黑猩猩的研究經過半個世紀之後，現在數百隻被
圈禁的黑猩猩才有機會得到一個恰當的生活，而迫害這些黑猩猩
的人也終於沉默、被邊緣化，或是改頭換面了。

> 人道經濟的自轉動力會確保不只有更好、更經濟的動物實驗替
> 代方案出現，而且還會蓬勃發展。

　　在二〇一五年那項公告的前幾年，我去參觀了位於路易斯
安那州基思維爾市，距離什里夫波特南部大約二十五英里的「黑
黑猩猩天堂」（Chimp Haven）。對被圈養的黑猩猩來說，這裡真
的是天堂：整座設施占地兩百英畝，有開放式的庭園、天然的樹
冠、廿英尺高的遊戲設施，讓牠們可攀爬、晃蕩，從三百六十度

看世界。裡面甚至有人造的假白蟻堆，黑猩猩們可以用棍子和竹子挖出裡面的蘋果醬、沙拉醬、番茄醬等等小驚喜，以模擬他們的自然行為。那裡的黑猩猩住在被圍牆和水池環繞的真實森林裡；黑猩猩不會游泳，所以以水來當阻隔是相當優雅的圈禁法。在那裡牠們可以爬樹，甚至在樹上做窩。

　　我站在「黑猩猩天堂」裡的高樓層，望著外面的庭園。黑猩猩在庭園裡玩耍，再過去一點，還有黑猩猩棲息在廿尺高的遊戲設施頂端。我不禁想到牠們的生命改變有多大。牠們曾經被關在無法走動的空間內，甚至不能自由自在地看一眼陽光、浮雲或星星，更絕少離開那狹小的水泥牢籠。就算離開籠子，通常也是意味著某種疼痛或創傷正等著牠們。我從平台上丟了一些青菜水果給牠們，其中一隻如行雲流水般地抓住一顆番茄，朝我扔回來。我直覺反應接住那顆番茄，並驚訝地睜大了眼睛、嘴巴合不攏，然後才大笑起來。那隻黑猩猩做出一些迅捷的動作，並發出呼呼哧哧的喊叫聲，顯然很高興用一顆番茄換來了我和其他人的反應。

　　在實驗室或是路邊攬客的動物們，有一種常見的行為，就是朝圍觀的人丟糞便；這些行為與其說是無害的惡作劇，更像是一種沮喪憤怒的發洩。（事實上這種行為在人類自己的監獄中也非罕見。）牠們知道牠們的命運完全走岔了，而這些偶發的抗議行為正提醒我們，這種無止境的剝奪，讓這些動物的心靈蒙上陰影；不論那些企圖解釋或找藉口的人怎麼說。

　　科多‧派瑞許慷慨捐贈了一筆土地，使「黑猩猩天堂」得以於一九九五年設立，成為人類良心的紀念碑。讓這些黑猩猩可以回到野外，在平靜與安全的環境中，享受餘下的人生，還能獲得一些樂趣。確實，很難忘記這些好心的人之所以有存在的必要，是因為其他人製造了一連串的傷害、悲慘，讓這些黑猩猩無家可歸。這個收容中心之所以存在，是因為之前有過虐待和囚禁。「黑猩猩天堂」的第一任主席琳達‧布蘭特是靈長類動物學家，她和其他動保人士一起發展出這個收容中心的概念，起因是生醫研究人員繁殖了數百隻黑猩猩，用在愛滋病的研究上。這些研究人員發現，黑猩猩會感染愛滋病毒，卻不會發病。但是這些研究人員卻沒有開發出解藥，顯然也不太在乎這些利用過的黑猩猩該怎麼辦。在實驗室裡照顧黑猩猩，估計一年要花兩萬兩千美金；加上每隻黑猩猩估計可以活到五十歲，甚至以上；所以照顧這些黑猩猩終老的金額將上看百萬美金。

　　一九九七年「國家科學院」（National Academy of Sciences）發表了一份報告，檢視「國立衛生研究院」（National Institutes of Health）應如何處理這些過去用於愛滋研究、現已不再被需要的黑猩猩相關問題。這份報告要求暫停繁殖計劃五年，報告中總結道，政府應負擔長期照顧的費用，駁回以安樂死當作「控制族群數目的一般做法」，並要求發展出一套安置這些退休黑猩猩的國家收容系體系。在這份報告出爐之前兩年成立的「黑猩猩天堂」，已經處在對的時間、對的地點，可以成為這個收容體系的核心；唯一的問題是黑猩猩天堂裡的這些好心人，沒辦法獨立募

集數千萬美金,以供黑猩猩安養天年所需。

　　於是美國人道協會和其他動保團體揮舞著這份國家科學院的報告,成功地說服了國會的多數,在二○○○年通過「增進、維持、保護黑猩猩健康法案」(Chimpanzee Health Improvement, Maintenance and Protection Act,以下簡稱黑猩猩健康法)。這部法案承諾,對於收容公立實驗室中退休黑猩猩的安養設施,要資助一部分的興建資金,並提供後續照顧所需的部分費用。這個法案會在國會中受到多數支持,是因為立法者以及國家衛生研究院的高層都知道,把黑猩猩轉送到這些收容機構,在長遠來看會比較省錢。只收容單一物種的收容所,營運起來會比實驗室有效率,也許每隻黑猩猩所需的費用只要一半,而黑猩猩的生活也可以更有品質。再者,依照黑猩猩健康法所設定的財務結構,動物福利團體以及慈善家們,將會共同承擔一部分的費用。

　　黑猩猩健康法通過實施之後,「黑猩猩天堂」很快更名為「國立黑猩猩收容所」,在二○○五年迎來第一個住客。我在二○一一年前往的時候,這裡已經收容了一百四十隻黑猩猩,幾乎全部都是從公立實驗室退休,曾經被故意感染、被下藥、被監禁、被針戳、與其他黑猩猩隔離,有些甚至長達幾十年。這些黑猩猩如今處在好的多的環境中,終於為牠們長久以來所忍受的痛苦取得了某種報償。依據該收容所的計劃,未來幾年還會再增加收容幾百隻。

　　我在收容所裡的黑猩猩當中,看到五隻新來的成員:傑瑞、

凱倫、瓢蟲、潘妮，還有泰瑞，牠們剛從大約五十哩外的「新伊比利亞研究中心」（New Iberia Research Center）來到這裡。我看到這幾隻新成員時感到特別驕傲，因為兩年前，美國人道協會對該機構進行了一次臥底調查；這間機構是全美圈養黑猩猩數量最多的一處。我有位無私的同事被該機構聘雇為技術員，目的是為了提供我們最真實的觀察：裡面的動物的生活情形有多嚴峻。她在那裡工作了九個月之後，站在黑猩猩的立場，把真相告訴美國廣播公司（ABC）以及全美大眾。瓢蟲已經在新伊比利亞待了幾十年，一九六〇年，牠還是猩猩寶寶的時候在非洲被捕捉（其他四隻猩猩也是）；我們的調查員在該機構裡看到的猩猩，有些從一九五〇年代晚期就在那裡了。牠們從艾森豪總統的時代就被關在實驗室裡，二〇一一年送到收容所來時，牠們已經嘗遍了情緒困擾的各種階段、因剝奪導致的心理影響，且因長期生活在嚴峻、無情的處境下，這些黑猩猩當中有些早就已經瘋了。

　　但是在我們的調查當中，最令人驚訝的還在後面。這些黑猩猩中有一大部分，根本就不常用於實驗。年復一年，牠們就像存貨一樣被關在籠子裡，少有人注意牠們的社交需要，籠子裡也沒有任何有意義的豐富化設備[12]。新伊比利亞研究中心只把少數的黑猩猩用來進行痛苦而價值存疑的實驗，但圈養了遠多於此的黑猩猩群，只因為未來有可能會用在實驗中。這等於是將大部分

12　Enrichment，意指能促進圈養動物生活品質的設置，以促進其生理、心理上的康適。

的黑猩猩置於無止境的貧乏中，卻沒有給社會帶來任何益處，只為了一個遙遠的可能性。有一位研究中心的主任在接受國家媒體採訪時，竟然還用圖書館裡的書和黑猩猩來做類比，說是只要有需要的時候，就可以從書架上抽出來。在我們公布新伊比利亞的調查結果時，全世界只有美國一個國家，還在用黑猩猩作實驗——對此我一點也不意外。好幾年前歐洲就停止這樣做。非洲國家加蓬、賴比瑞亞也停止了。大部分的國家，例如澳洲、以色列、紐西蘭等等，從來就不曾用黑猩猩作實驗。

在我成長的過程中，曾受到珍古德黑猩猩研究的啟發，當親眼看到長久被關在實驗室中的黑猩猩終於有機會喘息，進入黑猩猩天堂，那一刻真是讓我激動不已。牠們當中有很多隻都已經有灰白毛髮，臉上還有褪色的斑點。牠們以姑且一試的態度踏進黑猩猩天堂的開放式大庭園其中之一，這是牠們幾十年來第一次踏上草地，對那些被繁殖的黑猩猩來說，甚至是生命中的第一次。牠們感覺陽光溫暖地照在背上。不再感覺孤單、被隔絕在小籠子裡、擠在昏暗的建築物內。現在，牠們可以抬頭看天空、雲、樹，看看除了那個荒涼、工業化，牠們原來不指望能逃脫的環境之外，還有其他的世界。

美國人道協會對新伊比利亞的調查結果，促使政府釋放了該研究中心內的一些黑猩猩，也讓公眾了解用靈長類動物作實驗的嚴酷現實。更早以前，動保人士和政府官員調查「卡爾斯頓基金會」（Coulston Foundation）虐待黑猩猩的情形，就已經把這一產業中的酷虐曝光，並開啟逐步改革的時代。卡爾斯頓基金會是一

間位於新墨西哥州阿拉莫戈多市的實驗室，接受委託進行藥物實驗。實驗室的老闆弗列德・卡爾斯頓以冷血無情聞名，因違反動物福利法、虐待手下的六百隻黑猩猩而惡名昭彰。一九九九年，食品藥物管理局檢查這間實驗室之後，去函卡爾斯頓表示其「嚴重違反」優良實驗室操作規範（Good Laboratory Practice），並宣告：「如果這些缺陷未得到修正，未來我們將考慮將在貴單位進行的研究結果，視為有嚴重缺陷。」卡爾斯頓一直未能扭轉這項認定，所以那些尋求通過食品藥物管理局核可的私人公司，就不再與卡爾斯頓的研究室簽約。接著，國家衛生研究院也決定停止更新該機構的動物福利保障認證，此舉等於排除了卡爾斯頓參與任何聯邦贊助的動物研究的可能性。接二連三的重擊，讓卡爾斯頓基金會在二〇一二年宣告破產，高齡八十七的卡爾斯頓本人，這位舊時代的象徵、對實驗室動物麻木不仁的老先生，也淡出了舞台。

卡爾斯頓的故事，以及後來我們對新伊比利亞的調查結果，再再顯示，使用黑猩猩進行侵入式的研究，註定充滿各式各樣的麻煩。對於黑猩猩在研究中是否真的有用，也讓科學界產生懷疑。還有越來越多更可靠、更便宜的替代方式出現；道德上的顧慮也將不再被深鎖在門後。

在卡爾斯頓的案例中，破產還不是故事的結尾。有另一間大型、新設立的收容中心正是為此而生，準備接手這些陷入困境中的動物，那就是位於佛羅里達州皮爾斯堡的「拯救黑猩猩」（Save the Chimps）。這間收容所的創辦人是已故的卡蘿爾

‧嫩，他是一位前瞻的動物福利倡議者。「拯救黑猩猩」收容了超過兩百五十隻來自卡爾斯頓的黑猩猩，其他的則由政府接管。但由於這些黑猩猩原本是由私人機構飼養，因此嫩無法得到聯邦的補助。她的這間收容所和其中的黑猩猩亟需有人伸出援手。

好在強‧史崔克及時出現，他是一位億萬富翁，繼承了設立於密西根州卡拉馬朱市的一間醫療用品公司。史崔克告訴我，他小時候曾經買過一隻靈長類當寵物，但他很快就意識到這超過他的能力所及，並且對這決定感到後悔，希望能放走他的動物朋友。當時是青少年的他選擇有限，於是他寫信給芝加哥的布魯克菲爾德動物園，問他們是否願意接受一隻私人飼養的靈長類，讓他驚訝的是，動物園的主任竟然同意了。他和家人一起，把這隻動物載到動物園。他和這隻動物之間活躍的家人關係就這樣生生結束了，然而這隻動物原本就不應該被迫進入人類的家庭生活。這個故事有正面的一面，就是這個悔恨的孩子長大之後成了一位替靈長類爭取福利的社運人士。史崔克不只有良心，也很有辦法；他透過「阿爾庫斯基金會」（Arcus Foundation），將數億的私人財產用在幫助大型猿類上，對這一領域的捐獻金額超過任何一個人。光是他一個人就捐獻超過五千萬美金，用以照顧「拯救黑猩猩」裡的動物，包括從卡爾斯頓基金會接手的黑猩猩；還有好幾倍此金額的捐款，用在保育野生大型猿類上。（史崔克和他的員工們，包括一位馬克‧歐唐納，後來在鼓吹讓黑猩猩離開實驗室的運動中，扮演了重要的角色。）

　　嫩、史崔克，還有「拯救黑猩猩」的其他領導人們，在皮爾斯堡取得了數百英畝的土地，以建立這座收容中心。他們開挖土方建成十二座島嶼，在那裏，黑猩猩可以享受相對較自由的環境，白天可以在樹上玩耍，晚上則在屋子裡睡覺。每隻黑猩猩都被細心地引入一個黑猩猩社群，讓牠們能夠建立牠們所需要的同類聯繫，這對黑猩猩的情緒健康至關重要。「拯救黑猩猩」目前收容了兩百六十隻黑猩猩，是世界上最大的黑猩猩收容所。

　　上述的這兩間收容機構，加起來收容了幾百隻的黑猩猩，然而還有大約七百五十隻依然留在實驗室或是圈禁的設施中，其中包括政府從卡爾斯頓接管的那兩百隻黑猩猩。國家衛生研究院計劃把牠們送到德州的一處實驗室，去進行更多的侵入式實驗。對此，以新墨西哥動物保護協會（Animal Protection of New Mexico）、負責任醫療醫師委員會（Physicians Committee for Responsible Medicine）及美國人道協會為首的動保團體，發出強烈的抗議。新墨西哥的州長比爾·理查森，以及總檢察長蓋瑞·金都是熱心的動物福利倡議人士，也聯手向國家衛生研究院請願，爭取讓黑猩猩留在當地。理查森還前往華盛頓和國家衛生研究院的官員會面，當面向他們進言。「我也認同找到 C 型肝炎的解藥很重要，但是還有其他方法，不需要用黑猩猩來做實驗。」理查森說道。他也是首位站出來呼籲國家科學院研究以黑猩猩做侵入式實驗是否有價值的民選官員。理查森力促讓這些黑猩猩留在卡拉馬朱市，此地雖不是最先進的收容所，卻能確保這些黑猩猩不再被用於侵入式的實驗中。

　　同樣來自新墨西哥州的參議員湯姆·烏達、傑夫·賓曼，以及愛荷華州的參議員湯姆·哈金也加入聲援的行列。哈金的加入尤其重要，因為他是參議院撥款委員會的委員之一，也是主管國家衛生研究院的授權委員會其中一員。這些立法者聯合寫信給國立衛生研究院的院長弗朗西斯·柯林斯博士，敦促他不要轉送黑猩猩或允許牠們被拿來作實驗。他們還要求科林斯召集國家科學院，審查生物醫學研究中黑猩猩的狀況。「有鑒於科學界在研究技術上已有長足的進步，我們認為現在是時候深入分析當前以及未來，在生物醫學研究中使用黑猩猩的必要性。」他們給柯林斯的信中如此寫道。在更廣泛的動物試驗議題上，柯林斯是個推動替代方案的改革派，他推遲了將黑猩猩轉送德州的舉措，並授權國家研究院醫藥研究所（Institute of Medicine of the National Academies）檢視用黑猩猩做研究的必要性。九個月之後，醫藥研究所作出的結論，就像美國人道協會的副總裁凱薩琳·康禮所形容的，宛如「平地一聲雷」。這個調查委員會只被委以「檢驗在實驗中使用黑猩猩的必要性」這一任務，而不是檢驗其中的倫理問題。然而委員會的成員宣稱，這個任務太過狹窄，因為他們發現「任何對於必要性的研究，都必須考慮到倫理的議題。」這個委員會選出生物倫理學家傑弗瑞·康擔任主委，並作出結論：「基於黑猩猩和人類的基因相似性所產生的生理上和行為上的特徵，對某些類型的研究來說，牠們是獨特而珍貴的物種；然而必須有更好的理由，才能以這種動物為模型進行實驗。」這個委員會認定：「目前大多數的生物醫學實驗，使用黑猩猩為之非屬必要」，因此建議將政府資助的此類實驗期程縮短。

　　現任約翰霍普金斯大學博曼生物倫理學院（Berman Institute of Bioethics）教授的康說，未來使用這種動物作實驗「門檻會非常高」。該委員會也認可使用黑猩猩作實驗，對於 C 型肝炎的單株抗體療法以及疫苗的開發有幫助；但是委員會也發現，在不久的將來就會出現替代方案，可以取代實驗中對黑猩猩的需求。對科學家來說，這是個從人道經濟而來的清晰呼聲。

　　柯林斯形容這份建議「在科學上非常嚴謹且具有說服力」，因此他代表國立衛生研究院，「決定接受醫藥研究所委員會的建議。」他進一步要求國立衛生研究院轄下的各個科學中心的專家，組成「顧問的顧問群」，創建一個工作小組著手導入這項決議，工作內容包括如何處理大約三十七個國立衛生研究院支持、使用黑猩猩的研究。

　　此後，國立衛生研究院停止接受使用黑猩猩的實驗申請贊助經費。就在該份報告發表後十八個月，二〇一三年六月，柯林斯宣布，將會把政府機關所擁有的黑猩猩中的大多數，送到收容中心退休，並稱：「大量減少在生物醫學研究中使用黑猩猩，不僅在科學上來說合理，更是正確應行之事。」他的專家小組們總結道：「鑑於近來替代研究工具之發展，以黑猩猩作為實驗對象已多屬不必要。」這個專家小組建議，逐步停止對那些使用黑猩猩的生物醫學研究所發放經費，並停止繁殖黑猩猩，讓現有的黑猩猩轉至收容所退休。這個小組也斷定聯邦的收容系統，也就是由黑猩猩天堂所承辦的收容所，最符合這些動物的需要。根據報告中所訂下的標準，沒有任何一間實驗室能為黑猩猩提供「合適其

行為模式」的環境。在同一份計劃中，國立衛生研究院決定留下五十隻黑猩猩，以備幾乎不可能發生的醫療緊急狀況所需，但是飼養這些黑猩猩的設施必須大幅的改善。

對圈養的黑猩猩來說，世界已經開始好轉。之前美國人道協會就藉由股東的倡議之力，力促製藥公司停止使用黑猩猩，並成功地讓艾登尼斯公司（Idenix）與吉利德公司（Gilead）做出這樣的承諾。如今醫藥研究所的報告讓該領域中的其他公私單位也開始重新思考，現在和未來的實驗中黑猩猩所處的地位。海斯汀中心（Hastings Center）的生物倫理專家葛雷格里·卡本尼克曾經預測道：「我認為這將會使非國立物生研究院贊助的研究，也受到同樣的標準檢視。因為一般來說，不論是動物或人體實驗，聯邦政府的標準通常被視為基準，讓業界可以同步。」事情正如他所料。即便國立衛生研究院的標準只適用於政府所擁有的黑猩猩，但報告出爐後一年之內，默克公司就結束了使用黑猩猩的研究。另外一個製藥業的巨頭亞培公司也表示，將來不會再使用黑猩猩，並全力支持二○一一年醫藥研究所提出的報告。

到了二○一五年，國立衛生研究院的一位實驗室主管馬可斯·海立格博士就觀察道：「幾乎所有人都已經退出，或是正在退出、準備要退出使用黑猩猩的實驗。」最後三個主要使用黑猩猩的單位，其中兩間是新伊比利亞研究所和位於亞特蘭大的耶基斯市的國立靈長類動物研究中心，也承諾要將大約三百五十隻的黑猩猩送到收容所。既然國家已經不支持使用黑猩猩做實驗，製藥巨頭也停止了，那麼也就沒有客戶需求了。

　　二〇一五年十一月，柯林斯又往前邁了一步。原本國立衛生研究院決定保留五十隻黑猩猩，原本的想法是要作為預備，以防萬一有醫療上的緊急事態發生。如今柯林斯決定讓黑猩猩走出實驗室的大門，並且永不再走回頭路。既然已經有將近三年沒有科學家尋求贊助使用黑猩猩的實驗，柯林斯於是發表他的觀察道：「我想應該可以這麼說，科學家們以前用黑猩猩來問的問題，現在已經找到別的方法來解答。」

　　正如同很多其他成功的動物福利運動一樣，一旦改變開始了，就會自行產出動能。政府的作為、業界以及動保人士，三者相輔相成。先是國立衛生研究院接受了國立科學院的研究結果，替美國魚類及野生動物管理局開路，讓他們把圈養的黑猩猩也列入瀕危物種清單。該局處面臨了從知情的公眾而來、越來越大的壓力，但他們並不想因為這個議題，在國會山莊和製藥公司及生物醫藥產業過招，所以直到國立衛生研究院和私人公司開始意識到，繼續使用黑猩猩來做實驗是不必要的，事情才有了轉機。

　　人道經濟的自轉動力會確保不只有更好、更經濟的動物實驗替代方案出現，而且還會蓬勃發展。剩下的挑戰就只有如何把這些黑猩猩，從實驗室轉送到收容設施，並加以照顧。這項工作耗費甚鉅，也是政府、私人慈善家以及慈善機構無法逃避的課題。

　　很快會有那麼一天，我們不會再看到有黑猩猩在實驗室裡、廣告裡或是出現在某人的自家後院或是地下室裡。大部分的廣告代理商，包括揚雅廣告、奧美廣告、精信廣告公司在內，都承諾

不會再用大型猿類來拍廣告。我們以後應該也不會在超級盃美式足球賽的轉播中看到黑猩猩了，除非是電腦成像的。就如同許多改革的努力一樣，壓力是來自四面八方；針對廣告公司展開的運動，是由善待動物組織主導——這又是另一個人道經濟運作的實例。要是運作得宜，我們就可以在野外看到更多黑猩猩，和家人在一塊兒，活得自由自在，用棍子戳真正的白蟻堆。一般來說，大自然會負責照顧，生活真實又美好。截至目前為止一直讓我們良心不安的圈養大型猿類的問題，也會一去不復返；這對人道經濟來說是一大勝利。

破壞動物實驗

　　二〇一〇年四月，「深水地平線」鑽油平台的爆炸和井噴事件，造成十一名作業人員死亡，並污染了墨西哥灣。事件發生不久之後，我應參議員大衛・維特之邀，在他的家鄉路易斯安那州幫助陷入危難的動物。當火山爆發之類的自然災害發生時，動物經常會展現牠們的第六感，提前逃離災難發生現場；但是漏油事件卻不一樣，動物們似乎直到大難當頭，還不知道到底是怎麼回事。隨著風及洋流擴散的油污是一種無聲而恐怖的威脅，會沾染毛皮、羽毛、皮膚及鱗片，有些時候甚至把受害動物從頭到腳或從頭到尾都覆蓋住。這些可憐的動物們，即使用上了全部的求生技能，也沒辦法弄掉身上彷彿膠水的原油，只能緩緩地死去。

　　維特指給我看：「這是巴拉塔里亞灣。」他的聲音透過耳機

嗶嗶剝剝地傳來,雖然他人就在我身邊,扣著安全帶。我們正坐在直升機上,葉片振動著,帶我們越過橫跨傑佛遜和普拉克明兩鄉的廣袤沼澤地上空,沿著延伸的沼澤一路來到墨西哥灣。我和維特想先親身看看,這起搜尋、救援、清洗鳥類、遏止油污擴散工作的策略,確定動物是否被優先考量。

幾十年來,路易斯安那州的沼澤地不斷被海洋吞噬,速度快得驚人,相當於每小時一個足球場的面積。深水地平線鑽油平台地漏油事件,更會讓此一問題複雜化,使這些敏感地區被滲透、劣化。如果接下來石油滲入沼澤深處並存留在那兒,可能會毒害野生動物,並造成後代突變,正如埃克森油輪瓦迪茲號在阿拉斯加威廉王子灣漏油地事件後,研究結果所顯示的那樣。

「真不敢相信水裡有這麼多油。」我對著我的對講機大吼。

維特和我都不知道,軍方的漏油應變團隊以及自然的微生物大軍,是否能夠控制損害並讓海洋生態系統很快地恢復運作。在該州唯一有人居住的堰洲島格蘭德艾爾(Grand Isle)沒有發現太多油,這讓我們稍稍感到鬆了一口氣。我們降落之後搭船前往生態豐富的貝絲女王島(Queen Bess Island),卻看到漏油已在該處呈現出不祥後果的徵兆。島的四周環繞著一圈亮橘色的攔油索,內側還有一圈白色的吸油索。維特注意到,那圈橘色的攔油索已經被「巧克力糖漿似的」原油覆蓋,白色的吸油索更是已經看不出原來的淺白色。更糟糕的是,即使已經放置了攔油索,島上的岩岸還是出現了油污。我們在那裡的時候,一艘政府的船靠了

岸，工作人員拉起吸油索，並放下一條新的圍住整個島；可是看起來節節上升、湧入的油潮已經開始獲勝了。當天稍晚，我們回到普拉克明鄉探視一處油污鳥類的檢傷中心。我們抵達的時候，野生動物復健人員剛剛接收了六隻褐鵜鶘，每一隻都被深黑色的原油弄得油污斑斑。穿著圍裙和手套的工作人員，輕柔、持續不懈地用洗碗精擦洗被污染的鳥；已經處理過的鳥被則放在一處帳篷中歇息。「大西洋中部動物專門醫院」中大約收治了四百五十隻受油污的鳥；工作人員告訴我們，每天還有五十到六十隻被送來。清潔之後的鳥會由野生動物復健人員送至佛羅里達州東部放生，並希望牠們不會再飛回墨西哥灣受污染的區域。

隔天，我們前往紐奧良動物園轄下的「奧杜邦自然研究所」（Audubon Nature Institute）。此地收容了約五十隻被油污染的海龜，其中大多是瀕危的肯氏龜。奧杜邦和第一線的人員配合，專門處理受污染的海龜，讓受過訓練的人員替牠們復原。但是要復原一隻重達一百磅（約四十五點五公斤）的海龜，工作比替鳥清潔要「重」的多。但即使已經建立了這樣的救援系統，奧杜邦的工作人員更擔心的是那些沒送進來的——不知道還有多少這種看起來像活化石的海龜，在沼澤地上逐漸衰弱，而沒有人及時伸出援手。

就算我已經有心理準備會看到大量陷入困境中的動物，這種近距離影像的衝擊，還是留在我的腦海裡，好幾年都難以磨滅。另一件事我卻完全沒預料到：這次在墨西哥灣的經驗，讓我看見另一個完全不同的動物福利議題——動物實驗。在大部分的日常

用品中均含有化學成分,而動物被用來測試這些成分是否有危險性,包括這次清理油污所使用的產品在內。

在這個案例中,舊經濟(石油業以及動物試驗產業)及其災難(漏油、污染)和極具發展潛力的新興人道科技,因為緊急事態而交匯。在墨西哥灣的應變部署中,聯邦政府利用化學除油劑處理油污,讓原油分解,以便海洋中的細菌進一步作用,把剩下的東西去毒化。這種商用化學藥劑只通過非常小範圍的測試,以判定其對於環境是否有危害;沒有人能確定大規模的施用、讓其長期停留在生命數以百萬計、多樣化的海洋生態系統中,會帶來何種後果。我和維特雖然都希望能減少油污對野生動物的危害,但也擔心這樣的對策會引來另一種詛咒。

多年來,維特參議員和我一同努力,推動通過聯邦法律,使參與鬥狗與鬥雞成為犯罪行為;我們也迫使美國農業部對於網路販售繁殖場幼犬,採取管理及檢查措施。但在那次的墨西哥灣之行中,我們尚未意識到,這次的經驗將成為我們的實務基礎,以面對另一個挑戰:設立一個檢驗化學產品安全性的新標準規範,讓產業界依循,以替代目前不加思考地仰賴動物測試的做法。

美國人道協會自一九五四年成立以來,便極力推動以別種方式替代動物試驗,主要是因為使用數以百萬計的動物來試驗,其道德成本太高。用動物來代替人類試驗的概念是如此地廣泛,甚至變成了我們的日常用語,人們會說他們不想變成「實驗室裡的白老鼠」。一直以來,動物就被當成是「煤礦坑裡的金絲雀」般

對待，用來測試毒性。在醫藥研究和醫藥實務上，廣泛地先用動物測試，之後才用在人體上。在汽車碰撞測試甚至是太空飛行中，人們會把動物放上駕駛座。事實上，一九六〇年代第一個人類進入太空之前，就是先用狗及黑猩猩代替人類，把牠們用無人太空梭送進太空中。

這樣的措施是基於正確的理由，旨在對藥物和化學物之於人體的安全性，提供解答。到了後來，動物測試的範圍不斷擴增，變成產業界和政府用來做安全測試的主要工具，而幾乎未曾考量過是否有更好、更人道的策略。一九三七年，一種名為「磺胺靈藥」（Elixir Sulfanilamide）用來治療鏈球菌感染的製劑，讓超過一百名病患中毒死亡；隔年，國會就通過了「食品、藥物及化妝品法」（Food, Drug, and Cosmetic Act），要求產品「上市之前必須提供藥物安全證明」。一九六二年的沙利竇邁事件，更讓國會決定擴大藥物安全性及功效的測試範圍。沙利竇邁是一種治療孕婦晨吐的藥物，卻會導致出生的嬰兒肢體變形或不全。

之後的幾年內，國會又針對食品添加劑及農藥，要求進行安全測試。一九六〇年代至一九七〇年代初期環境意識覺醒，瑞秋‧卡森寫了《寂靜的春天》一書，加上被污染的凱霍加河著火等等，國會於是在一九七六年過了「有毒物質控制法」（Toxic Substances Control Act）。該法授權新成立的環境保護局評估化學物的風險，以保護人們；這當中包括市場上數以千計的產品。為了測試這些食品添加劑、藥物、化妝品、農藥及化學物，科學家們以高劑量施用在動物身上。長期、大量使用動物測試的結果，

雖然獲得了一些對人類症狀的深入了解；但動物並非微型人類，此一事實卻也更加清楚明白。事實上，就連小鼠和大鼠的實驗結果也經常不一致。利沙寶邁在首度試行上市給晨吐的懷孕婦女使用之前，也曾經使用過動物測試，這些測試中卻沒有出現可怕的副作用：生下嚴重畸形的嬰兒。肝炎藥物 Fialurdine 在通過對小鼠，大鼠，狗，猴子和土撥鼠的動物試驗之後，於一九九二年進行臨床試驗，卻導致十五名志願受試者當中的五人死亡。二〇〇六年，一種治療白血病和類風濕關節炎的潛在新藥，被用於六名志願者身上。這些志願者「首次接受比動物實驗中得到安全結果的計量還小五百倍的劑量之後，六人全都出現了危及生命的症狀、多重器官衰竭，必須住進加護病房治療。」

更有很多對人類有益或良性的藥物及食物，對動物來說卻是有毒的。想像一下，要是很久以前，我們先用狗來測試巧克力，並就此認定它有毒，那麼人類的生活會少了多少樂趣。或者是阿斯匹靈，這種藥對很多動物來說都有毒。要是當初已經採行如今這種動物測試的方案，阿斯匹靈絕對不會被批准用於人類，更不用說不用處方箋就可以買到。糖精（saccharine）這種甜味劑會在雄性大鼠身上引起膀胱癌，但在人類身上卻無此影響。

二〇〇四年，食品藥物管理局的報告指出，在通過動物測試的新藥中，有百分之九十二在臨床實驗中未達安全標準。在二〇〇四年之後，此一比例依然無甚變化。十次當中有九次失敗，實在無法稱之為有價值的工具，更不要說是用在生死攸關的情況下了。在毒性實驗中，動物試驗只不過提供我們一種心理上的安

慰劑，讓我們以為自己比較安全，卻不是一種確保人體安全的務實方法。事實上，動物試驗有時甚至被企業律師當作有用的工具。製造商和銷售商不思提供消費者真正的安全保障，反而用動物時試驗的結果當作屏障。在一些人體傷害的集體訴訟案中，製造商在法庭上以動物測試的結果為證，主張被訴的此種物質已經過研究，其結果並未發現決定性的證據，證明其有害。

時至今日，動物測試之後人體試驗的高失敗率，再加上使用動物測試花費高昂且曠日費時，於是許多有遠見的科學家及製藥公司，開始尋求更好的方式以測試藥物、化學物及其他物質。政府用在監管上的花費，則是另一股驅動這項趨勢的力量。科學界的創新企業家們，也正不約而同地朝向這個甜蜜點奔跑，巨大的收益正在終點線後方，等著那些能讓動物從這種頭重腳輕、無用無效的動物測試中解脫的勝利者。這種測試系統已經損害我們的經濟太久了。

用低空飛行的載具噴灑將近兩百萬加侖的除油劑——無可避免地產生了下面這些問題：這個化學藥劑會不會致癌？會不會積存在魚體內、進而被人食用而進入人體？這些化學物在環境中會存留多久？

時間來到二〇一〇年，政府若想知道在墨西哥灣釋放除油劑的影響，只能尋找動物試驗的替代方案，別無其他選擇；因為事態緊急，必須在更短的期間內得到結果。深水地平線鑽油平台爆

炸事件，讓海底的鑽油設備移位，導致大量黑色原油從海平面下一英里的海底，以驚人的流速噴湧而出。一開始，英國石油公司告訴媒體，這個受損的海上鑽油平台，每天噴發的原油量是一千桶；後來又說是五千桶；到我抵達的時候，該公司才承認說是七萬桶。維特參議員與帶不祥地稱之為「相當於每天都有新的油井漏油」。在事件歷時的八十七天中，總共有超過四百七十萬桶的原油漏出，就算每天回收原油一萬五千桶，等於還有超過兩億加侖的原油沒有被回收；比阿拉斯加的瓦迪茲號漏油事件的量還多二十倍。阿拉斯加那次漏油，就已經造成一千三百英里長的海岸線，及一萬一千平方米的海洋遭油污染。墨西哥灣的漏油事件，影響的表面積大約相當於一整個奧克拉荷馬州的大小。

不只表面，漏油還有垂直的影響。原油從海底噴出、抵達海面，影響了整個從上到下的海洋生物。當然，最為明顯的影響是對於那些住在海洋與大氣交界處的生物（例如人類），以及海洋裡靠近岸邊的那些。死掉的海豚被沖上岸、嚴重被污染的鳥類徒然地想用喙把羽毛清乾淨，這樣的直覺反應卻讓牠們連體內也被油入侵。政府和英國石油公司的首要任務是讓漏油停止，接著就是控制洩露的油，加以回收或分解。維特和我從直升機上俯瞰，看到海面上有一隊船隻正在吸海面上的油污。但這項工作進度緩慢，雖然不至於像是用茶杯想舀空海水，但原油的量與海水之巨，讓這種表面的撈油、濾油作業相形之下顯得十分渺小。撈除每一加侖的油都是有幫助的，但是政府最後決定，海裡剩餘的油必須採取分解的方式處理，而且是用化學製品來分解。

　　依照一九七六年施行的「有毒物質控制法」，環保局長期以來被賦予責任，對數以萬計的商用化學產品，防止其「危害健康或環境的不合理風險」。兩千年前人們就知道鉛有毒，而到了一九六〇年代，滴滴涕（DDT）、多氯聯苯及其他化學物的毒性更讓人心生戒懼。不幸的是，事實證明，有毒物質控制法在保護公眾免於受化學物質的危害方面，相當失敗。最初的法令不溯及既往，將法律生效之前已經在市場上的化學物排除在審查範圍之外。在接下來的四十年當中，環保局只對兩百種化學物進行了完整的評估，而禁止用於商業用途的化學物，只有五類：多氯聯苯、氯氟烴、戴奧辛，石棉，以及六價鉻。

　　此種安全審查體系使用了大量的動物試驗，卻一點也不充分。即使有了法令企圖解決毒物問題，法令生效後的四十年來，每當碰上可能對我們的生活產生災害的一屋子化學物品，我們還是如同盲人摸象。如今，環保局的清單上有八萬五千種化學物，其中二千七百種被大量使用；現代的化學科學每年推出一千五百種有可能用於市場上的化學物，作為清潔用品、食品包裝、傢俱、化妝品、塑料、玩具，以及所有你想得到的東西。有太多的案例顯示，平常我們對這些生活中的化學物不知不覺，直到為時已晚才發覺有問題，不是發現有癌症集中案例，就是有許多人同時罹患某一種疾病。早知如此，我們應該少花一些心力在動物試驗上，而多花一些心力讓更少的化學物進入你我的生活中。

　　墨西哥灣的漏油事件需要解決，而且需要的速度要比過去那種老到嘎吱響的動物試驗系統要快得多。每個人都可以從電視上

看到施行應變措施的畫面,其中就包括用低空飛行的載具噴灑將近兩百萬加侖的除油劑。無可避免地產生了下面這些問題:這個化學藥劑會不會致癌?會不會干擾內分泌?或是導致嬰兒先天性缺陷?對魚類會不會有影響、會不會積存在魚體內、進而被人食用而進入人體?這些化學物在環境中會存留多久?會不會影響子孫後代?問這些問題的不只一般美國人,還有新聞界以及高階官員,其中也包括維特參議員。許多科學家長期以來,一直對大規模使用除油劑存有疑慮,認為除油劑會阻礙海洋中的噬油細菌發揮作用,只是把油推到海平面以下罷了。但是既然使用除油劑是墨灣漏油事件的應變對策一環,那麼了解除油劑以及其他即將被大量使用的化學藥劑是否安全,就成了刻不容緩之事。

負責測試的科學家們,就算擁有全世界的錢加上時間,也很難給出一個絕對的保證,因為牽涉的物種和化學物質太多,在不確定多久的期間中,於何時何處會爆發問題都很難說。在當時的狀況下,危機步步進逼,而只有很短的期間可以進行風險評估,並導入現場成為應對方案。動物試驗的方式,是將大劑量的測試物質施打於大量的動物身上,包括大鼠、小鼠或是兔子,有時甚至要試驗好幾代的動物,並測量其器官損害、致癌性以及其他傷害。這種測試方式在此次危機中,因為無法符合時間上的需求而迅速被排除了。使用動物測試毒性,每樣化學物需耗時三至五年,費用是幾百萬美金,而且還沒有計算這些動物生命的代價。單單針對一種潛在致癌物質的評估,就需要對超過四百隻大鼠和四百隻小鼠,進行五年的實驗,價格達四百萬美元。所以環保局

的研發處放棄了無意義的動物測試，轉而採取更為快速的毒性測試方式：以高通量測定，將少量濃縮測試物質放在測試架中，並利用機器人測量不同濃度的該物質，對人體細胞的影響。環保局的實驗室在幾周內（而不是幾個月或是幾年）就發表了八種除油劑的實驗結果報告；在除油劑還沒有完全被傾倒入海洋之前，及時提供了對緊急應變負責單位相當實用的資訊。最後，環保局發現某些除油劑可能會成為魚類的內分泌干擾物，但也發現最常用的除油劑，也是問題最少的一種。

深水地平線漏油事件以來的幾年內，新墨西哥州參議員湯姆・烏達爾與參議員維特致力於修改有毒物質控制法、制定更嚴格化學物安全測試規範。他們繼承了紐澤西州參議員法蘭克・勞滕伯格的工作，而勞滕伯格本人是在針對這項議題發動聖戰之後，不久即撒手人寰。在四十年內，環保局在積壓的數萬種化學物項目中只測試了幾百種，這顯然有改進的空間。此外，法律的模糊也讓數萬種已經進入市場、有潛在危害的物質，長期以來暢行無阻。現行這種主要的安全性測試方式，是在好幾世代的動物身上，施以人類生活中幾乎不可能碰到的高濃縮的劑量；這種價格比天高、粗糙又無效的安全性測試方法，顯然不是我們需要的答案。

關於動物測試的爭議，重要的轉捩點發生在深水地平線災難的三年前，當時應環保局的要求，國家研究委員會（National Research Council）召集了專家小組，做出的結論是：未來的毒物學將主要仰賴非動物試驗。國家研究委員會公開的報告中指出：

「新的測試方法將會產生相關性更高的數據,以評估人們面對的風險;不止能擴大試驗的化學物數量,同時還能減少時間、金錢以及用來測試的動物數量。」新的試驗方式涵蓋了一些聽起來就很厲害的方法,像是:生物工程器官晶片、自動化高通量人類細胞及基因測試、新一代體外免疫系統電腦模擬與模組等等。還有更厲害的,這些試驗方法正在改變全世界的安全性測試方式,讓科學家可以從細胞與分子的層次,研究人體對化學物質的反應。根據頂尖的科學家以及監管單位的說法,這些試驗方式大幅提升了研究的質量,有潛力能完全取代動物試驗。尤有甚者,這些方式讓科學家可以在幾周內就測試各種不同濃度、上千種不同的化學物。

這份報告發表之後,這個專家委員會的成員,也出席了多場隨後召開的毒理研討會,並提出他們的建議。一開始的時候,他們的同行對他們的看法心存懷疑,甚至公開拒絕;但不久之後,其他人也開始發現這些新科技的潛力。二〇一三年起,毒物學協會(Society of Toxicology)組織了三場「未來毒物」的研討會,以探討該委員會的報告,以及研究該如何採納報告中提出的建議。現在,大多數毒物學家關注的問題,已經不是「動物試驗可以被取代嗎?」而是:「何時會發生?」

其他國家也會評估化學物的風險,並也了解到動物試驗無法對付人類所使用的大量化學物。雖然美國的環保局先開始注意到這些快速的、非動物試驗的方式,不過大量使用這些工具、進行化學物的安全性評估的先行者,卻是加拿大。加拿大要求其監管

機構審查積壓的二萬三千種現有工業化學物，但其最後期限太嚴格，無法仰賴動物試驗達成。就如同深水地平線漏油的情況，時間壓力迫使監管當局立即轉向可行的電腦演算模型和其他非動物試驗方式，並根據迫切程度的高低依序進行測試。

歐洲當時也正在面臨挑戰，在新的化學法規之下，需要評估對人體安全與否的化學物質數量龐大，高達三萬種。雖然歐盟對這個問題的解決方案並非完美，但卻也制定了新的規則，使通過檢驗的替代檢驗方式可以被接受，以代替動物試驗。歐盟也為採行未來的試驗方式奠定了基礎，並鼓勵公司之間合作、互通信息，以減少疊床架屋的測試。過去幾年來，國際人道組織與美國及歐盟的監管機關、產業界合作，使替代方案得到接納：在致死劑量試驗中，替代了一萬五千隻以上的兔子和大鼠；在繁殖毒性試驗中，避免毒害兩百四十萬隻大鼠；眼睛與皮膚敏感測試幾乎已不再使用兔子，替代了大約兩萬一千隻的兔子；在皮膚敏感試驗項目上，也為全面淘汰小鼠與豚鼠鋪路，替代了二十一萬八千隻的動物。在這些替代方案中，人類和動物都是贏家。在監管機關和科學界拖延太久以後，人道經濟終於實現了。

從二〇一〇年至二〇一二年，美國人道協會及其他國際分會和歐洲的機構、公司取得合作，修訂了農藥測試的要求。過去的規範要求每種新的農藥在註冊銷售之前，必須經過一萬隻或以上的囓齒動物、兔子、狗及其他動物試驗。想像一下這個畫面：狗狗被關在成排的籠子裡，被迫食用含有毒素的食物長達一年，隨著時間過去越來越病弱，直到被殺死並解剖；而兔子則是脖子上

被套上鎖鏈，讓農藥滴入牠們的眼睛，或是滴在背部剃了毛的皮膚上。這種方式是如此過時又恐怖，但我們努力讓使用新科技的替代方案被接納，取代長期地毒害動物。

如今，輪到美國在化學相關法規的立法前線採取攻勢了。在參議員烏達爾和維特的領導下，加上參議員科瑞·布格及其員工們的持續不懈、迅捷靈巧的努力，以替代方案取代動物試驗的要求，得到參議院一致投票通過，新的化學測試標準於焉誕生。動物試驗將不再是主要的測量工具，不論是對於已存在的或是新上市的化學物來說，都是最後的手段。當此法案成為法律之後，將會強化資訊、要求實際的安全試驗，並只在極少數的情況下允許動物試驗。推動這項改革的力量，並不單單是來自於動物試驗的倫理考量；還有另一部分的原因是，以前的系統欠缺可靠性，測試單一物質就需要大量的時間及費用。舊有的化學物質測試系統已經嚴重崩壞，我們國家早就需要加以重整了。

在整個二戰後的年代，也就是以動物進行毒性試驗逐漸成為衡量風險的主要工具的期間，美國人道協會致力於（且隨著時間的累積可說相當成功地）贏得科學機構的共識，至少接受動物試驗的三R原則：優化（Refine）技術以減少動物受到的痛苦和壓力；減少（Reduce）試驗規範中規定使用動物的數量；以及當有可行替代方案時，以替代方案取代（Replace）。二〇〇〇年，動物保護組織、產業界及其他相關單位，一同贏得了立法機關首肯，創建了一個政府單位，名為「替代方案確效跨部會協調委員會」（Interagency Coordinating Committee for the Validation of

Alternative Methods），其目標是「在可行的情況下，設立指導原則、建議以及規範，以促進常規化接納新的或是修正過的、科學證實有效的安全試驗方法，以保護人類、動物及環境的健康；同時減少、優化、取代動物試驗，並確保人類安全以及產品效用。」

這個法律本身就驗證了以下的觀點：使用動物試驗會伴隨著道德上的問題，不應該無償使用；而當有替代方式時，則完全不該使用動物試驗。十五年之後，隨著一系列非凡的科技創新，我們觀察到，在某些領域中，動物試驗的數量相當可觀地減少了；同時有更多單位意識到，在毒性試驗中，採取非動物試驗的方法，比起傳統的動物試驗更為快速經濟。又一次，才智與務實一同幫助了人道經濟的成長。但從舊秩序轉換到新方式的過程中，有賴消費者、立法者、監管者、科學家，以及相關的領袖們，下定決心跨出這一步，才能將過時的方法拋諸腦後，進入新的領域。

那些原本在化學物及藥物試驗中扮演典範角色的人與機構，如今也開始重新思考風險評估（避免使人生病）以及效力（藥物能幫助病人的能力）的問題。國立衛生研究院的院長柯林斯博士，曾經在終結對黑猩猩進行侵入式實驗的過程中扮演了重要的角色，如今他也公開指出，動物試驗對於藥物安全並沒有太大的幫助。他指出：「利用人類組織進行試驗，早先已經通過了更嚴苛的標靶驗證。如此一來，直接跳過以動物進行的效用模擬評估，是合理的。」前一任的國立衛生研究院院長艾莉莎・澤豪尼也作出類似的表示。在討論到動物試驗的議題時，她說：「我

們已經不再用人類來試驗人類的疾病;研究人員過度倚賴動物試驗的數據。問題是,動物試驗並沒有成效,我們應該停止避重就輕……必須重新聚焦並接納以新的方法回歸人類試驗,以了解疾病的在人類身上的生物作用。」

開發活體外的肝臟、心臟和其他器官晶片,過程中無需傷害或犧牲任何生命。

　　每當我和我妻子麗莎看到各種處方藥物的電視廣告,無論是抑鬱症、勃起功能障礙、類風濕性關節炎、與神經損傷有關的疼痛等等,常常都驚訝於廣告中附帶一提的一長串副作用。這種廣告裡往往都有一對讓人感覺良好的中年夫妻,在田園牧歌一般背景中,臉上帶著微笑;可是旁白卻接下去警告你,可能會有「自殺的意念」、「產生敵意、情緒激動」、「呼吸道阻塞」、「皮膚反應,有些可能致命」等等恐怖的後果。要是這些案例中使用了動物試驗,其結果是可靠而有預測性的,那麼這些警告到底是在保護我們,還是在告訴我們,每當我們服用這些藥品的時候,都是在玩命?而且要是這些藥物真的會產生這類的副作用,那麼不等於是拿一種問題來換另一種嗎?

　　我決定和這場革命中、實驗室裡頂尖的科學家談談,其人對減少或終結動物試驗並沒有特定的想法,單純只是想要讓安全性及效用的試驗更加可靠。於是我前去拜訪了國立衛生研究院轄下「國家轉化科學中心」（National Center for Translational Sciences）

的克里斯・奧斯汀博士。該科學中心於二〇〇四年開始實際運作，目標是：「把從實驗室、醫療診所及社區所觀察到的結果，轉化為改善個人和公眾健康的措施。」這份工作範圍相當廣，從研究罕見疾病和遺傳疾病，到加速新藥審核過程都包括在內。但是說到安全性評估時，轉化科學中心的工作是「測試一萬種藥物及環境化學物，研究是否對分子與細胞有潛在的作用，因而導致健康問題。」有了全自動儀器以及體外試驗，奧斯汀博士不僅可以測試上萬種化學物，甚至上百萬種都沒有問題。和動物試驗比起來，完全就是另外一個層次。「每個星期我們會測試五十萬種不同濃度的化學物。」奧斯汀說道。「每個星期在我們的另一個系統中，會對這些化學物進行三百萬次的測試。所以說實話，那些積壓未檢驗的化學物，根本是小菜一碟。」在聯邦提供的上億資金支持下（美國聯邦是全世界支持研發的最大金主），奧斯汀博士看待此問題時，採取的是一種截然不同的優勢角度，並以二十一世紀的工具，讓監管單位更實際地了解化學物和藥物會如何影響人類的健康。再一次，這種高影響力的工作表明，科學家和政府在人道經濟中發揮了重要作用，特別是在基礎研究和試驗方面。

這不只是解決堆積待檢測物質的問題，更關乎以及時且經濟的方式，檢測數以萬計的化學品的能力，同時也是因為動物試驗真的就是不管用。「你可以在動物試驗的爪子前，呈上一整排臨床試驗失敗的案例。」奧斯汀博士說道。他指出，有一半的臨床前動物毒性試驗結果，並沒有在人類身上體現出來。百分之八十

的第二階段試驗（指有大量受試者參與的藥物試驗階段），其試驗結果並無價值。

　　他很快地指出，他和他的員工們只關注細胞的層次，但如此一來，往往無法發現會發生在器官上以及全身性的問題。對此他已經找出了答案：「就是使用組織晶片作為輔助。」這種新科技讓研究人員得以從人類細胞（以及其他物種的細胞），創建出簡單的器官以及組織模擬物，其功能與體內真的器官非常相似。這種器官晶片可以用在研究疾病，或是暴露在某種化學物、藥物之下的影響。

　　奧斯汀博士和他的團隊已經在使用這些晶片，但同時也有其他實驗室正在發展並改進這些晶片。美國國防高等研究計劃署、國立衛生研究院及食品藥物管理局，最近就投資了七千萬美元，用於開發十種器官晶片；歐洲的各國政府及公司也在新的醫藥計劃中，投資了數十億美元。這種方法正朝向個人化醫療的世界前進，最終可能可以將某種物質對於我的肝臟的影響，和對我妻子的肝臟影響進行比對。

　　在哈佛大學主持威斯研究所（Wyss Institute）的唐‧英格伯博士，接待了我和另一位同事，一同討論他目前從事的器官晶片工作。他目前正在開發活體外的肝臟、心臟和其他器官晶片，過程中無需傷害或犧牲任何生命。他研發的肺晶片可以模擬肺的呼吸機制，就如同活生生、會呼吸的肺一樣。他以無比的熱情讓我們看一段影片，顯示他和他的團隊是如何構建這個晶片。目前他

正在進行新的結構設計，用來模擬生命系統中的許多種不同效應，更能解讀擾動是如何在器官和其他生物途徑中發生的。「我們現在做出的功能層次，以前從來沒有人見過。」我們在哈佛的一間會議室裡，他這樣對我說。「這些工具在模擬疾病的進程或作用上，和動物實驗模型一樣，甚至更好。」英格伯告訴我，以往長期倚賴動物測試毒性的製藥公司、食品藥物管理局以及其他單位，現在都很興奮有這種新方法，並用它們來達成更科學、更好、更健全的安全性評估。哈佛已經關閉了旗下的靈長類研究中心，這並不令人意外；這一過程也顯示出，用靈長類來做研究，並不在哈佛大學未來的計劃中。

> 科學家早在多年前，就已經可以在實驗室中培養人類皮膚組織的細胞了。

在美妝產品的測試領域也有一場革命正在進行中，美妝產業也和化學產業一樣龐大；每個人在生活中都會接觸到，而且往往是在不知不覺中。數十年間，美妝品製造商毒害的動物數以百萬計，因為這種做法是被認可的標準，並且要是有訴訟案發生，還可以在法庭上成為該公司法律上的保障。美國聯邦政府並沒有特別規範美妝產業必須使用動物試驗，但是因為動物試驗是藥品和化學品的標準做法，因此美妝產業也同樣採用。「達利茲眼睛過敏測試」（Draize eye irritation test）就是幾個主要的測試項目其中之一。在這項測試中，測試人員會把高濃度的製劑放入兔子的眼睛裡，然後在總分一百一十分的量表上，標記出眼睛發紅與

組織破壞的程度。但是兔子眼睛的角膜結構與人類的有相當大的差異；兔子眼淚的量也比人類的小，因此被放進兔子眼睛裡的化學物質會停留更久、造成更大的刺激。因此，「達利茲眼睛過敏測試」不僅可能會高估人類的過敏反應，也為兔子帶來極大的痛苦。通常實驗室人員都痛恨執行達利茲試驗，這也不令人意外。

　　但現在，已經有超過六百間美妝產品公司和動物試驗說再見，轉而仰賴新科技，或是採用已經被證實為安全的物質和化合物製作產品。由約翰・保羅・德約利亞領導的「約翰・保羅・米樹爾系統」[13]（John Paul Mitch- ell Systems）就是最早採用這種做法的公司，其後還有安妮塔・羅迪克領導的「美體小鋪」（Body Shop）也加入此一行列。以往的產業先驅者，如今面臨眾多的競爭者，包括 LUSH 和眾多其他的公司，這些公司都承諾要提供消費者安全的產品，而且不需要通過嚴苛的安全性測試。在二○一五年買下寶僑家品美妝部門的美妝香水集團科蒂（COTY），就支持聯邦的「美妝產品人道法案」（Humane Cosmetics Act），這個新的法案的目的，就是要終結美妝產品使用動物進行安全性測試。這些後起之秀自豪地在產品包裝上標示「未經動物測試」的短句及標誌。想想看，豈會有哪間還在使用動物測試的公司，驕傲地宣稱：「我們使用動物試驗」嗎？還在用動物試驗的公司已經落伍了，因為以往大眾並不知道這些公司所進行的動物試驗是如此殘酷。

13　美國髮妝產品品牌，創立於一九八○年。

　　不過，這些公司也沒辦法再繼續這種試驗多久了，因為很多國家的立法者及監管機關，都正在修改法令，以禁止在任何情況下執行此類試驗。有一項歐盟的法規已經生效，禁止所有美妝產品使用動物測試，並禁止在任何國家進行動物測試的產品在歐盟國家銷售。這項法規推動產業界以及各國政府相關單位，朝向接納替代試驗方案的方向前進。歐盟通過該項法規的一年之後，印度也通過一項類似的法律。這兩處的法令加起來，等於讓那些還在堅持使用動物測試的美妝產品製造商，和多達十七億的消費者無緣。多年來，中國一直抵制這項變革，並堅持境內銷售的所有美妝品都需經過動物測試。但是在二〇一五年，這項規定已不再適用於中國境內製造的美妝產品。（但對於非中國境內製造的產品，仍需執行動物試驗。）有一些主打「反殘酷」的美妝產品公司對中國政府進行遊說，促使其結束這條已經過時的要求，其中就包括約翰·保羅·米榭爾系統。該公司宣稱，如果進行動物測試是進入中國市場的前提，那他們將不會在中國銷售產品。

　　如今，很多公司的產品都是全球銷售，實在不太可能在產品的研究試驗上採取雙軌進行；未來會有越來越多的公司改採非動物試驗的方式。二〇一五年春天，萊雅集團就因此登上新聞頭條，因為這個美妝業界的巨人宣布，計劃將開始生產以 3D 列印製造的人類皮膚替代品。科學家早在多年前，就已經可以在實驗室中培養人類皮膚組織的細胞了。這種人造皮膚和其他的方式，被用來測試眼影和粉底的安全性。而且經過證實，在預測皮膚敏感反應上，這些試驗的結果比動物試驗更準確。

消費者對於他們用在身體上或是吃下肚的產品，也將感到更安
心。

　　這些新的非動物試驗方式比起動物試驗，可以實際上測試
多達上千種不同的化學品，還可以簡化繁瑣的美妝品上市審核流
程，並增加製造商銷售的信心，以及消費者購買的信心。如果這
種替代試驗方式，也能像人類基因組計劃一樣成功，在經濟上的
回收將會十分巨大。巴特爾研究所（Battelle Institute）在二〇一
一年編製了一份報告，主題就是研究人類基因組計劃的影響。報
告中提到，這個計劃共花費約五十六億美元（依照二〇一〇年的
美元計價），但其產生的新經濟產值從一九八八至二〇一〇年，
總共達到七千九百六十億美元；投資報酬率為一百四十一倍。對
於「人類毒物學計劃」的投資，其前景可能也一樣充滿希望。
「大英創新[14]」（Innovate UK）最近為英國描繪了非動物科技的發
展路線圖，強調非動物科技在製藥產業中的前景。全球的製藥產
業加起來，每年淨收入為九千八百億美元，但每製造出一種新藥
需要花費十八億美元，因為大部分的新藥都在開發或臨床試驗階
段宣告失敗。這份報告指出，以細胞為基礎的分析，用於開發新
藥及安全性評估，其潛在市場預估在二〇一八年可達二百一十六
億美元。

　　這一切還有非常人性化的面向。歐盟轄下以動物試驗進行安

14　亦即英國科技策略委員會，為負責創新的政府單位。

全性測試的化學品，每年約有五十種；以新的高通量人類細胞試驗技術，一年可以為三萬種化學品進行完整的測試。新的試驗方式還可以一次試驗十五種不同的濃度。（一般來說，動物試驗只用兩種濃度進行測試。）在這種試驗中產生的數據，可以用來當做預測運算分析的材料；這種迅速擴展的分析方法，是透過識別這些化學品的模式及運作方式，從而在人類使用這些化學品的安全性及風險評估中，作出（比動物試驗）更接近的預測。

從結果來看，當我們下定決心朝向這種新的化學品測試的方向前進，等於也是整個社會在進步。在研發階段的經濟活動會更蓬勃、更可靠；而在銷售階段則是更有自信。消費者對於他們用在身體上或是吃下肚的產品，也將感到更安心。當有災害發生時，例如化學品滲漏或是油井噴發，影響到我們的飲水或環境時，也能作出更好的應對。我們也將不再施加種種過量的不人道在無數的動物身上，造成牠們的痛苦和創傷。

第六章

人們前來羅亞爾島是為了健行、賞景，以及感受遺世獨立，但是留在此地的訪客則是為了狼和麋鹿。「遊客很希望能聽到狼嚎或是看見狼蹤，但就算沒看到沒聽到，也不會覺得失望。」伍賽提告訴我。

看得見的手和自由市場：美國的野生動物人道管理

狼與積極收益

　　回到羅亞爾島對我來說，就像參加同學會一樣，不是和來自某個地方的某些人重聚，而單單只是重回某個地方。我回到了這個數十年前我曾短暫地留下腳印的地方，此地的野生動物讓我永生難忘。

　　我第一次踩著登山鞋踏上這座島，是在三十年前。此地是美國最為偏遠的國家公園之一，被蘇必略湖湧來的冷流團團包圍。當我還小的時候，閱讀國家地理雜誌的期刊和書籍時，就被此地的狼群、駝鹿和北國森林深深吸引，一直夢想著有一天可以親眼看看此地。所以，當我收到從學生保育協會來的信，接受我申請的一個夏季工作職位，我心中的歡喜不亞於被第一志願的大學錄取。號角響起吧！我要踏上前往羅亞爾島的道路，背上背包，狼群正在等著我！我等不及要踏上狼群剛剛踩踏出的獸徑，在靜夜中傾聽牠們的狼歌。

　　那是在一九八五年的五月，當我從密西根上半島（Upper Peninsula of Michigan）的霍頓搭渡輪抵達當地時，空氣中有股冰冷的寒意，水仍緊抱著著亞極帶冬天的寒冷不放。兩周的訓練過程帶我造訪了島上大部分地區，之後我被分派工作，負責以步行

和乘船巡邏這座島、對遊客解說島上的奇觀、在遊客中心輪值，以及執行各種其他任務，這些任務讓我能以更多種角度去了解這裡雄偉的景觀。主要的大島和旁邊的小島組成了這個列島，島上並沒有什麼巨大的地理特徵，既沒有高聳的山、古老的樹種，也沒有瀑布。但是列島上的岩岸、水晶般清澈的湖、白楊木、雲杉和冷杉，足以讓細心的遊客讚嘆不絕。

羅亞爾島上的狼群一開始是從安大略移入，當時大約是一九四〇年代。牠們在冬季走了大約二十英里，穿過結冰的安大略湖而來。對那些打頭陣的狼來說，此地並非天堂；牠們雖已習慣了苦寒的冬天，卻不見得適應持續不斷的降雪。但是此地也有很多讓牠們願意留下的理由：當時島上沒有人類定居，雖然有人來來去去，身上卻沒有帶槍、肩上沒有扛著捕獸夾，身後也沒有拖著家畜。因為國會在一九四〇將這片二百一十平方英里的列島劃為國家公園，禁止在島上打獵、放置捕獸陷阱，也不可放牧。這些狼正好踏上一塊沒有競爭者的區域，既沒有熊也沒有美洲獅；牠們可以輕易地把土狼趕跑、和靈活的狐狸共存。至於獵物嘛，雖沒有白尾鹿，但有很多麋鹿和海狸。定居島上的這兩種動物，最早可能是某一隻富有冒險精神或只是單純任性，因而（讓人難以置信地）游泳抵岸。

一九五九年起，野生動物生物學家開始於冬季穿梭此地。一開始是從普度大學來，之後密西根理工大學也加入。這些學者通常乘坐雪上飛機，尋找麋鹿和狼。當白雪覆蓋秋天的落葉，形成了白亮的背景，使樹林間的動物們清晰可見、易於進行族群普

查。研究人員也會把腳踏上地面，尋找、觀察麋鹿的屍骸、檢查牠們的糞便以獲取牠們吃些什麼的線索，並搜尋頭骨及骸骨。這些研究都是為了拼湊出島上生態系統的動態。野生動物生物學家杜沃德‧艾倫開啟了這項研究，之後由羅夫‧彼得森接手研究了四十年；在過去的十年中，則是由約翰‧伍賽提加入並接手。這些學者共同的觀察與測量研究結果，已成為全是世界持續最久、未中斷的「掠食者與獵物」研究。羅亞爾島在地理上是孤立的，形成一個獨立的生態實驗室，由狼及麋鹿主宰。

我從第一次造訪當地之後，就一直持續關注這些狼群的狀況。二〇一五年八月，我帶著期望重回此地，此時陽光讓微風變得溫暖，扭轉了從水上來的冰冷寒意。這一次，我是和密西根州的參議員葛雷‧彼得斯一起搭水上飛機前來。彼得斯是動物福利議題上的意見領袖。與我們同行的還有艾瑞克‧克拉克，他是奇普瓦印第安人、蘇族聖瑪麗部落的野生動物生物學家。伍賽提到霍頓來接我們，和我們一起搭飛機前往島上。飛機落地之後，我們搭上快艇去接彼得森。有兩個導覽員和我、彼得斯、克拉克同行，他們對島上的每一寸土地都瞭若指掌，知道每一條狼或是麋鹿常使用的獸徑。

根據彼得森和伍賽提的研究，當時的狀況相當危急。前一年的冬天，他們在整座島上只找到三匹狼，其中最年輕的那匹脊椎彎曲，還有其他遺傳異常的表現；自從艾倫五十年前開始在島上研究以來，情況從沒有這麼糟過。一九八五年我在當地工作時，那時島上有三群狼，總共有二十二匹；而且那還是因為前一年的

犬細小病毒大流行造成半數的狼死亡之後的數字。當時有一個遊客沒有遵守園方的規定,帶了一條感染犬細小病毒的狗來島上健行;島上的狼沒有接觸過病毒,因此沒有免疫力。當時狼群的數量減少並不是因為獵物不足,因為那時島上有大約一千隻麋鹿。

如今,有其他的因素讓羅亞爾島上的狼群數量逐年下降。「二〇〇九年,我們發現狼群有近親交配的問題。」伍賽提告訴我,狼群的數量太少、血緣也太接近。伍賽提進一步解釋說,他和彼得森發現狼群出現骨骼畸型以及其他的身體缺陷,這是基因出現瓶頸的指標。這樣一來,狼群更難繁殖,也更難獵捕強壯的麋鹿。近親繁殖肯定會讓牠們的存續力下降。狼群在一九八〇年犬細小病毒爆發之後,正常狀況下,應該會有數量觸底彈升的現象;但因為近親繁殖的問題,這樣的現象並未發生。唯一可以改善牠們命運的,只有從別處的狼群混入新的基因。不是有其他狼群越過安大略湖移居此地,就是國家公園管理當局以及其他野生動物管理單位,將他地狼群移入此地。

關於近親繁殖在狼群減少問題上所扮演的角色,伍賽提告訴我們另一件事足以佐證。他和彼得森發現在一九九七年移居此地的一匹狼,就為島上的狼帶來了「極大的益處」。他們給這匹狼取名叫「老灰」,牠在無意間發揮了「基因拯救者」的功能。牠讓數隻母狼懷孕,生下的幼狼比其他公狼交配生下的幼狼要來的更健康、強壯。「老灰讓我們發現到,要是這種狀況不是定期發生,羅亞爾島上的狼群不可能延續數十年之久。」他解釋道,「我們發現這種現象大約每五十至六十年發生一次。」伍賽提和彼得

森看見這一匹狼帶來的影響,於是回頭去看這幾十年來的觀察,發現自己錯過了一些跡象,當時沒發現也有類似這樣的現象。可是,隨著冬天越來越溫暖,冰橋已不再常見,狼越過安大略湖的機會也越來越少。

超過半個世紀以來,狼是羅亞爾島吸引遊客的主要特色;如今狼群正在消失中。早在二〇一一年,伍賽提和彼得森就已經看見了警訊,並提出警告,但是國家公園管理局當時似乎無意回應。到了二〇一二年又發生一起事件,起因同樣也是人類。這次事件導致狼群數量決定性地減少,事實上,少了四分之一。有兩匹狼掉進一個十九世紀留下來的採礦井中淹死了,其中一隻是居主導地位的公狼,還有一頭母狼。當時島上只有少數幾隻母狼,這起礦坑意外對於已經在減少中的狼群來說,影響不可謂不大。伍賽提、彼得森以及他的妻子發現了豎井中的屍體,並把屍骸拉出來確認了牠們的死因。

管理單位仔細考量過這些之後表示,國家公園是一個荒野地區,應該讓自然發揮其作用。但其實引進外地的狼群,對於國家公園管理局來說,並不是毫無前例可循。廿年前,管理局就曾經把德州的美洲獅引入佛羅里達大沼澤區的生態系中,以新基因拯救因為孤立瀕危佛羅里達山獅族群。一九九〇年代中期,國家公園管理局也曾經把加拿大的狼群移入黃石國家公園,讓這種食物鏈頂端的掠食者回到牠們生活了數千年的地方,以平衡數量增長的駝鹿和野牛;儘管當時牧場主、獵人以及許多當地人強烈反對,深怕狼群會影響當地的牛群、駝鹿以及鹿。羅亞爾島和黃石

國家公園不同,當地沒有居民會採取反對立場,沒有人居住此地(國家公園在寒冷的半年對外關閉)。正如同黃石公園以及佛羅里達大沼澤的案例一樣,重新將掠食者引入羅亞爾島,是企圖彌補人類造成的破壞——人類帶來了犬細小病毒、人類留下的空礦井變成了陷阱、人類讓氣候變暖使加拿大的狼無法移居此地。即使連這樣偏遠之處,沒有人獵捕狼,與人類文明之間有全世界最大的湖做為緩衝,也無法自外於人類的影響。幫助狼群在此地重新站穩腳步,不止意味著扭轉我們對牠們的傷害,更是控制蓬勃增長的麋鹿數量的重要一環。

讓狼群衰弱死亡不只會擾亂整個羅亞爾島的生態,更會傷害當地內陸的經濟。狼在此地的生態景觀中挑大樑,當牠們從舞台上消失,麋鹿因為沒有掠食者而數量激增,這會讓許多潛在的遊客改去造訪別處。那就像是一齣戲劇失去了主角,整個麋鹿與狼的故事,就會變成歷史回顧而不是現在進行式。訪客數量很可能會銳減。狼群使麋鹿的數量保持在適當的範圍,而且讓訪客的數量大幅增加。如果訪客減少,買票搭乘渡輪的人也就減少,國家公園有可能必須削減目前的八十名全職員工。羅亞爾島遊客主要的活躍地區,包括霍頓、密西根州的科珀港,以及明尼蘇達州的大波蒂奇,也都將受到衝擊。人們前來羅亞爾島是為了健行、賞景,以及感受遺世獨立,但是留在此地的訪客則是為了狼和麋鹿。「遊客很希望能聽到狼嚎或是看見狼蹤,但就算沒看到沒聽到,也不會覺得失望。」伍賽提告訴我。「羅亞爾島會讓你愛上狼,即使沒看到也一樣。」在我們的某次健行途中,伍賽提指給

我們看一個泥地上的新鮮狼爪印，這個景象讓我想到，就算狼的數量一隻手就數得出來，還是可以感覺到牠們的存在。

　　自然作家華勒斯・史達格納曾經將國家公園稱為「最棒的點子」。國家公園帶給附近區域的經濟效益非常巨大。這是聯邦政府發揮其權力、促進人道經濟的例子。某地一旦被指定為國家公園，例如羅亞爾島、佛羅里達大沼澤、大彎[15]（Big Bend）等地，就會產生光環效應，成為遊客心目中的頂級去處，帶動毗鄰地區的商業活動。旅館、商店、餐廳、咖啡館、露營地、導遊等等，相關的生意蓬勃發展。二○一三年全美的國家公園系統，總計四百○一個地點，總觀光人數超過二億七千三百萬人次，約相當於每個美國人都到訪一次。這些遊客在周邊的區域（國家公園周遭六十英里範圍內）消費額總計為一百四十六億，提供了二十三萬八千個工作機會，對全國經濟的貢獻約為兩百六十五億美元。建立國家公園時，國會等於提供了一個刺激經濟的方案，卻連動土都用不著。大自然早就已經準備好了前景、背景，以及一切居於兩者之間的，而且還每年幫忙免費維護呢。

　　大自然的作為並非經濟活動，但為了賦予某種觀點，有些研究也對其進行標價。根據彼得・迪亞曼迪斯及史蒂芬・科特勒這兩位作者的說法：「生態系統服務的廣泛價值」，包括替農作物授粉、將碳素封存、調節氣候、淨化空氣和水、養分散播與回收、

15　位於德州，格蘭德河在此轉了一個大彎，因而得名。

廢物處理等等,「一年的價值就達卅六兆美元,大約相當於全球一年內的經濟額。」人類用天才創造了很多奇觀,像是巨型水壩、挖穿地底的隧道、像山一樣高的建築物,還有挑戰想像極限的高山公路;但是國家公園的自然奇觀更為壯觀、療癒、比人類所造的一切都更加偉大。國家公園的四周還會有旅館、商店和其他特許相關產業,但這些人造物的尺度和建築,都必須配合自然體驗的要旨。

時至今日,不論是公民團體或是政治領袖,當他們呼籲將某地劃設為國家公園或野生動物保護區的時候,通常都會把這樣的計劃描述成帶動經濟發展的機會,因它必定會帶來遊客。促成「緬因州森林國家公園」提案的,正是這個論點——這個國家公園可以振興附近的工業小鎮,像是東米爾諾克、梅德韋等,這些地方如今少有高收入的工作機會,很少誘因讓年輕人願意留下。國家公園不僅不會像某些反對劃定公有地人士宣稱的那樣把土地鎖住,反而會釋放更大的潛力,獲得更大、更持久的利益。國家公園這個概念發源於美國,如今遍及全球。在工作倫理以及工作壓力都非比尋常的韓國,自然成為人們的紓壓去處,根據《國家地理雜誌》統計,「韓國森林的遊客二〇一〇年為九百四十萬,二〇一三年成長為一千二百八十萬。」開採天然氣、石油或礦藏,其蘊含量是有限的;但自然可以提供人們無限的享受:遠眺景色、森林和岩層、瀑布與溪流、怎麼看都看不厭的鳥類與哺乳類動物。有越來越多的證據顯示,觀賞野生動物、在自然裡消磨時光,對心理、生理都有益處,還會帶來無可估量的經濟效益。

　　人們想要造訪國家公園及其他自然區域，這樣的需求來自內心深處。對很多人來說，這樣的自然體驗所帶來的平安，是別的場域都無法取代的。也許這也激起了某種懷舊之情，有點像是回到小時候的場景；畢竟，在人類歷史中有百分之九十九時間，部落社會都是居住在有動物、樹、溪流，以及其他自然景物環繞之處。哈佛生物學家威爾森稱之為「自然之愛」，是一種我們對自然的喜愛，我們「天生具有注意生命欣欣向榮的傾向。」今時今日，逃離辦公高樓林立的水泥叢林、沉浸在未受污染的自然領域中，可以讓人鬆一口氣。就像威爾森形容的那樣，我們被自然吸引，「就像飛蛾撲火」。

　　在過去的一百五十年中，隨著快速工業化、都市化的腳步，在不可抵擋的社會發展中，人們也努力保護自然區域。超過一個世紀之前，都市規劃師就在美國幾座最大、最知名的城市裡創造了綠地。如今，大量的紐約客在中央公園裡漫步，而華盛頓人則享受穿過岩溪公園中的溪流和森林的微風。事實上，可以俯瞰公園或是在公園週邊的房子，賣價可以多好幾萬美元，這也是自然價值可以貨幣化的有形證據。除了都市裡的公園管理單位之外，還有很多隸屬於地方或聯邦層級、或是非官方單位的自然保留區，以及土地信託、甚至私人持有的土地，保護了成千上萬處的大地與森林。國家公園管理處只不過恰好是這些最特別的自然保留區的主要管理者，但是大自然的賞金還提供給很多其他管理人。很久以前我們就已經離開了荒野生活，但如今我們還是需要荒野才能活下去。

我們還是需要荒野才能活下去。

　　保護自然並讓人們可以享受，但也同時加以管理，這一向就是美國經濟的一處堡壘，其歷史已超過一世紀之久。一九三〇年代的大蕭條期間，小羅斯福總統和國會就曾經成立民間護林保土隊（Civilian Conservation Corps），提供年輕人工作機會，讓他們在自然區域內修築小徑及相關設施，提供公眾遊憩使用。小羅斯福的遠房堂兄，也就是他的前任老羅斯福總統相信，保存與體驗開放的大自然對於人格養成十分關鍵，並指出這種「費勁的生活」是美國經驗中的一個獨特組成。雖然老羅斯福總統幾近病態地獵殺了大量的北美和非洲野生動物，就為了獲取戰利品，而且還授權美國生物學研究處（US Bureau of Biological Survey）讓整個西部的狼群消失；但是在許多地區成立自然保護區這一點上，他的功勞無法抹滅。他在位的八年之間，共設立了一百五十處國家森林、五十一處聯邦鳥類保育區、十八個國家紀念區、四個遊獵保留區，以及五個國家公園。總計老羅斯福將二點三億英畝的土地置於永久的公共保護之下，面積相當於把大西洋沿岸的州，從緬因州直到佛羅里達州全部加起來那麼大。從此之後，保護自然就成為美國經濟長久以來的特徵之一，也是我們文化中很重要的一部分。

　　在每個國家公園成立的過程中，都有許多倡議者的身影，他們有遠見，想要將一個美麗的地方加以保護。他們持續努力，在一開始時抵抗那些從特殊利益而來的不同意見及反對聲音。成功的社會運動者最終會找到盟友，並說服立法者、總統採取行動。

這些人是另一種社會企業家,他們從事的不是建設卻是保護、是保存而非利用。他們的辛勞讓授權國家公園成立的政治家看起來很有遠見,因為其他的土地利用方式,都無法產出這麼多商機,而且如此永續、人道、長遠。

其結果使生態商業欣欣向榮,範圍以及影響都是前所未有的。二〇一三年,單單黃石國家公園就有三百二十萬人次的訪客,在鄰近地區創造了五千三百個工作崗位。(若是包括大蒂頓國家公園以及串聯其間的國家森林、國家野生動物保留區,這整個大黃石生物圈產出的自然遊憩效益,每年為十億美元。)優勝美地的遊客有三百七十萬人次,經濟效益為三億七千三百萬,提供五千零三十三個工作機會。田納西州東部的大煙山國家公園的遊客人次超過一千萬,儘管其中許多人只是迅速地通過。相形之下,造訪羅亞爾島的一萬五千至兩萬人次,就顯得比較不起眼;不過這些遊客經常一次就在島上停留一星期,比起優勝美地的平均停留時間還要長一倍。遊客以及他們購買的一星期份日用品,挹注了這些鄰近鄉村的經濟。

國家公園管理處必須管理人潮,避免太多的愛和欣賞帶來的影響;同時,管理處也必須對公園建立科學上、生態上的了解,這也就是伍賽提以及其他科學家所從事的工作。這些受過高度訓練、洞察力強的記錄者,將這些國家公園中的生態動態鉅細靡遺地記錄下來。當我還是孩子的時候,艾倫和彼得森為我這代的人做了這件事,如今彼得森和伍賽提繼續為我們下一代做這件事。其他的科學家,有人敘說黃石公園裡灰熊的生活,有人記述佛羅

里達大沼澤區的山獅，還有佛羅里達南端礁島群的鹿。影片製作人、攝影師、出版商、短文作家、記者等人，也加入這些科學家的行列，說出一部分的故事，將細節傳達給廣大的閱聽眾，從而激起人們對國家公園更大的興趣。他們都是人道經濟的行銷人員。他們提醒了我們，是動物讓景物變得生動，讓人心動萬分、驚奇不已。人道經濟需要群策群力，這一點在國家公園的運作中尤為明顯；政府、科學家、商業與消費者，都在這個經濟生態系中，扮演了同樣重要的角色。

科學家不只做記錄，也協助找出對國家公園的威脅。密西根州的參議員彼得斯，也就是二〇一五年和我們一同前往羅亞爾島的那位，持續批評國家公園管理處對狼群急邊減少的問題不聞不問。幾個月之後，這位參議員要求國家公園管理處在羅亞爾島的狼群中引入新的基因來源，他指出，剩下的三匹狼可能會陷入繁殖危機；就算牠們真的繁殖了後代，那麼過於相近的基因近親繁殖也會導致更多的健康問題。他的同僚，密西根州的另一位參議員黛比‧史戴博瑙以及其他幾位關鍵的立法諸公也加入他的陣營，要求採取行動。他們寫道：「除非國家公園管理處儘速採取行動，否則狼群很有可能會從羅亞爾島上消失。」在一九四〇年代狼群出現之前，羅亞爾島上的麋鹿數量曾經一度暴增，將島上森林中可食用的植被吃得一乾二淨。

如果能從別處捕捉一些狼移到羅亞爾島上安置，對於另一個問題也不失為一個優雅的解決方案。最靠近此地的狼群在密西根州的上半島，要是從那兒移走一些狼，將可以紓解當地某些居民

對狼群的憤怒；因為當地雖然有大量的森林，但也有不少人類的居住區。二〇一四年十一月，密西根州的選民不止選出彼得森為參議員，那一個月當中，選民也投票否絕了兩項提案：開放在上半島私人獵狼，或是在某段期間設置陷阱。這意味著大多數的密西根人必須與狼共處。

然而，在上半島還是有些人對狼的態度是殺之而後快。當地的文化更接近阿拉斯加的鄉野，而不是底特律或是大急流城這種都市圈。在過去的二十年間，狼群重新在這些北地的森林裡稱霸，牠們從威斯康辛州遷徙而來。根據密西根州自然資源部的估計，二〇一五年當地有超過一百群狼。上半島區的人口只有三十萬，還有六百多頭的狼，這兩者的路線註定偶爾會在某處交會；即便此地地廣人稀，從東到西有三百二十英里寬，面積幾乎是密西根州的三分之一，但人口卻只占該州的百分之三。人與狼無可避免、一而再再而三地發生的衝突。藉著將所有衝撞了人類的狼移送到羅亞島上，有望得到解決。對於被捕捉的狼來說，這段旅程並不長；再加上國家公園裡既沒有人類居住也沒有農牧活動，這些狼很難再惹事生非。這樣一來，被流放到島上似乎也不壞。牠們在島上有半年的時間不用和人類接觸，而且根據伍賽提的說法，雖然這狼原本在內陸是以獵捕鹿為食，到了島上也能適應獵捕麋鹿。底特律動物園（園方也曾提出要收養部分的狼）和美國人道協會同意支付捕捉那些曾經威脅到牲口的狼、以及運送到島上的費用。如果這樣的遷移成功將會有很大的益處：國家公園著名的狼又恢復生機、附近的生意也有了吸引遊客的賣點，對於上

半島害怕狼的居民來說，問題也解決了。

　　這個計劃還可以紓解一些二〇一四年那場密西根的公民投票，所帶來的緊張關係。當時支持獵捕狼的人數量很多，這些人不遺餘力地把狼描繪成恐怖的末日掠奪者。他們不斷傳述上半島一位農夫約翰・考斯基的經歷，據這位在密西根西部偏遠地區經營農場的農夫自述，他已經數不清多少次遇上狼，還有幾十頭牲畜被狼殺害。在整個密西根州的狼攻擊事件中，有六成發生在考斯基的農場上。但是在密西根新聞合作社工作的記者約翰・巴恩斯卻發現，這宗被支持獵狼者拿來大肆宣傳的案例，其實是莫須有的宣傳工具。經過幾個月的調查之後，巴恩斯發現，事實上考斯基一直在利用鹿肉和牛肉為餌，（不管是有意或無意）吸引狼前來，然後才四處抱怨狼為禍的事，並且還因此而獲得補償。國家甚至還給他一些驢子當警衛（原來驢子領土意識很強，還會想辦法保護其他的牲口免於被入侵者危害），但是考斯基也沒有好好地利用這些驢子，其中兩隻在他的照顧之下死掉了，使得管理機關不得不再度出面干預，以免第三隻也死掉。這位記者還發現，密西根州自然資源部一直和狩獵遊說團體合作，他們也利用考斯基的經歷，替推動狩獵找理由。巴恩斯作結論道，這個發生在二〇一二的事件，是「政府沒有完全說實話，加上造假，還有一個農夫扭曲牲畜的數量，使得意見被誤導朝向開放狩獵。」

　　巴恩斯的系列報導在密州新聞（M-Live）上登出、在整個密西根州廣傳開來之後的幾個月，考斯基對忽視動物照顧的指控不予抗辯，此一發展更是讓已經搖搖欲墜的狩獵派論點成為跛腳

鴨，無法自圓其說。密西根州的公民投票否決了獵捕或是設陷阱捉狼的提案，讓這個爭議暫時擱置。不過，投票即果出爐的一個月之後，地方法院的判決更讓此事塵埃落定——地方法院宣判，聯邦政府欲解除對狼的保護一舉，是不合理且不合法的。法院恢復了對整個大湖地區的狼的聯邦保護措施；另外一起法庭判決，也讓懷俄明州在二〇一四年禁止獵狼，使得明尼蘇達州、威斯康辛州以及密西根州的獵狼合法性受到質疑。

> 在過去的一個世紀裡，在美國本土從不曾有過健康的野生狼攻擊人類致死的記錄。是的，你沒看錯，記錄是零。

上半島的政客要求將獵狼合法化，已經有一段時間了，因為大約在這段間，狼群開始回到牠們祖先曾經漫遊了數千年的土地上。共和黨的參議員丹・貝尼謝克，他的選區包含了整個上半島區域，提出了一項法案，企圖推翻法院將狼置於「聯邦瀕危物種法」保護下的判決。他又再度提起考斯基和一些密州政治家的說法，宣稱狼群經常侵擾牲畜，並且給人帶來危險。但是和參議員湯姆・卡斯伯森比起來，貝尼謝克還算是溫和的。卡斯伯森是密西根立法機構中反狼十字軍的領導人物，他因為誇大反狼的案件而惹上了麻煩。二〇一〇年，有一位他的選民在自家車道上看見一匹狼，而卡斯伯森把這個本來是相當溫和的事件，誇大成嚇人的故事。卡斯伯森藉著強調這個事件，提案在該州恢復開放季節性打獵及設陷阱，並免除對狼的聯邦保護措施。他在提案中寫道：「好幾次，小朋友的戶外遊戲時間開始之後，狼群就出現在

托兒所的院子裏。……聯邦人員從那個後院裡抓走三匹狼，以免對小朋友造成威脅。」

巴恩斯也調查了這件事。他的報導寫道：「狼出現那天，車道上並沒有小朋友。而且只有一匹狼，不是三匹。確實是有三匹狼被射殺，但時間是在七個月之後，三個不同的日期，地點距離（該選民的家）約四分之三英里遠。」

卡斯伯森的說法引起許多反應，因此他後來不得不在國會內，為引起公眾驚恐而道歉。但這次事件並沒有讓他停止宣傳開放獵狼的提案。他宣稱說：「我們關切兒童在院子裡玩耍時的安全」，並以此為理由，捍衛他提案的開放狩獵運動和設陷阱的商業行為。但他卻沒有提到，在美國的所有掠食動物中，狼被證實是最不危險的。在過去的一個世紀裡，在美國本土從不曾有過健康的野生狼攻擊人類致死的記錄。是的，你沒看錯，記錄是零。這是真的。科學家告訴我們，人類大腦中的杏仁核與對掠食動物的恐懼相連，即使是面對狼這種從數據上看來，遇上時遭攻擊的風險幾乎是零的動物，也不例外。建立政策時，應該要基於堅實的數據而不是模糊的恐懼。密西根州的選民在二〇一四年的公投中，正是依此作出決定，否決了卡斯伯森的論調，並決定重新啟動狼的保護措施。

讓我們回顧更遠以前人與狼的關係。別忘了，這種動物大約在三萬年以前，就來到人類身邊尋求友誼，這已是許多古生物學家逐漸建立的共識。在農業社會以前，人類和狼看待彼此時多少

有些小心翼翼，但是這種直覺上的恐懼逐漸轉為接納，之後更視彼此為同伴。在漫長的歷史中，人類成功馴化了大約二十種野生動物，其中狼是最早被馴化的；時間大約是在兩萬年、甚至更久以前。狼也是唯一成功被馴化的大型掠食動物。雖然其他的大型掠食者，像是山獅或是黑熊，一般也不會對人類構成威脅，但唯有狼變成了人類的同伴。一方面，狼受到人類的迫害，數千年來雖未滅絕，生存範圍卻也縮小很多；另一方面，被馴服的狼則提供了人類諸多的益處。每一隻狗的家譜頂端都是狼；幾千年來，狗是人類的夥伴、護衛兼勞動力，牠們的守衛讓人類能在農業上獲得成功，牠們尋跡和追蹤的能力讓人類可以從事狩獵。人類可以從史前的部落躍進為農業社會、創造文明，狼和狗的功勞不可抹滅。牛津大學的古生物及生物考古學研究網的主任葛瑞格・拉森博士指出：「狗絕對扭轉了情勢。要是沒有狗，人類依舊是以採集狩獵為生。若是沒有狗的馴化，人類的文明絕不可能發生。」

傳說中，羅馬的起源是有因為一匹母狼哺育了被遺棄的羅穆盧思和雷穆斯兄弟。這個故事雖說是寓言性的，但不可否認的是，狼的確改變了人類的歷史。狼的馴化與語言的發展、用火和種植作物，是改變人類命運最主要的幾大創新。「要是沒有馴化的狗在，早期的牧民很難遷移並保護他們的牲畜，也很難讓農業成為可行之道，進而取代狩獵採集。」說這話的是杜倫大學（Durham University）的考古學教授彼得・羅利康威。「毫不誇張地說，人類所有的交流，包括早期的以物易物，到如今資訊時代的線上交易，都是建立在這些發展基礎之上。狼及其後代在人

類經濟中存在的時間，比其他物種都要來得久。」

　　許多美國原住民部落崇拜狼，並創造了很多有關狼的傳說；但是很多美國人卻被卡通裡「大壞狼」的形象影響，對狼的觀點與原住民大相徑庭。在美國的歷史中，大部分的時候狼都被無情地追殺。一八八〇年，黃石國家公園的警長菲力圖斯‧諾利斯在報告中寫道：「（狼及土狼）皮毛的價值高，加上牠們容易受到番木鱉鹼下毒的屍體引誘而被毒殺，導致牠們幾近滅絕。」在十九、二十世紀之交，聯邦政府聘請專業的獵人以及設陷阱好手，讓更多的狼喪命；州政府也對獵捕狼提供獎金。到了一九七〇年代早期，美國國會通過完善的「瀕危物種保護法」，將狼及其他許多受到威脅的物種納入保護，此時，只剩下明尼蘇達州北部，以及安大略湖裡的羅亞爾島上還有殘存的狼群。

　　越來越多研究野生動物的科學家發現，對於維持豐富的生態系來說，狼扮演了關鍵的角色。現代野生動物管理之父奧爾多‧利奧波德在他的知名著作《沙鄉年鑑》一書中，就呼籲揚棄以往殺害狼的做法。在他早年擔任林務員的時期，就已經發現狼絕對不是有害的生物。狼是維持生態系統平衡的重要一員。亞利桑那州的凱巴國家森林（Kaibab National Forest）執行了掠食者控制計劃，並把狼移走之後，他發現了此舉帶來了有害的影響。伍賽提和彼得森在羅亞爾島上數十年的工作，也讓利奧波德的結論從紛紛擾擾的說法中脫穎而出，得到了肯定。從他們的觀察中可以看出，狼群使獵物的族群不會無止境的擴張，牠們會挑出弱的、病的、或是小的當獵物，使獵物的族群不會過度膨脹，以至

於把森林中的樹苗吃光或是將樹皮剝食盡淨。事實上，黃石公園裡重新引入狼群之後，牠們馬上開始發揮作用，減少了麋鹿和野牛的族群密度，迫使牠們停止過度侵蝕草地與河岸地區。有一部很受歡迎的短片【狼如何改變河流】，就是記述這些影響；短片的內容是從一位記者兼環境倡議者喬治・孟比爾特的演講而來，在 YouTube 上吸引了超過一千五百萬人次觀看。

狼對於家畜的威脅也被過度放大了。從密西根的上半島地區、及其他一些有狼的地區的數據看來，狼造成家畜死亡的數字非常小，只占該地區死亡牲畜的百分之零點一到零點六。二〇一四年，華盛頓州立大學發表一份研究，該研究的期間長達二十五年，結果發現，無差別地濫殺狼，實際上會加重狼群以牲口為獵物的傾向。原因可能是這種把獵狼當成一種休閒娛樂，或是出於商業目的設陷阱加以捕捉的行為，破壞了原本穩定的狼群，製造出較為年輕、經驗較不足的世代。這些年輕的狼群獵捕傳統獵物的經驗有限，因而更有可能當有機可乘時，就把羊或牛當成獵物。那些用狗當警衛來保衛牲口（這策略相當成功）的農夫們，則更應該飲水思源，為此而感謝狼。

鼓吹要獵殺狼的人，除了誇大狼的負面影響，也忽視了狼的正面影響——狼的獵食幫助鹿的族群維持健康，對林相、農業以及野生動物管理都有益。狼會獵殺生病的鹿，因而阻止了疾病的大規模擴散，否則疾病有可能造成鹿大量死亡。還有，有哪個司機不曾多多少少擔心過，會在馬路上撞上一頭鹿？根據州立農業保險公司的報告，美國每年大約有一百二十萬起車鹿相撞事件，

造成大約兩百人死亡、四十萬美元的汽車損失。在密西根州，每年大約有五萬起這類事故，上半島區有數千起。要是狼能透過獵捕幼小、衰弱、生病的鹿來維持健康良好的鹿族群，那麼就有可能省下每年數千萬美金的修車及保險費用，避免造成的人命更是無價。

「狼會替鹿的新疾病築起一道防火牆。」當獵狼與否的議題爭論不休的時候，彼得森這樣告訴參議院的一個委員會。「有一個非常明顯的例子，就是慢性消耗病（Chronic wasting disease）。」這是一種腦部的病變，就像狂牛症一樣，是鹿族群的主要威脅之一。這種病一開始是從鹿農場上散播開來，傳染到圍獵場中的鹿，最後感染了野外的鹿群。這又是另一個例子，為了樂趣獵殺野生動物的獵人，為野生動物帶來更多的苦難。威斯康辛州有超過四百座鹿農場，該州自然資源部指出，自從二〇〇二年大規模爆發以來，這種鹿腦部異常的疾病，就在大部分的南部區域蔓延開來。彼得森說：「目前慢性消耗病還沒有蔓延到有狼的區域，在整個美國都是如此。合乎邏輯的解釋就是：狼獵殺了有病的鹿。」這種疾病以醜惡而無差別的方式減少鹿群的數量，也讓吃鹿肉的人暴露在健康風險下，因為這種疾病會變種成「庫茲菲德－雅各氏症」（Creutzfeldt-Jacob Disease）而感染人類。

狼帶來的這些非直接的經濟效益，可能是牠們最大的價值所在，但除此之外，狼也有帶來直接的好處。在羅亞爾島上，人們單純就是喜歡看到狼、聽到狼嚎、置身於有狼的野外，即使是短時間也好。每年都有成千上萬的野生動物愛好者來到黃石公園，

在拉馬爾山谷觀賞這些最多人看的狼群，給黃石公園帶來三千五百萬的收入。在大湖區，明尼蘇達州伊利市的國際野狼中心，每年從訪客獲得的收益是三百萬。如今，狼在大湖區逐漸有了永久的居住地，可以想見，將會為附近幾個有狼的州，帶來觀光相關的收益。

伍賽提不太願意提及狼群所帶來的實際與經濟效益，雖然他也承認這些論點是相當有效的。只不過他認為，從道德的角度看待保護狼的議題，是最重要且最有力的。但他也了解，政治上的決定以及公共政策，經常是偏向經濟的。倫理和經濟兩者在我們的決策過程中是綁在一起的；但很清楚的是，當論到與掠食者有關的經濟分析，很多政治家就搞反了。這不是零和賽局，狼的數量增多不代表狩獵許可就要變少，或是牛羊的損失就要變大。一份更全面、基於事實的評估，顯示出狼帶來的加成效應，不論是在像羅亞爾島這樣純天然的環境，或是森林、農場、人類居住區混合的區域，都是一樣。「我認為在有一些地區，狼已經開始扮演重塑上密西根生態系統的角色。」彼得森在國會作證時，如此說道：「這對經濟的正面影響將是以億計算。」一個多世紀以來，我國以直對狼為所欲為，讓牠們生存的區域只剩下原本的百分之五，其他地區的都被殺光了，只留下屍體的痕跡、飄零的狼群，以及生態系統中的缺口。就如同很多虐待動物的行為一樣，多數都是因為無知，或是偏誤的政策所造成。數十年來消滅狼的焦土政策，與屠殺野牛一樣，是美國野生動物管理及農業史上，最不人道又最反效果的章節之一。長久以來，政府對狼的政策，是由

童話故事及不理性的恐懼而來。因此,當有立法諸公又來老調重彈,在立法會堂上或是在當地養牛業者的聚會上提起這些過時論調,就是我們仗義執言的時候了。因為這些論調不僅不真實、無根據,而且可恥。我們的知識已經不允與這樣的假議題再多活一天。面對偶爾發生的人狼衝突,我們不應盲目的樂觀,但也不必做出愚蠢或殘酷的反應。我們應該要終結濫殺狼的時代,理性考量掠食者對生態的益處,依此建立多元的管理架構,並在此架構下以非致命的方式為主要手段,應對偶爾發生的衝突。最近幾十年來,我們也努力挽回已經造成的傷害:首先,在一九七〇年代,明尼蘇達州殘存少數狼群,開始受到瀕危物種法的保護;然後是二十年前,狼被重新引入洛磯山脈的北部和西南部,這些落腳點讓狼群能夠重新取回牠們的領地。這些狼已經展現出驚人的耐受力,但也沒有必要繼續測試牠們的極限了。牠們已經重新回到了密西根州、明尼蘇達州以及威斯康辛州的森林,也在亞利桑那州南部及新墨西哥州建立了族群。如今狼跡也出現在加州北部、奧勒岡州的各地以及華盛頓州。牠們的腳步甚至跨過亞歷桑那北部,進入猶他州。然而,儘管有這些進展,美國本土生存的狼,數量依然只有五千上下。

在過去幾年當中,美國魚類及野生動物管理局在幾個州裡,將狼從瀕危動物法的保護名單上移除,移交給當地的野生動物管理單位。這幾個州毫不猶豫地就開放了休閒狩獵以及設陷阱捕捉狼的行為。好幾千隻的狼因此喪命,多半都是死於捕獸夾、捕獸籠、獵犬或是誘餌。在威斯康辛州,連最糟糕的獵捕方法也在允

許之列，陷阱和獵人在短短三個狩獵季中就殺死了十七個家族，也就是整個州狼群總數的五分之一。法院確認了這樣的情況為濫用，因此多次重新將懷俄明州以及大湖區的狼重新列入保護。國會否決了北洛磯山法院的判決，蒙大拿州和愛荷華州則把此舉當作大量獵殺狼的許可。此舉在法律上、生態上和經濟上，都是錯誤的。至今為止，美國人道協會以及其他團體成功地阻止國會對大湖區以及懷俄明州的狼做出同樣取消保護的決定。二〇一五年末，許多位世界知名的野生動物學家及科學家寫信給國會，指出：「狼目前生存的地域，只是牠們原棲地非常小的一部分而已。」因著狼會給生態系統帶來的好處、給觀光業帶來數百萬的收益、給科學研究帶來豐富的知識，這些科學家寫道：「我們要求國會採取行動，為下一代而保護此物種。」

政府在保護國家公園的工作上扮演了重要的角色，不止為旅遊相關產業帶來數十億美元的收益，還保存了我們國家的文化以及生態資產；因此，政府更應該發揮其作用，扮演人道經濟的推手。保護狼、灰熊、狼獾、大山貓以及其他長期被迫害的動物，就是展現這種決心的好機會。如今我們對野生動物的知識已經比過去多太多了，不能再繼續用老方法，也不能再繼續忽視牠們帶來的經濟益處了。如果帶來生態上和經濟上的益處還不夠，那就轉身看看家裡那張狗床上躺的、或是床上躺著的狗吧。牠們並不可怕，而且還仰賴我們為生。我們可以好好照顧狗兒，應該也能照顧牠們在野外的親戚以及其他野生動物，這些野生動物只需要我們付出多一點點，不再為了好玩而獵殺牠們，還大言不慚地談

什麼權利，或是不合理的厭惡。

家庭計劃以及未來的野生動物管理

　　傑若米・福克斯現在的樣子，禮儀老師可能不會贊同，但我們這些人對於他把袖子捲起來（還捲到很上面）沒有任何意見。他的雙臂在身側夾緊，還把兩瓶冰凍的馬用避孕劑夾在兩邊腋下。七月的豔陽把每一絲遮蔽天空的雲氣都蒸發了，汗水讓他褪色的襯衫斑斑點點，頭上繡著「野馬計劃」字樣的帽子，替他的臉遮擋掉一些陽光。這位六十一歲土地管理局（Bureau of Land Management）的馬專家，正在以高效率的體熱使用方式，加速「豬卵透明帶免疫避孕疫苗」（porcine zona pellucida immunocontraception vaccine）的解凍過程，好用來裝在鏢槍上。這鏢槍看起來夠可怕，好像拿在美國海軍手上也行的樣子。福克斯的計劃是及時把標鏢射進這匹年輕母馬的臀部，以免牠及其他大約在一百碼外、約有二十匹的馬群發現有人之後跑散，那就只能空望著牠們那最著名的尾巴和鬃毛在風中飄揚了。這是野外的家庭計劃，是美國版的一胎化政策，不過對象是野馬。

　　廣大的砂洗盆地（Sand Wash Basin）上的野馬管理區就位於科羅拉多、猶他以及懷俄明三州的交界處，此地看不見人跡，也沒有房子，足以讓野馬恣意奔跑。野馬的壽命很長，如果生存條件良好，五年的期間數量就可以成長一倍。在這片十五萬英畝的聯邦土地上，附近沒有狼，山獅和熊也不太構成威脅，因為對牠

們來說野馬太強壯、速度也太快了。這些野馬最大的競爭對手只有牛羊，以及鹿、駝鹿和叉角羚，但跟追求經濟利益或是休閒娛樂而永不饜足的牧人或獵人比起來，牠們簡直就不算什麼。在砂洗盆地，土地管理局在此配給了三個放牧區，兩個給牧人放羊，一個用來放牛。這種做法背後，有很大的原因是公有地放牧，以及土地管理局的規範，要求土地管理儘量「多用途」使用；再加上牧人團體的遊說，把利益置於野馬的生存之上。牧人們獲得了有利的條件，付出的放牧費用低於市價；這樣還不夠，他們甚至希望土地管理局把野馬移走。幾十年來，土地管理局都很樂意和他們做夥。

　　「因為經常被拍攝的關係，牠們容忍度很高，所以射手可以來到很靠近的地方，在四十碼的距離以內把標鏢射到牠們的屁股上。」說這話的是史黛拉·楚博拉德，她是這個生育控制計劃的首要義工，也是當天執行這項任務的五人小組之一，其他成員還包括美國人道協會的工作人員史蒂芬妮·包爾斯·葛利芬、卡拉·格姆斯、土地管理局的福克斯，還有我。楚博拉德的皮膚曬得像牧人一樣，開始泛灰的頭髮紮成馬尾，不輸給任何母馬的尾巴；要說她是曾經占有此地的印第安人夏安族（Cheyenne）的後裔也不為過。不過這位六十歲的女士是道地的英國人，她的姓是婚後冠上的。她只要從馬的顏色以及斑紋（斑點灰、亮紅褐斑、亮栗色、灰黃、黑白花、金黃色等），就可以辨識出此地的每一匹馬。

　　土地管理局是從二〇〇八年起，開始和美國人道協會合作，

執行生育控制計劃。當時的做法是把這六十二匹母馬圍捕，以人工注射免疫避孕疫苗，然後把牠們放回野外。（其中一組施打一年效期的疫苗，另一組施打長效型疫苗，以比較兩者的功效。）給被圍捕的馬施藥不需要用到鏢槍，只要用尾端有針頭的長桿就行了。但是這種做法不僅昂貴，還會給野馬帶來很大的壓力。這些馬以前從來沒有被人碰過，而且經常都要在崎嶇的地形上，被直升機驅趕幾英里，才會進入圍欄裡。

美國人道協會的馬專家格姆斯提出另一種解決方案。她和野生動物的季節性技工一起工作，從遠處以鏢槍機會性地施打疫苗，替五十一匹以往曾接受過疫苗的母馬施打追加劑。二〇一三年，格姆斯、福克斯以及當時還是美國人道協會工作人員的喬許·厄爾分，總共替一百一十一匹母馬施打了疫苗，其中有三十六匹以前曾被施打過，八十二匹以前未施打疫苗。楚博拉德跟在格姆斯和厄爾分旁邊，學習他們的鏢鎗技術。到了二〇一四年，就由楚博拉德和福克斯一起，帶頭進行為砂洗盆地的野馬遠距施打疫苗的工作，為尚未施打疫苗的母馬注射免疫避孕疫苗，以及之後對牠們施打第二次的追加劑。楚博拉德對我說：「即使氣候很乾燥，這些野馬還是活得非常好。牠們的高存活率常常讓我很驚訝。」

這種疫苗裡面的佐方會觸發並強化馬的免疫反應，刺激馬的抗體附著在未受精卵的精子接收面上，阻礙精子附著在卵上，因此可以達到避免受精懷孕的效果。在二〇一三年以前，這種豬卵透明帶免疫避孕疫苗被歸類為實驗用藥，須經食品藥物管理局核

准，才能使用於特定目的。如今，這種疫苗已經在環保局註冊，品牌名稱為 ZonaStat-H，在超過十個州經核准使用。用在母馬身上，牠們一生中接受的第一次疫苗被稱為首劑疫苗，經過一年或更長的時間，還要接受再一次施打追加劑。格姆斯就負責監督美國人道協會所參與的避孕計劃，包括砂洗盆地、猶他州的雪松山野馬群，以及新墨西哥州的賀瑞塔梅薩野馬群。

福克斯談到砂洗盆地的野馬群：「去年，這裡有一百零四匹幼駒出生，其中有九十六或是九十七匹存活。有了美國人道協會的協助，楚博拉德和她帶的工作人員，再加上我自己，在交配季節之前，一起把這附近共一百三十匹母馬從遠距注射了疫苗。今年出生的幼駒有五十七匹，其中有七匹未存活。所以目前的幼駒少於五十四。」

縱觀歷史，人類一直就在替動物做家庭計劃，而且大部分都是出於我們自己的利益考量。古往今來，人類馴化了十八種動物並加以配種，逐漸把狼變成從吉娃娃到大丹狗各種不同的馴化犬類；也創造了數百種不同品種的貓、馬、牛、雞以及其他動物。我們藉著把動物公母分開，或是閹割雄性的方式來控制他們的繁殖；在貓狗的案例中，還會閹割雌性。而豬卵透明帶疫苗或是另一種叫做 GonaCon 的避孕劑，則又向前邁進了一步，以合成物和化學藥劑來取代手術。這些藥劑對於人道的貢獻，在於引進一種合理控制繁殖的方法，讓整個物種可以免除許多不必要的痛苦。

傑伊・柯克帕特里克博士是蒙大拿州科學保育中心的創始

人，也是這個疫苗的研發之父，他在馬里蘭州的阿薩蒂格島的國家保護海岸上，對當地的野馬施打這種免疫避孕疫苗，已經有二十年了，成功地控制了馬蹄的數量，使其不會危及這個堰洲島上脆弱的沙灘草。他在二〇一五年突然過世之前，也幫助南非展開針對大象的人道數量控制計劃；在當地嚴密被保護的區域內，例如克魯格國家公園裡，大象的數量達到相當高的密度。對於這種象口過繁、引起衝突的問題，以往該國政府的對應方式被美其名稱之為「加以剔除」；如果用白話來說，就是大規模的屠殺。數百隻大象被空中的射手追趕著狂奔，小象目睹母親被殺害，自己之後也難逃一劫；廣袤大地上遍布這些地球上最耀眼動物之一的屍體。

就連最硬派的獵人，一旦參與了這種瘋狂的殺戮行動，看到這景象也很難不落淚。沒有比此情此景更需要人道經濟的新方法了。柯克帕特里克博士和國際人道協會與南非國家公園合作，在超過一打的公園及私人保留區內，執行生育控制計劃。如今有了一連串的成功記錄，這種免疫避孕疫苗已被廣泛接受，為停止在南非「剔除」大象的革命，吹響了凱旋號角。這對野生動物管理單位、農夫、村民，以及最重要的，這種非凡的動物來說，對都是比較好的結果。

在我前往科羅拉多州訪視野馬生育控制計劃之前的四個月，我先跟葛利芬以及厄爾分前往黑斯廷，參加一次對白尾鹿的人道狩獵。黑斯廷是距離曼哈頓車程一小時的衛星城鎮，此地有八千居民，住屋排列緊密。我和市長彼得‧使威德斯基一起在主街上

的一家餐館裡坐下之後，市長這樣對我說：「對於密度高的城鎮來說，這是個務實的解決方案，會致死的方案在此地會引起很大的問題。」葛利芬則補充說，此計劃的目標是每一年處治三十到五十頭母鹿。「我們在黑斯廷的目標是處治整個族群中至少三分之二的雌性，隨著時間過去，就能抑制族群的數量。」

美國有成千上百個社區和小片的林地交錯，切割了鹿的生存空間，也讓當地的居民對這些動物越來越不耐煩；尤其當牠們衝到馬路上，或是吃掉裝飾用的灌木叢的時候。要是黑斯廷的鹿生育控制工作能成功，也許就能翻轉美國目前處理人鹿衝突的舊式方式，也就是將鹿殺死。事實上，美國大部分的人都是住在郊區，而同時這些地方的鹿也正在繁衍；所以這個問題和成千上萬的美國人有關。要是這些人被問到要控制鹿的數量，還是要殺死這些野生的鄰居，應該很少人會選則需要殺戮的方案。

除了鹿之外，最需要生育控制的野生動物，可能就野馬了。根據土地管理局的統計，在整個美國西部約有六萬匹野生的馬或驢。牠們分布在十個西部州、幾十個野馬管理區域內，其中數量最多的地區當屬內華達州和懷俄明州內，那些鼠尾草遍布、高度沙漠化的地區。一九七一年頒布的聯邦「野生與野外馬、驢保護法」（Wild and Free-Roaming Horses and Burros Act）禁止射殺馬科動物或是把牠們聚集起來屠殺，並指定由土地管理局來管理並保護這些動物。這個法規的緣起是由內華達州的維爾瑪·強斯頓（人稱野馬安妮）以及數百萬的小學生所發起的社會運動，他們要求政府保護這些「美國西部的活象徵」。強斯頓發起這個運

動是因為，有天早上她在前往雷諾市上班的途中，看見一台運馬貨車的車廂後面滴滴答答地淌著血。（卡車八成是「駿馬」公司的，裡面裝滿了野馬；這家公司以殘忍地圍獵、處理馬而聞名。）

在一九七一年頒布此法之前，人們大規模地屠殺數以千計的野馬；法令頒布後，沒有人屠殺牠們，馬群的數量自然就變多了。為了解決這個問題，土地管理局開始圍捕牠們，把牠們送走，讓私人飼主領養。法令頒布之後的四十五年之間，政府總共圍捕了三十萬匹野馬，其中有超過二十萬匹被領養，過程中耗資數億美元。在這些年當中，不斷有「屠夫買家」偽裝成「認養人」的案例被發現，這些雙手血腥的假認養人，把認養來的野馬送到屠宰房屠宰，然後運到歐洲或是亞洲供人食用。事件被新聞媒體曝光，再加上動保人士的檢視，以及國會通過的新規定，降低一個人可以認養的馬匹數量，並且對運送馬匹至屠宰場的行為設立了罰則。這些做法雖然沒有完全遏止這些屠夫買家染指被圍捕的野馬，但也減少了一些這種違法行為。以結果來看，要讓法規得到落實，認養的速度還必須加快許多，馬匹的數量才不會繼續膨脹。

在小布希當政的最後幾年，以及歐巴馬的首輪任期當中，土地管理局每年大約圍捕一萬匹野馬，花了大把大把的預算，總算讓野外的馬群數量控制在三萬五千左右。但是在二〇〇八年金融海嘯衝擊之下，野馬認養的計劃完全擱淺。馬的飼料、訓練、馬廄都要花很多錢；當時很多人看著自己的股票、退休基金價值大幅縮水，只好縮減開支。可是馬並不會因此就跟著數量縮減。儘

管認養的速度變慢，土地管理局還是維持一貫的大規模圍捕、移置的做法，很快地，就囤積了好幾千匹無處可去的馬。土地管理局只好大幅釋出中西部及西部的牧場，以長期飼養這些新捕獲的野馬。

到了二〇一五年，捕獲的野馬數量已經達到四萬七千匹，這個數量之爆炸已經遠超過野馬計劃中任何人的想像。從實際上來看，該局手上負責的馬匹數量，包括捕獲的和野生的，已經超過十萬。這個問題很大的原因，來自於土地管理局自己活該，誰叫他們瞻前不顧後地圍捕，又頑固地不引入生育控制計劃，即使這個計劃在馬里蘭州的阿薩蒂格島上已經被證實有用。二〇一三年在國會的要求下，國家科學院的專家小組提出報告，確定土地管理局將野馬移置的做法，事實上助長了族群的數量增加，因為這樣會促進野外的馬群繁殖、提高其存活率。報告中寫道：「定期把馬移走使馬群的數量低於環境承載力」並且觸發「因食物競爭對象減少而導致的數量增長」。

科學院的報告結論表示，土地管理局對其職責管理不善。「很顯然，持續地把野外的馬移走，遷到飼養設施中長期養著，看不到盡頭——這種做法不僅在經濟上無法維繫，也不符合大眾的期望。」土地管理局實在不應該犯這種錯，因為當野馬在野外的時候，管理局並不需要付錢餵養牠們，但是飼養被捕獲之後的野馬卻需要草料、土地、人力照顧，在在需要錢。這筆費用每年每匹馬要將近一千美元；被捕野馬的管理費用每年超過四千三百萬美元，大約占該局整個野馬管理工作預算的三分之二。土地管

理局在設施裡養一匹相對年輕的馬直到死亡，花費是五萬美元，這筆費用乘上幾萬匹馬，足以讓人恐慌。在二〇一三、一四年，該局終於意識到，沒有辦法再繼續往飼養設施裡屯更多的馬了，才開始調降圍捕的數量至每年三到四千匹，也就是大約能被收養的數量。

　　「投資在以科學為基礎的管理方法上，不會立即解決這個問題，」科學院的報告這樣指出：「但是卻可以將野馬、驢保護計劃引上一條在財務上更長遠的路，在公眾更大的信心之下，管理健康的馬、驢。」隨著時間過去，一年一年證明了生育控制計劃是唯一的解答。科學院的報告也寫到：「豬卵透明帶免疫避孕疫苗是一種馬用的避孕疫苗，也是在野馬群中測試範圍最廣大的一種。就目前看來，可能是唯一有望的可行之道。」

　　在砂洗盆地，我們已經在沒有一棵樹的大地上開了廿五分鐘的車，經常看到土撥鼠和兔子的蹤影，甚至還看到在地上挖洞居住的穴小鴞。不久後，福克斯和楚博拉德發現了一群大約有二十幾匹的野馬，牠們大多正低著頭，撥開鼠尾草和濱藜找些草來吃。我們靠上前，在福克斯開始解凍疫苗並混合避孕雞尾酒配方之前，楚博拉德先用望遠鏡快速掃視，發現這群馬裡只有兩匹母馬不曾接受注射，所以當然牠們就成了首要目標。

　　在奧勒岡州羅斯堡出生、獵了一輩子駝鹿與鹿的福克斯，把疫苗裝上鏢槍之後，我和他還有楚博拉德一起步出車外，他們兩人都拿著鏢槍，我們三個人都用氣音說話。「我射那匹黑白花

的。」福克斯說。我們悄悄靠近馬群時，領頭的種馬盯著我們，但其他馬似乎不受影響，繼續嚼食。「在這種距離，你要讓牠們看到你等一下要做的事。」他悄聲說。「牠們看到我做這些事，所以等到我靠近的時候，牠們就會想：噢，這個我看過了。」然後是一聲小小的啪一聲，比較像是空氣槍的聲音，而不是來福槍發射，當飛鏢射中母馬時發出一道閃光。飛鏢立即脫落，但是福克斯說，飛鏢裡面經過控制的小爆炸，會把疫苗推進注射入血液裡。馬群沒怎麼被鏢槍嚇到，只是往前進了大約十碼，就又恢復了原狀。楚博拉德的眼睛盯著那匹距離她約四十碼的金黃色母馬，她往前走了五步，用一個單腳架穩住鏢槍，瞄準，然後開槍，射中了目標。雖然楚博拉德在加入這個霹靂小組之前從來沒拿過槍，但事實證明她是個天生的神槍手。直落二。不用快速追逐、不用圍捕，也不用壓制動物。獵物幾乎沒發現自己遭襲擊，感覺可能跟被馬蠅叮了一口差不多。

科羅拉多州已經在避孕計劃上展現成果，不只展現在砂洗地區，還有位於大章克辛市東北方的小布克崖的野馬場，那兒有約一百五十匹野馬；以及蒙特羅斯市西南邊的春溪盆地，那兒有五十到六十匹。「在春溪那兒，我們有個志願者已經鏢了超過九成的母馬。」福克斯很自豪地說。「我們已經很上手了，只是那邊的志願者實在太厲害了。」福克斯也提到，在小布克崖的「野馬之友」在大章克辛「有非常成功的中鏢率」。福克斯說，土地管理局及志願者在二〇一三年時，替施鏢的工作添了額外的助力，因為他們用在圍欄裡放餌料的方式誘補了超過一打的野馬，把牠

們都打了避孕疫苗、驅了蟲、以冷凍方式在他們身上做了記號、編入記錄系統，最後替每一匹馬都找到了認養人，沒有一匹送到長期飼養的途徑裡。」

替那兩匹母馬施鏢之後，我們很快地又回到車上，去尋找其他的馬。日頭已經漸漸西斜，溫度也降至舒適的八十幾度（攝氏廿六度左右）。找了二十分鐘之後，我們又發現一群馬，這次也是大約十幾匹。就跟稍早的時候一樣，我們在泥土路邊停下車，楚博拉德拿出她的望遠鏡，又看到兩匹需要施鏢的馬。我們悄悄靠近馬群，福克斯瞄準了其中一匹，然後發射。什麼都沒發生。他忘記把鏢裝進鏢槍裡了，只是發了空槍。他跟我們一起大笑出聲。接著這位前任軍方直升機駕駛員重新拾回尊嚴，把鏢裝進槍裡，五分鐘之後就把另一發鏢針射進母馬的臀部。楚博拉德這天的第二槍也沒有虛發，於是這下總共多了四匹十個月後不會生小馬的母馬了。

擴大來說，已經是時候重新檢視人與動物之間資源衝突的應對之策了。

參加這次的人道狩獵讓我對原先的看法更為堅定：生育控制是一種可行的替代方案，好過無止無盡又耗費昂貴的圍捕、移置野馬的做法。光為了這個理由，抓起鏢槍、記錄下施鏢及未施鏢的母馬，這些工作就非常有意義。但是當我站在天寬地闊的砂洗盆地上時，不由得想起我國在管理公有土地上的野外動物時，有

多少倒行逆施之舉。土地管理局現在依然把大部分的經費用來圍捕、移置野馬。表面上看起來是為了保護公有牧地，實際上卻是在這塊土地上，每年迎來上百萬隻的外國動物。在西部的公有地上，野馬與牛羊的數量比是一比六十七。事實上，在這些大多歸土地管理局或是美國森林管理局（US Forest Service）管轄的公有地上，有超過四百萬頭這些馴化的非本土動物漫遊其間；而牧養這些牛羊的牧人，對這種特權所付出的費用還低於市價。只有在顛倒黑白的西方政治家眼中，才會認為馬群數量過多，需要嚴格的控制。

實際上，我們需要的是把牛羊圍捕起來送走，這樣一來就一勞永逸不再需要牧人了。這些少數的牧人從公有的地上獲益，消耗的資源遠比生產的要多，同時還限制了大眾在這些土地上健行、攀登、觀看野生動物的體驗，更會為野馬和其他野生動物帶來大規模的耗損。牛羊會被帶到河岸地帶，狂吞清水、把草地吃個精光，還會把對野生動物來說非常重要的土踩實。對於牛羊在西部土地上如何過度放牧造成荒漠化的影響，已有大量的研究證明。

最糟糕的是我們自己的聯邦政府，透過農業部的野生動物管理計劃，在這些公有土地上濫殺了數以萬計的郊狼、山獅、熊還有狼。政府向這些動物發起野蠻的戰爭，就是為了給牧人們的外來物種讓路。野生動物管理局這幾十年來，用毒殺、陷阱、甚至空中射殺的方式，每年殺死約十萬隻的郊狼。而那些存活下來的雌郊狼，則會增加下崽的數量，生下的後代存活率也更高；以

至於每年都需要在同樣的地方原地踏步進行殺戮。此舉就像圍捕移置野馬的計劃一樣，都是自己打敗自己，只有不斷消耗財政資源，卻創造出說不盡的痛苦，而且還無限迴圈哪裡都去不了。納稅人每年在野生動物管理計劃上花超過六千萬美元，這些費用大多都用在西部地區。

這些種種舉措，換來的只不過是美國食用的牛肉量的百分之二。至於羊肉，在我們現在的菜單上已經很少出現；公有地的牧羊計劃的設計，比較偏向於給予生產者補貼，而不是符合消費者的需要。這是裙帶資本主義：政府迎合一小群有力人士，他們不代表任何人，只代表自身的利益，他們一點也不愧疚地讓整個社會承擔成本。我國在對待動物的方式上問題多多，需要正確地計算得失，當所有的成本和後果都清楚列表之後，我們才能做出更合理的政策。

擴大來說，已經是時候重新檢視人與動物之間資源衝突的應對之策了。美國一直以來都有這種問題，美國人口已經成長到三億兩千萬，國土上又有許多動物保護區，這樣的衝突將有增無減。大規模的移置和屠殺動物，這種問題解決方案在過去是可以被社會接受的，但如今已不然。我們已經知道了太多動物的個性、牠們的家族還有社會生活，屠殺牠們不可能毫無愧疚不安。處理人與野生動物之間的資源衝突問題，含有嚴肅的道德層面。幸運的是，如今我們的創意和天才讓我們有了更多的選擇；用更人道的方式解決問題，不僅是正確的、務實的，也受到越來越多相關人士的支持。

　　對於東部的加拿大雁飛到修剪過的高爾夫球場上或是商業公園裡的問題，如今我們可以不用再把牠們抓起來毒死，而是破壞牠們剛下的蛋，以控制族群的數量。在其他地方，也有地方長官和生意人抱怨鴿子的糞便不美觀、令人不舒服，甚至有礙健康。創科公司（Innolytics）的創辦人艾瑞克・沃夫，銷售一種名叫「蛋控」（Ovocontrol）的產品，那是一種針對鳥類的生育控制成分，外觀如同餌食，內含有防止牠們繁殖的成分。就跟破壞蛋一樣，是一種取代毒殺的方案，因為毒殺是特別糟糕的一種死法。沃夫已經在芝加哥、明尼阿波利斯等城市取得了合約，用人道的方式解決鴿子的問題。

　　有些州有河狸的問題，牠們造成的水壩會引來水患。過去處理的方式是設置一種會把牠們壓扁的陷阱，稱為「扣泥霸」（Conibear）；如今也有了新方法。河狸誘導公司（Beaver Deceivers International）的史吉普・利索以及其他動物行為專家，研發出一種擋板，讓水流可以通過，又可以誘使河狸不會建造水壩阻擋水流。這是一種長久、成本效益又高的解決方案，年復一年地減少了致命陷阱的數量，讓人與河狸可以和平共存。

　　逐漸地，每一種和動物相關的衝突或困擾都有了解決方案，或是正在研發中。如今，做出在道德上與經濟上都更受歡迎的選擇愈形重要，而非僅出於慣性或是惰性，而固守非人道的做法。正如我們已經停止圍捕貓狗、在收容所裡毒殺牠們，接下來我們也要停止用圍捕、設陷阱捕捉或是射殺野生動物的方式，來解決主要是人類自己引起的問題。而且在每一個人與動物的資源衝突

背後，都有商機等著那些創新的公司。想想看，要是有人道的方式可以控制都會裡的老鼠，那潛在的商業利益會有多龐大？或者是鄉下的野豬問題，及無所不在的椋鳥。在問題失控之前就加以預防，而不是等到失控之後才視屠殺為唯一解決之道。

在砂洗盆地，太陽逐漸落山，將整個寬闊大地鑲上金邊，此時看到野馬漫遊在這超凡的西部荒野上，心中無法不升起一種神奇的感覺。在幫助早期移民定居此地並擴張的諸多動物中，沒有一種比馬的功勞更大了。這種動物改變了我們對時間和空間的感覺，先民在馬背上探索邊界、在西部定居、驅趕家畜、搬運貨物。這個國家要感謝的動物們，首先就是馬。我們為了休閒娛樂在馬廄裡養了幾百萬匹馬，再加上有這麼多人欣賞住在野外的馬，對這些野馬待之以尊敬、體面以及仁慈，只是對牠們的稍許回報而已。

依舊自由自在漫遊在野外的馬適得其所，牠們的優雅與風度，激勵了人們在半個世紀之前就立法加以保護。這樣的風采應該也能激勵今日的我們，盡一己之力讓牠們在這一小塊美國國土上，擁有相對來說平靜的生活；讓牠們無與倫比的威嚴與野性美，繼續啟發我們的下一代。

第七章

那些發現鯨油和鯨骨某些用途的人，我們可以說他們發現了鯨魚真正的用處嗎？那些殺大象以取其牙的，難道可以說是真的懂大象？這些都不過是微不足道又不重要的用處罷了；就好比我們更高等的族類，殺了我們就為了用人骨來做紐扣或豎笛一樣。每樣東西都有低階和高階的用途。每一種生物都是活著比死掉有用，不管是人類、麋鹿還是松樹都一樣。只要是能正確理解的人，都會選擇留一命而非取一命。

——〈緬因州森林〉，亨利·大衛·索列奧

成長中的全球股票：大象、獅子、大猩猩、鯨、鯊及其他活資產

拯救非洲經濟巨擘

　　二〇一四年我見到西蒙・貝希爾時，他的手臂剛剛恢復知覺，但他已經重回叢林裡帶領遊獵之旅了。西蒙和他妻子亞曼達一起經營非洲皇家遊獵旅行社，帶金字塔頂端的顧客前往非洲最原始的地區。但是西蒙的傷並不是憤怒的非洲水牛或是獅子造成的，而是在二〇一三年他第一次去奈洛比的西門購物中心時所受的傷。

　　西蒙和亞曼達都是肯亞人，他們原本計劃去西門購物中心看場電影，然後去日本料理餐廳用餐。才剛從停車場的最上層走進賣場，他們就聽見好像放煙火的聲音。「我還以為是有人在舉行印度式婚禮。」西蒙回憶道。接著人群開始狂奔。西蒙飛奔回到他們剛才出來的地方，也就是停車場的最上層，他們停車的地方。此時兩名手持 AK-47 自動步槍的索馬利亞人從坡道走上來，一邊掃射人群，一邊堵住停車場唯一的出口，以免有人逃走。人們除了躲起來等救援，別無他法。西蒙躲在一輛 Land Rover 底下，旁邊還有一個男孩和他的保姆；亞曼達則躲在一輛 TOYOTA 底下，旁邊還有兩個男子。

　　「我把手機關掉，但是我附近有人沒關機，手機響起來，引

來這些青年黨（al-Shabaab）槍手的攻擊。」西蒙對我說。「其中一個人看到我，他也躲在一輛車後面，我那時才發現他丟了一顆手榴彈，就在離我五英尺（約一點五二公尺）的地方，但是榴彈沒有爆。那人發現榴彈沒爆炸，又看了我一眼，然後就開槍射我。我的手臂和胸部中彈。我裝死他才沒有繼續射我。」

好幾個小時過去，奈洛比的警方和肯亞軍隊卻遲遲沒有介入。最早出現的援手來自於民間的一群印度神槍手，他們來到停車場，引導受害者到一個他們可以防禦、比較安全的區域。西蒙說，還有另外一位前愛爾蘭遊騎兵，也幫忙把人引導到安全之處，這人和印度神槍手置自己安全於度外來幫助其他人。此時，那些歹徒已經退到賣場裡面，救援者幫助把西蒙和其他受害者引導到安全處，然後送上救護車。西蒙對我說，當他到醫院的時候，知道自己和妻子都在這場嚴重攻擊中倖存，感到很欣慰。但是醫生卻知道西蒙的狀況不好，他們立即替他的胸部插管，把肺裡的液體抽出來。再晚幾分鐘他就會沒命了。

結果，歹徒在這場賣場攻擊行動中，總共殺害了六十個無辜的民眾、讓一百七十五人受傷。在我們的會面中，西蒙告訴我，肯亞現在正受到青年黨以及其他索馬利亞恐怖份子集團的死亡威脅。這些恐怖份子大膽而無恥地攻擊、殘殺平民，企圖製造恐怖氣氛。這些恐怖份子也參與了屠殺大象、販運象牙的運作，用來資助他們的殺人事業。這些人不僅危害人命和野生動物，也威脅到對肯亞十分重要的旅遊業。

　　西蒙告訴我，肯亞人很清楚，野生動物的福祉對於國家的未來至關重要。野生動物旅遊是肯亞的第二大產業，僅次於農業。「馬賽人不獵殺大象，但也不太介意索馬利亞人跑來殺大象。」西門解釋道：「但是當他們發現大象就等於旅遊業，也就等於替他們的村莊賺錢，就開始保護大象了。」

　　非洲野生動物這種讓人屏息的魅力，還有像是非洲皇家遊獵之旅這類的商業活動，背後有個簡單的理由支撐，那就是大象、犀牛、河馬和長頸鹿。這五種動物是陸地上體型最大的哺乳類，而且每一種的外觀都非常有特色，甚至有種史前的感覺。還有數以百萬計的牛羚、斑馬、水牛、瞪羚及其他有蹄動物。牠們就好像在趕路一樣，在夏季進行大遷徙。牠們的一舉一動，都被這個世界上最多元的掠食者們銳利的眼睛緊緊盯著，包括獅子、豹、獵豹、鬣犬、非洲野犬、鱷魚以及其他十幾種。這些掠食者們或成群，或結隊，或單槍匹馬出擊，以長距追逐、短距衝刺或是水陸兩棲攻擊，追捕往往比牠們身材要大上好幾倍的獵物。這是世界上最接近侏羅紀公園的真實畫面了。

　　十年前，我在東非第一次參加野生動物遊獵之旅的時候，曾經親眼見過。我們一群人正行經塞倫蓋提時，在十碼外有一群大約三百頭水牛，讓每個人都看得目不轉睛。牠們龐大、黑色、肌肉虯結的身體在陽光下閃耀，低頭嚼食被蹄踏踏碎的草叢、用脣齒撕開草葉。偶爾，牠們也會抬起頭，看起來充滿自信、毫不畏懼，搖頭甩尾地把草束咬碎、趕走成群的昆蟲。我們停在一個可以俯瞰河谷的台地上觀察谷裡的牠們。我們才在那兒五分鐘，就

看到一群六隻獅子，蹲身潛伏靠近牠們，在牛群兩邊占據了優勢位置。就定位之後，獅子就定住不動，等待時機發動攻擊。我們把引擎關掉，也停下來等候，期待看見血腥畫面。

沒過多久，我們就看到有一頭成年的水牛和小牛，走到離牛群至少有三十碼（約廿七點四公尺）的地方，獅子也注意到了。後來我們每個人都說，當時自己不斷喃喃地叫那頭母水牛趕快回去牛群裡，這不是因為我們在挑選贏家和輸家，只是出於本能的同情心。接下來的事不用太多想像力就可以猜到。

獅子要是不想辦法把水牛、斑馬或是其他動物撂倒，就會活活餓死。在牠們的獵食方式中，不存在惡意或是殘酷，有的只是生活的需要，不需要任何儀式、哀悼或是慶祝。但是，我們當中誰不會替那成為獵物的動物、牠的家族，以及牛群的領袖感到難過呢？這些偶爾爆發的暴力會結束生命沒錯，但也會幫助生命生生不息。而且這樣的交鋒結果很難預測，獵物也經常成功地逃過一劫。

我和朋友們站在台地上觀看那一幕的時候，看到那些獅子們似乎彼此互相打暗號，就像棒球比賽的選手和教練一樣，只不過沒有那麼多明顯的動作。緊張的幾分鐘之後，其中四隻獅子從高高的草叢中跳起來，奔向那對水牛母子。兩隻母獅子撲上那隻小牛，牠的體型稍微比母獅子大一些。另外兩隻則撲向那個母親，牠正朝著小牛跑過去的時候，在半路上正面遇襲。獅子朝她撲襲，但牠把獅子甩落，還攻擊了其他來襲的獅子。剩下的兩隻獅

子虛張聲勢地恫嚇一下牛群，顯然目的是要把牛群趕向另一個方向，讓那對水牛母子更加孤立無援，讓母獅子們有時間用爪子及利齒切開那已無力掙扎的肉體。原本攻擊小牛的那兩隻獅子，在母水牛衝過來的時候放開了小牛，但是敵人實在太多，母牛無法抵禦，於是其他的獅子又跳上小牛的背。

與此同時，水牛群開始重新列隊。但是牠們對於攻擊獅子拯救同伴感到猶豫。在場的人都不懂為什麼水牛群不利用數量上的優勢。獅子卻沒有一點猶豫。他們已經放倒了小牛，又開始攻擊母水牛；後者努力地想甩掉牠們，好奔向小牛、用牠強壯的脖子和牛角把小牛從攻擊者手中救出。獅子把小牛拖進了一條溝裡，於是我們一時看不見牠們。但此時牛群終於集體下定了決心，聲勢壯大地做出了笨重但明確的攻擊。懼於這些朝牠們衝過來的大量純粹肌肉、牛角，獅子們散開了。領頭的水牛分開來，把母水牛（也許還有小水牛）圍在牛群中間，然後在牠們周圍聚攏。我們無法確定小牛的命運，但是感覺上牠似乎是受了重傷但是活了下來。一開始對母牛和小牛感到同情的我們，現在又轉而擔心獅子面臨的艱難。一頭牛做了錯誤的決定，獅子毫不猶豫地抓住機會，卻還是功虧一簣。付出了這麼多努力、冒這麼大的險，結果卻一無所獲。

這整個衝突與掙扎的場面是如此地戲劇化、活生生。若是需要解釋為什麼有數百萬的訪客要跋涉到非洲的野外，這就是答案。非洲國家的政治與商業領導人們，如今比以往都要來得更清楚，在他們國家內有這些這些了不起的野生動物資產。這些領導

人也都採取了相關措施保護動物，這樣做不僅正確，還促進了國內經濟發展。光是肯亞一地就有五十一個國家公園及保留區，每年光是門票收入就有四千八百萬，相關的商機更達到幾十億。這些商機包括：旅遊業、住宿、導遊、餐飲、攝影等等。野生動物旅遊占了肯亞所有觀光業的七成、四分之一的國內生產毛額，提供卅萬份工作。肯亞自一九七七年開始就禁止休閒狩獵。該國的領袖意識到，雖然開放狩獵可以產生一些收益，但卻會讓許多最大、最有特色的動物消失，也會讓倖存的動物改變行為模式，變得更易激動、不能忍受與人共處。要是動物一看到、聞到、或遠遠聽到人的蹤跡，就驚慌逃開（誰能怪牠們不知來者是敵是友呢？）這樣一來觀賞野生動物的樂趣就大打折扣了。其他的幾個國家，包括辛巴威和南非則認為他們可以兩者兼得：一邊向野生動物觀察者招手，一邊把野生動物當拍賣品賣給獵人娛樂。

二〇一五年七月，一位美國的牙醫沃爾特・帕爾默和兩個辛巴威的專業嚮導一起，把大象的屍體綁在一台卡車後面，沿著保護區的邊界拖行，用這種難以抗拒的吸引力，引誘萬基國家公園（Hwange National Park）裡體型最大、深色鬃毛的獅子離開保護區，進入私人土地。大約在晚上十點，獅子從公園裡跑出來大啃象屍，嚮導的其中一人於是將聚光燈照在動物身上。帕爾默接著用弓箭射傷了獅子。受傷的獅子名叫塞西爾，這是一直在研究牠及萬基公園其他獅子的牛津大學研究人員，為牠取的名字。帕爾默以及他的兩名嚮導決定不追上去，大約是因為害怕在黑夜裡追趕受傷的獅子；所以他們回到營地睡了一夜。這隻獅子毫無

疑問地受了傷、變得虛弱，忍受痛苦至少好幾個小時，直到帕爾默重新開弓，一箭結束了牠的生命。那時這一行人發現塞西爾身上掛著無線電項圈，顯示這隻獅子是牛津大學獅子研究的對象之一。他們不僅沒有報告這起事故，這三人據報還想加以掩飾，把項圈丟在另一處地點，並破壞了追蹤裝置。（帕爾默堅稱他沒有做出不法行為，但這已經不是第一次他被懷疑企圖掩飾對野生動物犯罪的行為。他前一年有過聯邦犯罪記錄，在威斯康辛非法殺害一頭巨大的黑熊，然後企圖賄賂他的嚮導對獵殺的地點說謊。）

這隻廣為人知的獅子被殺的消息一曝光，立刻引起全球憤慨。帕爾默的行為不只是不必要地殺了一隻獅子而已，而是奪走了國家公園裡最核心的特色之一，使遊客的體驗大打折扣。這些遊客花大筆錢前往當地，就是希望能一睹塞西爾風采，或留下一張照片。辛巴威的保育工作團主席強尼‧羅德里奎茲對當地的一家報社表示：「這種休閒狩獵活動正在摧毀我們的野生動物生態，到底是為了什麼？」一份二〇一三年發表的研究報告顯示，休閒狩獵的收益只占全國生產毛額的零點二個百分比，而以自然為主的相關旅遊業，則占了百分之六點四。羅德里奎茲補充道：「我們失去了一隻替國家行銷的獅子，牠還帶給許多人寶貴的回憶。塞西爾被殺的代價只不過五萬美元（帕爾默爭取的獎金），但牠真正的價值超過一百萬美元。」這還算是保守的估計了，因為塞西爾可以說是萬基國家公園的最大賣點。靠近公園的五星飯店，包括住宿、餐飲，以及野生動物觀賞行程在內，一天就要價每人七百六十三美元。對這個掙扎於貧困中的國家來說，這可是

一大筆投資。

　　像帕爾默這樣的美國人,每年殺掉超過七百隻非洲獅子,以及約六百頭大象。容許這種行為的國家已經不到一打,其中辛巴威名列美國戰利品獵人目的地的前三名。帕爾默的嚮導說,這位住在明尼蘇達州的戰利品獵人,還想要在這次的行程中獵殺一頭象,但他們找不到他想要的、夠大的象。像帕爾默這樣的遊客不僅付給嚮導一大筆錢,也要付錢給政府和野生動物管理人員,才能進行這種大老遠跑去付錢殺戮的行動。這些外國戰利品獵人違反規則或是遊走邊緣的案例層出不窮,例如用不公平的狩獵方法、在受保護的區域狩獵等等。他們獵殺有獎賞的動物,就是為了讓自己在「國際狩獵俱樂部」(Safari Club International),或是弓箭獵人的「波博與楊格俱樂部」(Pope and Young Club)的記錄冊上留名。這些戰利品獵人,特別會去那些將稀有動物開放給幾乎所有人競相追逐的國家。美國從二〇一四年起,暫停進口從辛巴威或坦尚尼亞進口的休閒獵獲象牙,因為這幾個國家腐敗現象充斥、缺乏有效執法,在野生動物管理上顯然有缺失。直到塞西爾被殺事件引起全球憤慨之後,辛巴威的官員才假裝義憤填膺,採取一些補救措施,意圖減少此事對公關形象的傷害。有幾個星期的時間,辛巴威禁止在萬基國家公園附近獵殺大象、犀牛和獅子,但隨著全球聚光燈的轉移,禁令也跟著解除了。辛巴威政府逮捕了當地的嚮導以及地主,並要求美國引渡帕爾默。但幾個星期之後,辛國政府卻表示不會指控帕爾默,並且暗示說歡迎他以遊客的身分重遊辛巴威。三個月之後,有一名德國戰利品獵人來

到辛巴威，付了六萬美金，獵殺地球上近幾十年來所見體型最大的一頭象。要說還期望這個南部非洲國家能在這方面進行改革的話，他們國家的領導人所做所為也會讓人打消此念——就在塞西爾被殺不久之前，穆加比，這位九十一歲的辛巴威暴君獨裁者，在這個經濟處於弱勢的國家裡，替自己舉辦了一場奢華的生日宴會，並為此盛宴宰殺了一頭大象。為了保護野生動物、推動人道、長遠、以野生動物為基礎的旅遊業，我們不止要根除恐怖分子，還要讓獨裁者退休。因為人道經濟雖說有韌性又有適應力，但也要仰賴法令規範以及遵守公民社會原則、民主行為規範的領導人。吃大象的獨裁者絕對不是這種人道經濟的一部分，也永遠不會是。

雖然美國政府公開譴責辛巴威領導階層的不名譽行為，但與此同時，戰利品獵人卻也在這樣的政治混亂中看到可乘之機。在像這樣的地方，休閒狩獵是一種交易，殺戮的機會不僅人人都有，還有從國際狩獵競爭而來的獎勵。這些獎勵主要來自國際狩獵俱樂部，它提供廿九種「狩獵成就獎」，還有幾十種「圈內」的獎勵。為了得到這些獎，戰利品獵人必須獵殺高達三百廿二種不同種或亞種的動物。這些獵殺多半是發生在沒有法律可管、選舉也是一場笑話的國家裡。最令這些人覬覦的獎項就是「非洲五大」——俱樂部成員必須獵殺大象、獅子、犀牛、豹以及非洲水牛，殺了這五種動物你就可以名垂俱樂部青史。這種在大多數人看來是濫殺的行為，在狩獵俱樂部的兄弟會小圈子裡，被當作一種終身的榮譽。

　　那些想要保護野生動物的國家，可以開始列一張拒絕入境的黑名單，而狩獵俱樂部的得獎者名單正可以當作黑名單的起頭。即使這些人手捧大把現金、遵守狩獵俱樂部的規章以合法方式狩獵，最好還是不要讓這些人入境，以免他們掠奪該國的野生動物。在美國，同樣的名單可以讓美國海關以及魚類及野生動物管理局的執法人員，查出大量裝有野生動物部位的登機行李及大箱行李；其中還有一些名字可以連結到野生動物的非法販運者或是進口港。要是這份名單可以被公眾取得，這些政治家、執行長、牙醫獵人的名字被公諸於世，對消費者和選民來說都有巨大的好處。最好是能讓這些名單上的民選官員下台，甚至像帕爾默那樣暫時停止執業、跑去避風頭。這樣一來，他們才會有時間自我反省，問問自己何苦只為了讓精神上爽一下，就一擲千金、千里迢迢跑去獵殺稀有動物，還把部分的動物屍體放在自己的屋裏、或是某個小博物館裡展示。

　　有一件事要感謝帕爾默：即使只有一小段時間也好，他讓休閒狩獵這種次文化浮出水面，而公眾並不喜歡這種文化。這樣的風氣促使企業界依照公眾的喜好選邊站。既然全球休閒狩獵活動仰賴商業運輸，美國人道協會與其他動物保護團體於是呼籲航空公司和航空貨運公司，停止協助把「非洲五大」動物的頭部或是身體部位，從非洲運回美國。漢莎航空、荷蘭皇家航空、新加坡航空、阿聯酋航空、維珍航空都已經有這樣的政策，而在塞西爾被殺害之後的幾天，英國航空、法國航空、布魯塞爾航空、伊比利亞航空、國際航空貨運、卡達航空、澳洲航空、維珍澳大利

亞航空、阿提哈航空也都宣告或確認了類似的政策。之後美國人道協會又在美國加強呼籲，幾天之後，達美航空宣告，將正式在全球的航班上禁止將獅子、豹、大象、犀牛及水牛的休閒狩獵所獲物，當做貨物運送。就像是在價格調整的時候，航空公司會一家家跟進一樣，越來越多的航空公司也實施了類似的限制。在達美航空發出上述宣告的廿四小時之內，美利堅航空、聯合航空以及加拿大航空也都跟進，接下來是 DHL。而這樣的運動繼續針對那些還負隅頑抗者。二○一五年八月，維珍航空的創辦者理查德·布蘭森在部落格上以「活著比死掉更有價值」為題，寫道：「休閒狩獵感覺比較像是過去時代的遺跡，當時人們是環境的征服者而不是管理者。」布蘭森也呼籲所有的航空公司及航空貨運公司制定嚴格的貨運道德規範，明訂不接受運送的物品。人道經濟有其思想領導人，維珍航空的創辦人就是其中之一。

我們對航空公司的高層喊話，（特別是那些對這項議題不如布蘭森這樣熟悉的層峰人士）請他們不要給那些非洲野生動物殺手們提供脫身之道。數千人寫信給這些高層，讓他們聽見公眾的怒吼。到了八月底，也就是帕默爾的犯罪行徑曝光之後一個月多一點，已經有超過四十間航空公司及航空貨運公司加入禁運的行列。不需要財務長仔細研究數據，看這樣的決定是否謹慎，因為很明顯的，戰利品獵人的數量在縮水，而野生動物觀賞者的數量卻在膨脹。每有一個可能飛到非洲搜尋可以放倒的獵物的戰利品獵人，就有幾千個到當地去尋求一張耀眼動物全身照的野生動物觀賞者。在看不到的貨艙裡有狩獵戰利品，這在以前公眾還不知

道的時候還沒問題,但隨著聚光燈亮起,在後帕默爾時代,突然間航空公司的這種見不得光的經濟就行不通了。座位寬敞度和起飛準點是很重要沒錯,但現在行李艙也變得也很重要了。

接著,這些戰利品獵人又受到沉重的打擊,市場也對他們的戰利品關上了大門。因為傳奇女演員碧姬·芭鐸的請求,法國對進口獅子戰利品下了禁令。幾週之後,就在二〇一五年十二月,美國魚類及野生動物管理局回應美國人道協會的請願,宣布非洲獅子在牠們的領域上為「受到威脅」或「瀕危」的動物。此一列名是因為這種大貓的數量不止受到戰利品獵人的威脅,還受到棲息地減少、偷獵以及其他威脅。此舉意味著,除非狩獵活動能強化該物種的生存,才能輸入狩獵戰利品。聯邦政府也特別指出,在圍獵中射殺獅子不可能符合上述的標準。南非的圍場中飼養、供人射殺的七百廿頭獅子中,就有一半是被美國的戰利品獵人射殺、進口。圍獵是獵獅這一行的主流,而剩下的被獵獅子則來自坦尚尼亞、辛巴威等地腐敗的管理體系;因此這條新的聯邦法規,將很有可能減少進口獅子頭的數量,使其從急流縮水成涓涓細流。航空公司的規定已經讓運送戰利品變得困難,而如今法國、美國還有澳洲更訂立了嚴格的限制,或乾脆禁止海、陸、空運狩獵戰利品。剩下幾個准許進口戰利品的國家也將面臨壓力,必須採取各自的措施,讓聘嚮導獵殺或是圍獵動物之王這種卑鄙又血腥的活動,從此絕跡。

根據世界旅遊協會二〇一三年公布的一份報告,以野生動物為基礎的生態旅遊,產值估計為三百四十二億美元。另一份針

對九個開放戰利品狩獵國家的統計報告顯示，二〇一年旅遊業占這些國家生產毛額的百分之二點四，而戰利品狩獵只占百分之零點零九。在南非，這個全非洲最大的戰利品狩獵國家，野生動物觀賞的旅遊業帶來的收益，是戰利品狩獵的八十五倍。航空公司的高層了解到，要是他們繼續堅持載運此類的貨物，不但會蒙受商業的損失，名聲也會被抹黑。大約有八成的非洲旅遊團，目的是觀賞野生動物。感謝這些航空載運公司做了正確且負責任的決定，使戰利品狩獵活動幾乎是在一夜之間就變得貴上加貴，對這些狩獵者來說也變得更加複雜：不是在這些發展中的國家付錢給腐敗的野生動物管理官員或是無恥的嚮導就好，還要想辦法把戰利品運回去。在塞西爾被殺引起輿論，美國明令禁止從這些國家輸入大象之後，二〇一五年，辛巴威來自戰利品狩獵的收益下降了三成。

非洲各國也面臨越來越大的壓力，要求其制定與野生動物旅遊業一致的政策。由於某些國家已經禁止從事戰利品狩獵，再加上美國的進口限制，現在美國的獵人只能從納米比亞和南非進口大象戰利品。但就連這兩個掉隊的國家也快要禁止對大象的戰利品狩獵了。在塞西爾被殺之後，有一群美國的立法者要求立法禁止進口任何受威脅或瀕危的動物、及所有瀕危物種保護法所保護的動物。這項法案名為「停止大型動物戰利品進口以保育生態系統法案」。

一些高瞻遠矚的非洲國家已經規劃了另一條路線，不將殺戮野生動物視作一種經濟活動。波札那原本是非洲大象狩獵最主

要的國家,美國有將近一半的狩獵戰利品都從該地來。二〇一三年,波札那的總統在對野生動物友善的旅遊市場主流,與殺害野生動物的少數遊客之間做出選擇,宣布禁止幾乎所有的戰利品狩獵活動。波札那總統伊恩·卡馬在作出上述宣布時指出:「要是我們不照顧野生動物,將會在發展旅遊上面臨很大的問題。」波札那的環境部長謝克迪·卡馬也說,不殺生的旅遊比較好:「獵人只有在狩獵季節時才會僱人;(旅遊)卻是一年到頭,這就是為什麼我們偏好後者。」二〇一五年,波札那開始在國家地理雜誌做廣告,照片上有兩頭漂亮的小獅子,並附上一語雙關的文案:

> 請在有遠見立法禁止狩獵、只讓照相機瞄準獅子的國家,感受真正的自然生態。體驗得獎的生態小屋、參加保護自然的生態遊獵之旅。

很難想像一個富有同情心、關心消失中野生動物的社會,會繼續容忍這些自我放縱的國際戰利品獵人,繼續進行瘋狂破壞的行徑。正當西方國家要求貧窮的非洲人不要為了象牙而屠殺大象的同時,要求富裕的美國人停止為了把大象的牙和頭當作戰利品而獵殺大象,難道有過分嗎?有一些盜獵者至少還可以用貧窮當作乞憐的藉口,但即使在非洲,這樣的藉口也沒什麼用,當地人對於盜獵者的殘酷、偷盜、無視於當地整體利益的做法,也十分不齒。而美國的戰利品獵人的殺戮行為,卻純粹只是出於特權和貪婪,還有讓大象或是其他動物感到驚恐從而得來的某種樂趣

而已。當我們要求非洲各國領袖及當地人自我克制、停止殺害野生動物並投資在生態旅遊上，同時間卻不對我們當中最糟糕、最沒道理的那些反例採取法律限制，不管我們秉持的是什麼樣的道德權威，這都是不良的示範。況且，要求一個達拉斯佬或者明尼阿波利斯人，不要只為了射殺動物旅行八千英哩遠、做出這種和獵頭沒兩樣的行為，到底有什麼困難的？與其入侵一個美麗而遙遠的地方，帶給當地死亡和破壞，為什麼不把錢花在更有益的地方？那種獵人站在獵物身上或是坐在獵物旁邊的照片，看起來就讓人想起某種詭異的偷窺癖或是早期的殖民主義。在非洲大陸上還存活著的森林大象中，有很大一部分住在加蓬，而這個國家和肯亞一樣，很早就已經禁止從事戰利品狩獵的活動。二〇〇二年，當時的加蓬總統奧馬爾·邦戈建立了一個新的國家公園體系，包含十三個單位，占據國土面積的百分之十五，都是六萬頭森林大象居住的重要地方。該國的人口超過一百萬，現任總統阿里·翁丁巴創建了訓練有素的反盜獵部隊，以遏止對森林大象的大規模殺戮。二〇一四年，他指定了十個海洋公園，涵蓋的面積超過一萬八千平方英里，以保護鯨、海龜以及居住在該國沿岸以及離岸生態系中的其他海洋生物。加蓬是世界上唯一一個地方，大象和鯨魚可以在野外見到彼此：海洋裡巨大的哺乳動物會遊到靠近海岸處，而陸地上最大的哺乳動物則偶爾會離開森林，來到沙灘上消磨時間。加蓬的總統和肯亞的總統都知道，他們的國家擁有很特別的東西，也採取了早期措施，永遠加以保護。

> 有些評論認為窮人必須在偷獵大象、販售象牙,與保護動物之間做出選擇。

　　除了國家公園、海洋公園還有其他受政府法令保護的地區,在非洲還有數十個私人保護區,在這些地方,人們可以獲得觀賞野生動物的經驗。我就曾經造訪肯亞的一個私人保護區:「列娃野生動物保護區」(Lewa Wildlife Conservancy)占地五萬五千英畝,是一處充滿野生動物的私人保育區,其中還有不少列為高度瀕危的黑犀牛。我造訪的期間,伊恩·克里格(他的祖先在一九二四年將一部分的土地撥出來,作為保護黑犀牛的區域)帶領我們一群人,在黃昏時進入一群成扇形散開、正在吃東西的象群中間。就在太陽下山、中午的熱氣蒸散的時刻,大象們用龐大的身軀把樹弄倒、用鼻子把樹枝折斷,好食用嫩綠的葉子。牠們展現出的力量和食量,讓四周充斥著新鮮樹幹與樹皮的氣味。我們都用氣音說話,因為不想蓋住樹枝折斷、樹木倒落的聲音。在見識過這樣的情景之後,就可以了解大象是如何經年累月地改變環境的樣貌,就像北美的河狸藉著讓樹木倒落、創造溼地來改變生態系統一樣。當我們一行人闖入牠們的晚餐時,其中一頭巨大的母象用身體隔開我們和其他的大象,並把耳朵張開、眼光一直固定在我們身上。當時我在想,不知道牠知不知道,牠可以輕而易舉地翻倒我們的吉普車,不會比那些比他體型小的大象弄倒一棵樹來得困難;而我不是唯一一個這樣想的人。但是牠沒有理會我們。這提醒了我,就算人類帶給動物許多痛苦的經驗,但就連最強而有力的動物,也很少會想要傷害我們。

在牠們的生態社區裡，大象是關鍵的物種，會在森林及綠地上留下痕跡。在大到足以讓大象生活的棲地中，常常會見到幾乎所有其他的非洲野生動物；也許只有犀牛除外，因為牠們的角被亞洲的一小撮人覬覦，在大部分的棲地上幾乎已不見其蹤影。

大象在另一種意義上也是關鍵的物種，牠們是野生動物旅遊業金字塔的尖頂，帶來數十億美元的商業獲利。根據大衛薛德立克野生動物基金（David Sheldrick Wildlife Trust）的一份報告指出：「一頭死掉大象的象牙原始價值約為二萬一千美元；相較之下，一頭活的大象，終其一生可以為旅遊公司、航空公司及當地經濟帶來超過一百六十萬美元，因為遊客為了有機會觀看、拍攝這種陸地上最大的哺乳動物，掏錢都很慷慨。換句話說，在財務上，一頭活的大象價值是死象的七十六倍。」這個數字的另一種解讀，可以看出消費者的力量有多大：不買象牙、只到非洲保護野生動物的國家去旅遊，這樣一來，我們每個人都可以扮演推動人道經濟的要角。

列娃野生動物保護區的工作團隊和當地的社區合作，提供教育課程、濾水系統以及工作機會，包括警衛、嚮導、販賣手工藝品等。這麼多人的福祉生計，都有一部分仰賴於源源不絕造訪保護區的遊客，使得當地社區居民將野生動物視為資產而不是義務。雖然一個國家的野生動物保護政策極其重要，但是臨近野生動物棲息地的社區居民支持也同樣是關鍵。社區是最靠近保護區的鄰居，他們可以成為野生動物保護最佳的後盾，但也可以是最大的夢魘。

　　正如我們西方對待動物時的矛盾態度一樣，有許多非洲人還是會殺野生動物，並食用或販售其肉。估計每年大約有五億隻以上的動物成為野味——這個驚人的數字正提醒了我們，為何有這麼多種野生動物瀕危或是已經滅絕。野味危機在中非和西非最為嚴重，但不止這兩地，只要是有野生動物而人們又必須掙扎求存的地方，都有這樣的問題。而非洲各國投資礦業開採又讓此問題加劇，因為採礦業吸引了伐木工、礦工以及其他尋求資源者，而採礦地又多在森林深處，當地的野生動物從未與入侵的人類接觸過。現在卻有馬路、營地、人——這三者的組合對野生動物來說往往是致命的。大象、猩猩、長頸鹿……每一種動物都難逃成為盤中飧的命運。野味危機的範圍如此廣大，威脅到非洲野生動物觀賞相關產業未來的存續。除此之外，野味也威脅到人類的健康。折磨人類的疾病中，有六成始於動物，之後跨越物種傳播給人類。二〇一四年在賴比瑞亞及其他西非國家造成超過一萬一千人死亡的伊波拉病毒，是目前已知最為致命的人畜共通疾病，據信就是因為人類殺死並食用野生動物而引起的。為了加強預防，當地的饒舌歌手唱著：「不要碰你的朋友……不要吃危險的東西。」一個世代之前，愛滋病很可能也是因為人們殺了並食用感染了這種致命病毒變種的野生靈長類動物所致。幾十年之後，愛滋病為非洲帶來的重創依然還看得見——非洲大陸上有三千五百萬人感染，在某些南非國家，甚至有高達三分之一的婦女感染。

　　對於對抗野味交易問題，保育組織「察沃基金」（Tsavo Trust）的伊恩・桑德斯表示，贏得當地居民的「同心合意」是

關鍵。許多野生動物旅遊業都是奉行這個信條,讓當地的居民變成對抗野味交易的積極分子。我在肯亞的期間,在安妮‧肯特‧泰勒及她的家族經營的豪華旅遊公司「樂趣旅遊集團」的協助下,進行了一次巡邏,徒步進入由社區居民留意並除去陷阱的保護區;只要不小心觸發這類陷阱,這不幸的動物就會被夾住腳或脖子。在我們除陷阱的巡邏隊伍中,有一個年輕人名叫喬斯法‧南岡陽,他在肯亞組織了一個全國的野生動物福利組織,專門負責除去陷阱以及其他關鍵問題。這個「非洲動物福利組織」(African Network for Animal Welfare)不斷成長,並倡導保育野生及馴化動物的公共政策。喬斯法提醒了我,要是野生動物走了,遊客也不會再來,那麼受傷最大的還是當地的居民。

達芙妮‧薛德立克是大衛‧薛德立克的遺孀,也是大衛薛德立克野生動物基金的領導人,該基金會照顧變成孤兒的小象,這些小象的父母多半都是被射殺。該基金會也是肯亞野生動物保護的燈塔。在基金會的設施裡,照顧者會親手拿奶瓶餵小象,甚至睡在牠們身邊。薛德立克說,一開始,「牠們以為我們是敵人」。但是不久之後,小象就融化在溫柔的照顧者手中。這間保育設施可能是世界上唯一提供這種年輕的巨獸一對一、全天候、個人化照顧的地方,讓這些小象感受到溫柔與照顧,是除了母親之外無人能及的。見過這些工作人員的付出奉獻,又如何能夠忍受有人射殺大象、鋸開牠們的臉取出象牙?靠近仔細觀察,很多肯亞人都會流露出對動物的同情心。當薛德立克的工作團隊讓一頭大象恢復健康並送回野外,讓牠們回到原來的棲地和群體中,從實際

上來說，等於是把錢投入生態系統中，重新恢復生機，並強化肯亞最重要的產業之一。

達芙妮的孤兒象有一部分來自察沃國家公園（Tsavo National Park），肯亞數量最多的大象族群就住在該地。這個保護區是野生動物旅遊的樞紐，裡面有長期被研究人員觀察的著名獅子，還有一些非洲體型最巨大的大象。我有幸穿越整座國家公園，見到許許多多東非乾燥地區的原生動物。所以去年當我聽說察沃最知名的大象，一頭有著長達七英尺的象牙、名為薩陶（Satao）的巨大公象，被毒箭所殺，那感覺就像是被人一拳打在肚子上。只要有一個叛變的盜獵者，就能取走牠的命，剝奪其他人單單看著牠就能獲得的喜悅。事實上，就在萬基國家公園最知名的獅子塞西爾被殺的那一天，據報盜獵者在察沃放倒了另外五頭大象，造成生態及經濟上的重大損失。

一九七九年，肯亞的大象數量約有十六萬七千頭，現在只剩下不到兩萬八千頭。有些評論認為窮人必須在偷獵大象、販售象牙，與保護動物之間做出選擇。但是保護大象也能為孩子提供教育、讓女人可以離開家進入職場、支撐維繫旅遊業經濟的基礎。殺死大象，套用經濟術語來說，不是利用資源而是在浪費資源。

盜獵出現之處，通常也伴隨著混亂與無政府狀態。恐怖份子和好戰分子肆虐之後，不止人命傷亡，整個大象王國也被斬草除根，經濟遭受重創。你什麼時候聽過有人去索馬利亞、蘇丹、還是安哥拉進行野生動物旅遊？安哥拉漫長而痛苦的內戰結束已

經好幾年，但野生動物數量稀少，幾乎沒有人會前往該地遊覽。數十年前，安哥拉大約有二十萬頭大象，如今在這個面積有加州三倍大的國家，只剩下不到兩千頭大象。少數倖存的大象是那些嗅覺比狗還要靈敏十四倍的，牠們可以嗅出在戰爭期間埋下的地雷。有一種現象被稱為「空森林症候群」，在象牙獵人、好戰份子、野味交易者肆虐過後，會留下破壞的痕跡；風景依舊美麗，卻聽不見一聲鳥鳴、沒有猴子呼叫，也沒有大象的隆隆呼哧聲。要是野生動物已經消失，或只是勉強存活，遊客又怎麼會來花錢呢？

說到底，生態旅遊本身就是個競爭激烈的行業，做法正確的國家會讓野生動物留在野地裡，進而贏得遊客的心（還有錢）。再也沒有比這更好的例子，可以說明一個國家的財富，是與安全、和平及生態健康緊密相關。

據估計，一個世紀之前，約有一百萬頭大象在沙哈拉以南的非洲大地上漫遊；如今只剩下不到四十萬頭；即便有越來越多的人想目睹這些莊嚴偉大的動物，自由自在地生活在天然棲地中的情景。廿世紀七〇、八〇年代的血腥盜獵（在最糟的時期，每年約有十萬頭大象被殺），使得國際社會不得不在一九八九年禁止全球象牙貿易。肯亞野生動物管理局的局長理查‧萊奇最著名的舉動，就是把一堆沒收的象牙放一把火燒掉，以明示該國不會被象牙貿易的短期利益所惑，坐視全球對這種產品的需求毀掉該國僅存的大象。萊奇要把象牙留在活大象的嘴裡，因為那是與野生動物有關的永續商業發展泉源。

　　一九八〇年代末期的象牙禁令大幅減少了殺戮，但為時甚短；鑽漏洞、將庫存象牙一次傾銷等做法削弱了禁令，並刺激了全球對象牙的需求。此外，非洲各地的衝突讓武裝民兵進入野外，武裝盜獵者崛起；再加上中國對非洲的商業興趣升高，這些企業通常非正式地擔任象牙盜獵與走私的重要的中介者。雖說在非洲只要有大象的地方就有盜獵的問題存在，但是透過 DNA 分析在整個非洲破獲的盜獵象牙走私品，其結果顯示，大部分都是來自兩個熱區。這份研究發現：「在二〇〇六年至二〇一四年之間，緝獲的森林大象象牙有八成五，來源為橫跨中非三國的生態系統保護區，範圍包括加蓬東北部、剛果共和國東北部，及喀麥隆的東南部，還有臨近的中非共和國西南部的保留區。在聯合國人類發展指數中，在總共一百八十七個國家中排行第一百八十五的莫三比克，近幾年來也成為大象的噩夢之地。從二〇〇九到二〇一三年，在尼亞薩（Niassa）生態系中僅存的兩萬三百七十四頭大象中，估計就有九千三百四十五頭被盜獵。坦尚尼亞的大象曾經是全世界數量最多的，幾十年前還有約三十萬頭，但是政府貪腐加上專業的盜獵，使大象傷亡慘重。在塞盧思保護區（Selous Game Reserve）及附近的生態系中，大象的數量從一九七六年的十萬九千頭，到了二〇一三年銳減為一萬三千八十四頭。這些可怕的數字應該要激發非洲各國、歐盟及美國政府增加力量對抗盜獵者。在莫三比克及一些其他的國家，正採取前所未見的行動。此外，保護野生動物的慈善組織和慈善家，也應該強化保留區的守衛，將那些二戰時期的武器淘汰，代之以現代武器及裝備，讓警衛擁有決定性武力，足以壓制配有重裝備的盜獵者。利用無人

機來查看動物與盜獵者，更有可能將犯罪實行降至零。

　　二〇一五年七月，一位研究犀牛的英國科學家保羅‧歐唐格修，公開一種他發明的「即時反盜獵智慧裝置」，這種裝置結合了 GPS 衛星項圈、心跳監測器和攝影機，當動物的心跳及生理化學反應顯示有盜獵行為正在發生時，就會立刻傳送訊息。接到信號之後也許來不及挽救動物的性命，但是這個裝置可以讓反盜獵小組和官方軍隊可以掌握盜獵者的線索，而不是在動物被盜獵之後好幾天、幾個星期之後，才在屍體旁邊摸索。盜獵者們現在也會毒殺禿鷲，因為不想讓這些食腐者的出現成為一種信號，讓主管單位發現大象或是其他動物的死亡。所以這種新科技對執法人員來說，就變得更為關鍵。

　　盜獵大象與非洲的無法治狀態、民間社會的崩潰，有盤根錯節的關係。青年黨、約瑟夫‧科尼領導的聖主抵抗軍（Lord's Resistance Army）及其他恐怖分子團體，經常是藉著大規模屠殺野生動物並將其部位賣給走私者，已取得資金進行他們的謀殺事業。美國國務院的馬蒂‧雷根說：「科尼把象牙當成他的儲蓄賬戶。」不可諱言，這些人是一長串國際供應鏈中的第一個環節，這條供應鏈把象牙和距離大象棲地幾千英里遠的國際市場串連起來。據說，有些在中國的消費者，對於殺戮是如此的隔膜，甚至以為獲得象牙不用殺死大象，是大象自然脫落的牙齒。二〇一五年我寫這篇文章時，一隻雕刻象牙在中國價值一萬三千美元，而一對夠大的象牙在市面上可以換來五萬美金。

> 為了象牙殺死大象，你就不僅僅是取走了大象的性命，更讓數
> 以百萬計的人賴以為生的經濟活動和謀生之道窒礙難行。

　　中國在非洲大陸的影響力持續不斷地擴大加深，在當地投資了數十億美元，有數百家公司在非洲營運；估計非洲有超過一百萬的中國國民。有一篇二〇一二年在維基解密上曝光的電訊，派駐肯亞的美國大使就指出：「有中國勞工營區的地方，該地的盜獵事件明顯增多。」這些人提供了將貨物運回中國的現成管道，這些貨物當中就包括象牙。「在中國人正在建設道路的地區，盜獵也急劇增加。」當時肯亞野生動物管理局的局長尤利斯‧奇普艾提許，在二〇〇一年這樣對電訊報表示：「在內畢羅機場沒收的象牙，有九成是從中國人的行李起出；這是巧合嗎？有些中國人說我們是種族歧視，但是我們的緝私犬可沒有種族歧視。」

　　但是若是把殺戮全都怪到中國人頭上，也太簡化了。二十五年前蘇丹有一萬三千頭大象，如今在蘇丹與建國不久的南蘇丹之間，只剩下五千多頭。當地大部分的野生動物，單純只是在內戰期間被軍隊和民兵消耗掉了。如今，一群蘇丹人（很可能與殘忍無情的金戈威德民兵有關聯）正在向南邊散開，以殺戮大象來資助他們的恐怖主義行動。一份出自「高等防衛研究中心」（C4ADS）與「生而自由基金會美國分會」（Born Free USA）的詳盡報告指出：「蘇丹的狩獵隊伍如今已經在越過北蘇丹邊境六百公里的地區運作，進入查德、喀麥隆、中非共和國及剛果民主共和國的北部，為的就是獵取中非僅存的大象。」幾十年前，光是在中非共和國可能就有一百萬頭大象，如今，在整個中非的

所有國家當中，也許只剩下不到十萬頭大象；其中大部分在加蓬，因為該國總統給警衛武裝以對抗盜獵者。

在過去十年當中，全世界有近千名公園管理員在野外保護動物時被殺害。他們的勇氣令人敬佩，也有越來越多國家提供他們的野生動物管理團隊更多支援。二〇一二年，盜獵者在查德的札庫馬國家公園內，於清晨時埋伏在國家公園管理員的營帳外，殺害了五名管理員。事件發生之後，總統伊德里斯‧德比將庫存的象牙燒燬，並投入軍方資源，協助國家公園的工作人員。二〇一五年三月，衣索比亞的副總理梅克農，將全國總計六噸的象牙庫存全部銷毀，作為「執行更為嚴格的反盜獵法令之重要墊腳石。」次月，馬拉威的總統阿瑟‧彼得‧穆塔里卡也承諾將銷毀該國庫存的六點六噸象牙。穆塔里卡指出：「銷毀庫存象牙此舉，不止是政府為了保護國內日漸稀少的象群的未來所採取的行動，也是為了向世界展現馬拉威打擊野生動物相關犯罪的決心。」同月，剛果共和國的總統德尼‧薩蘇—恩格索也下令焚毀該國五噸的庫存象牙。有這麼多總統對於這個議題展現出個人的關心，可以想見，這不僅僅是抽象的關切或是象徵性的作為，乃是對於國家的經濟未來重要的關鍵議題。

然而，若是象牙消費國不努力壓抑國內對象牙的需求，並加強執行國際象牙貿易的禁令，就算這些非洲國家的領袖再怎麼努力，也是枉然。中國和美國依然持續餵養對象牙的商業需求，製作並銷售象牙製的小飾品及其他常見物品，或是鑲嵌在樂器、槍支或刀具上。在一九八九年象牙國際貿易的禁令設立之後，在地

的象牙市場因缺乏可靠貨源而萎縮，市面上銷售的多半是在禁令之前取得的象牙以及古董品；中國和日本的象牙雕刻廠關閉就是最明顯的證據。

但是禁令設立的十年之後，中國、日本與南非的幾個國家聯手，企圖推翻這項禁令並讓象牙雕刻產業重生。他們一同遊說各國，同意批准兩起重達數噸象牙的買賣，來源是四個南非的國家。象牙湧入亞洲使雕刻業重新復活，而當這些企業耗盡了那兩筆交易中取得的象牙之後，又建立了非法的管道以取得更多的產品。他們找上非洲的民兵當現成的交易夥伴，因為民兵需要用象牙換現金。於是中國的雕刻業開始推出大量的雕像和比較容易偷運的小件物品，還有表面上以「古董」名義銷售的象牙首飾，以滿足中國和美國的消費市場。問題是，合法的交易掩蓋了非法交易，而且隨著需求增加，被殺的大象數量也跟著增加。美國變成全世界第二的大象牙消費市場，僅次於中國。

但是，當今的消費者已經把這類產品的銷售，和屠殺世界上最大的陸生哺乳動物聯想在一起。很多人正聯合起來抵制，轉而購買容易取得的其他產品，以替代象牙製品。現在不管在哪裡，都找不到用象牙做琴鍵的鋼琴公司了。eBay 和其他網路商店也不在網站上銷售象牙飾品。只要把市場關閉，那些盜獵者手上染血的象牙就無法脫手，既沒有中間商，也沒有末端客戶。

美國政府為了遏止象牙的銷售及購買，分別在二〇一三年在丹佛、二〇一五年在紐約時代廣場，公開銷毀成噸的沒收象牙。

二〇一四年，紐約州及紐澤西洲宣布禁止在州境內銷售象牙，加州和華盛頓州也在二〇一五年跟進。二〇一五年七月，歐巴馬總統在奈洛比宣布一項「禁止所有象牙在美國境內跨州交易」的新政策，當時與他一起在台上的還有肯亞的總統烏胡魯‧肯雅塔。在歐巴馬總統作出這項宣示之前的一個月，中國政府在北京公開銷毀了六百六十二公斤的沒收象牙；顯示這個全世界最大的象牙消費國，已經開始改變路線，登上了全世界反盜獵的列車。「我們將嚴格控制象牙加工及貿易，直到象牙的商業加工及銷售完全消失為止。」時任國家林業局局長的趙樹聰如此對媒體表示。就在兩個月之後，中國國家主席習近平來到華盛頓特區，宣布與歐巴馬總統及美國就氣候變遷議題作出共同承諾。這也是攸關非洲野生動物及全世界的另一個重要議題。

但是另一項驚人的共同聲明卻比較少引起媒體的關注，中美兩國共同承諾：「實施幾乎完全禁止象牙進出口的措施……採取重大、及時的步驟，消除國內的象牙交易。」而且，好像這樣的轉變還不夠似的，接下來的那個月，中國下達對進口戰利品象牙的禁令，為期一年。在這件事上，中國比美國的態度更強硬，美國還允許一些有限制的戰利品進口。事實上，中國這樣一個對象牙需求極大、又沒有關心野生動物道德傳統的國家，突然間開始與保護大象同一陣營，顯示這是數十年來象牙貿易對抗戰一個非凡的轉折點。人道經濟的原則能在最難以觸及的地方產生吸力、將那些原本看似不可能加入的有力人士納入陣營。幾年前，中國崛起成為超級大國，如今中國很清楚地表明不想在氣候變遷、象

牙貿易及其他環保、動物保護議題上落後。有跡象表明,非洲國家與中國的領導階層逐漸興起的關切,正緊密交織、付諸實行。坦尚尼亞當局在二〇一五年十月,在一場被描述為近十年來最令人憂心的野生動物走私案中,逮捕了人稱「象牙女王」的王鳳蘭,並指控她走私了至少七百零六頭大象的象牙,價值約兩百五十萬美元。在努力、外交、理性分析道德與經濟的主要問題之後,改變是有可能發生的。

　　所有人都不需要象牙飾品就可以活下去,商人也可以用其他的商品交易來獲利。然而,為了象牙殺死大象,你就不僅僅是取走了大象的性命,更讓數以百萬計的人賴以為生的經濟活動和謀生之道窒礙難行。象牙商品可以被取代,野生大象的生命卻不行。牠們是無可取代的:是非洲力量的象徵、生態旅遊的基石,更是維繫生態健康的關鍵要素。對全世界來說,這議題難道不是已經很明白、道德上該如何選擇不是也很清楚了?我們應該不遺餘力地摧毀盜獵網絡,如此不僅能保護生態體系,也是在保護那些被恐怖分子當目標、以象牙換錢來發動攻擊的商場、學校、商務中心及其他公共場所。從道德和經濟的角度來看,這是將非洲的未來當作賭注。方向只有一個,就是盡我們所能,阻止這種自我毀滅、怪物式的屠殺大象、獅子、犀牛、黑猩猩、大猩猩及其他野生動物的行徑,牠們值得我們更好地對待。

多元持股野生動物

在一個無雲的春天,我們從科德角的北岸出發。同行的一百人有一個共同的目標:瞥一眼那種比恐龍還大、行動慵懶,只引起最微小的水波和些微蹤跡的動物。我們在斯特爾瓦根灣停下,隨水波輕蕩。這個海灣的曲率正好,季節性的潮流帶來富含浮游生物與魚群(例如鯡魚和鯖魚)的上升冷流,因此吸引了大批的海豚與鯨,正是靜伏等待的好地方。我們每個人大約付五十美金的代價,以換取一個機會,呼吸海洋的水霧、讚嘆這些壯麗的動物。這天,我是支撐賞鯨船主與相關事業的幾萬個賞鯨者之一。

曾經有一段時間,冒險搭船到海上,只為了瞥見鯨魚的身影,聽起來似乎無意義又奇怪。在一八八○年代,鯨油是人類所知最實用、高價值的液體。「晨曦色」的鯨油被裝在透明的瓶子或是鋁罐中,印上「美國麻省新伯福出品」的字樣,然後密封。技師和工業專家用它來潤滑機器、美國海軍用抹香鯨油來潤滑潛艇和航空母艦的引擎(動物飼料製造商甚至還把鯨骨磨碎做成狗糧)。鯨油澄清、明亮、其焰無臭,抹香鯨油為整個美國的家庭點亮燈火、為剛發芽的美國工業經濟提供燃料。

就如同十九世紀中期加州山裡的溪流裡有黃金的消息,引起一股西進的掏金熱,鯨油的價值也誘惑了一個世代的水手,投身於每次出海可長達四年之久的冒險之旅。在新伯福、查塔姆等地,巨大的捕鯨船裝載著數百個空桶,在全世界的海洋中航行,把鯨魚變成現金。當時鯨魚的需求量如此之大,到了一八五四

年，半加侖的抹香鯨油價值超過五十美元，相當於今日的一千四百美元。在美國早期的工業經濟中，捕鯨業占了很大的一部分。

到了十九世紀末、廿世紀初，人們發現了更便宜、更有效率且容易取得的石化燃料，而且蘊藏量比鯨油多得多。這個創新來得正是時候，因為效率越來越提升的捕鯨船、精確的導航工具，加上具有爆炸力的魚叉，開啟了工業化捕鯨的時代。如今，隨著替代品的出現，賦予我們重新審視人與鯨魚關係的自由。隨著時間經過，人們驚歎於鯨魚非凡的體型，也越來越暸解牠們的智慧，於是牠們從殺來用的商品變成觀賞的對象，也創造出保護鯨魚的經濟誘因。

全球的捕鯨業幾乎已經全部轉型，只剩下三到四個國家還緊抓著捕鯨不放，視捕鯨為一種文化與經濟活動。這些蓄意的、殘忍的捕鯨者，也受到世界上越來越多人的厭惡。很難想像捕鯨業能長久持續下去、甚至有東山再起的一天；因為幾乎已經沒有人有興趣食用鯨肉、使用鯨油了。在日本只有極少數人、而冰島或是挪威更是完全沒有人的日常飲食中包含鯨肉。人們已經進步了。這些老舊的做法已經沒有市場，同時還有數以億計的人，很想親眼看看這種地球上古往今來體型最大的生物。這些人當中有很多人，願意花錢達成此一心願。

時不時會有這樣的論點出現，說是日本或挪威的小型捕鯨業可以和賞鯨並行不悖。是這樣嗎？有一個案例就真實上演了。幾年前在挪威北部，一群遊客眼睜睜地看著一艘小型的捕鯨船進入

視野內，用魚叉捕捉他們正在觀賞的一頭小鬚鯨。「血流成河，場面真的很難看。這不是我們來此想看到的。」有一位荷蘭的觀光客如此對挪威的報紙說道。

即使是捕鯨業內的人也發現到，世界已經離他們遠去。加斯頓・貝斯就是最好的例子。此人是美國僅存的幾位捕鯨魚叉手之一，也是未來方向的指標人物。貝斯曾參加過廿次成功的捕鯨航行，海上生涯超過三十年。他在二〇一三年退休，並公開說，捕鯨雖然曾經是格林納丁斯群島聖文森最具有生產力的行業之一，但它「應該屬於過去，不會為我們的經濟帶來什麼。」他並鼓吹以賞鯨來代替捕鯨。

> 世界上有很多國家公園、保育中心、野生動物保留區，不止是因為這些地方可以滋養人類的精神，也因為這些地方為當地社區提供了工作機會及經濟契機。

事實上，世界各地的政治領導人都有意識到，投資在活資產上所帶來的經濟契機。二〇一五年七月，我在紐約和盧安達總統保羅・卡加梅詳談，他告訴我，旅遊業為他的小國帶來每年三億美元的收入。盧安達就擠在坦尚尼亞、烏干達及剛果民主共和國之間。卡加梅身形瘦長，語調柔和而有禮。他說每年有一百萬人以觀光客的身分來到盧安達，「其中有超過一半是來欣賞自然的，尤其是來看山地大猩猩。」

這個高端的旅遊行程，地點在「火山國家公園」（Volcanoes National Park），經過嚴格的控管（看大猩猩的人數一天不超過八十人）；因為一部電影而聲名大噪。【迷霧中的大猩猩】（Gorillas in the Mist）將戴安‧福西（Dian Fossey）的生平搬上大銀幕。這個高端行程是盧安達最大的產業，卡加梅總統的首要任務，就是處理大批想要參加行程的人。「他們（非本國人）要付七百五十元才能獲得許可，在鬱鬱蔥蔥的森林裡觀看大猩猩；費用中的百分之五回歸當地社區。」卡加梅告訴我。他說，大猩猩住在有十五到卅五隻不等的家族中，雖然「盧安達不曾特別做什麼留住牠們，但牠們主要是居住在此地。所以我就有了與鄰近的烏干達、剛果民主共和國共享收益的想法。」山地大猩猩是全世界最瀕危的大型猿類，有一群獨特的族群，數量大約五百隻，住在盧安達的「維龍加國家公園」（Virunga National Park），另一個比較小的獨特族群則住在烏干達的布恩迪國家公園（Bwindi National Park）。盧安達對保護山地大猩猩的努力，再加上鄰近國家也有類似的保護方案，使得山地大猩猩被盜獵的數量極少，族群數量也在穩定的成長，讓全世界有更多的機會可以看見牠們。

卡加梅在十年前當選總統，他對於野生動物保護的開明做法，並非輕鬆繼承而來。在他當選之前不到十年，他的國家才剛經歷了一場二戰之後最接近大屠殺的慘劇，在種族衝突演變成的種族屠殺中，有八十萬的胡圖族和圖西族人慘遭殺害。有一位傳教士當時說：「地獄裡已經沒有惡魔了。牠們都在盧安達。」在氾濫到越過邊境的瘋狂屠殺中，有些人也在想，那會不會也是大

猩猩的末日。從那個恐怖的時期之後，盧安達就一直致力於保護國家公園不受威脅侵犯；在一個面積如同馬里蘭州、人口卻是兩倍的國家，此一問題相當嚴重。在一千萬的盧安達人口當中，有許多人從事農業，因此需要土地——這是一個引起人與動物衝突的公式。儘管有這麼多的農民，卡加梅在二〇一五年七月還是在阿卡蓋拉國家公園（Akagera National Park）裡引入了七隻獅子，距離當年牧牛人毒死最後一隻盧安達野生的獅子，已經有將近十五年。卡加梅告訴我：「當時農人和野生動物之間有衝突，所以如果獅子跑到公園外面、進入農場裡，農民就會殺了獅子作為報復。現在我們建了一道圍欄隔開兩者，以減少衝突，確實有用。」從野生動物旅遊而來的利益，讓人們可以從保護中獲益，也用來維護柵欄。其他國家也正在設立保護自然與製造野生動物觀賞機會的行業。哥斯大黎加將保護野生動物與環境奇觀視為對未來經濟發展的投資。尼泊爾保留了將近四分之一的國土，作為公園與自然保留區，並且在遏止盜獵上成果豐碩。肯亞的國家野生動物保護局已經設立了一項任務：「為了人類，拯救世界上僅剩的偉大物種及地區。」世界上有很多國家公園、保育中心、野生動物保留區，不止是因為這些地方可以滋養人類的精神，也因為這些地方為當地社區提供了工作機會及經濟契機。

印尼是世界上最大的群島，也是人口第四大的國家。印尼曾經是鯊魚和魟魚最多的國家。就在幾年前，印度西巴布亞省的四王群島政府改變了方針，通過法令禁止殺害任何一種鯊魚和魟魚，後來又設立了一個鯊魚與蝠魟的保育中心，是珊瑚礁三角

區[16] 的第一處。在二〇一四年早期，印尼政府又更進一步，藉由立法將整個印尼的經濟海域都劃為鬼蝠魟的保育區。二〇一三年有一項研究，檢視鬼蝠魟帶來的旅遊效益與鬼蝠魟漁業的效益，結果顯示，在南太平洋的一隻蝠魟，終其一生大約會產生兩百萬美元的價值，而死掉的一隻蝠魟在魚市場上，只值大約四十至二百美元。印尼了解到，永續漁業及以海洋為基礎的旅遊是國家的命脈。總統佐科·維多多指示印尼海軍及海洋事務及漁業部，只要在印尼海域上抓到大規模非法捕魚的船隻，都可以公然將之擊沉。截至二〇一四年底，海軍共擊沉了六艘非法漁船。二〇一五年初，海軍擊沉了一艘越南籍的大型船隻，船上載有兩噸乾燥中的鯊魚鰭、至少五條蝠魟的肉條，還有將近五十隻玳瑁海龜。沉沒的船隻帶著它們死亡與毀滅的歷史，如今在海底成為海洋生物的棲地，而海洋也正在恢復豐盛的舊觀。潛水者蜂擁而上。

太平洋島國帛琉，宣布該國的水域都是禁捕鯊魚的保育區，這種古老的掠食動物是水肺潛水業的重要基石。澳洲海洋科學研究院（Australian Institute of Marine Science）估計，在這地區常見的礁鯊，一隻估計每年可對旅遊業產生十七萬九千至一百七十萬美元的價值。相反地，一隻死掉的鯊魚價值只有一百零八美元。

如今很多國家都禁止販賣魚翅以及為了魚翅而捕殺鯊魚。中

16　Coral Triangle，一個地理上約略呈三角形的珊瑚礁生長熱區，範圍包括印度尼西亞，馬來西亞，巴布亞新幾內亞，菲律賓，所羅門群島和東帝汶的海域。

國是最大的魚翅市場，政府已經停止在國宴上提供這道菜，全世界也都逐漸了解到數百種的鯊魚所面臨的困境，以及牠們在生態系中所扮演的重要角色。有些物種（例如體型龐大的鯨鯊，長度可達四十英尺，重量超過二十噸，壽命超過一世紀）是吸引潛水者及遊客的磁鐵。全世界體型最大的魚，有一個規模最大的聚集地，就在加勒比海的穆赫雷斯島（Isla Mujeres）周圍。根據世界野生動物基金會（World Wildlife Fund）的數據，尤卡坦[17]的鯨鯊旅遊業發展迅速，從每年僅有幾百人次的遊客，增長到每年超過一萬二千人次。印尼對野生動物保育的興趣，也從鯊魚擴展到其他物種。該國擁有許多珍貴的生物，其中包括瀕危的亞洲象和爪哇犀牛。二〇一四年印尼的「伊斯蘭學者理事會」（Indonesian Council of Ulama）發布了一項有關「保護瀕危物種以維持生態繫平衡」的宗教裁量，宣告獵捕或交易瀕危物種是禁戒。這是一種有建設性、良性的訊息，呼籲印尼二億的穆斯林主動保護、保育瀕危物種，包括老虎、犀牛、大象和猩猩。「這項禁戒旨在向印尼所有的穆斯林，提供關於動物保護相關問題的伊斯蘭法律觀點解釋和指導。人們可以逃避政府的監管，但他們不能逃脫真主的道。」伊斯蘭學者理事會環境及自然資源小組主席哈玉・波拉布瓦如此表示。

這對印尼來說並不是全新的概念。一九七年，蓓魯特・高爾迪卡就是為了同樣的理由前來此地。當時廿五歲的高爾迪卡，

17　Yucatan，墨西哥的一個州。

是加州大學洛杉磯分校的學生，師事知名的英國人類學家路易斯・李奇。李奇當時已經將珍・古德送往坦尚尼亞研究黑猩猩，將戴安・福西送往盧安達研究山地大猩猩。高爾迪卡說服李奇送她去婆羅洲研究紅毛猩猩，這下子女性先鋒科學家團隊已經完備，李奇把她們三人稱作「三人組」。

但是高爾迪卡很快就發現到，她的任務必須延伸到研究以外。她來到婆羅洲幾個星期之後，就從當地人那兒聽說，一群伐木工人捕捉了一隻紅毛猩猩寶寶。高爾迪卡派他先生前去探查，她先生不久就帶著那隻嚇壞了的猩猩寶寶回來，他們把牠起名叫阿卡梅德。阿卡梅德在高爾迪卡的營地（名為李奇營）裡逐漸復原，並逐漸回到野地生活。

阿卡梅德是七○、八○年代，眾多因為捕捉交易而變成孤兒的案例之一。一九八六年在台灣有個很受歡迎的電視節目【頑皮家族】，節目中把紅毛猩猩塑造成最佳家庭寵物的模樣。在接下來的幾年當中，光是從婆羅洲出口到台灣的紅毛猩猩寶寶，估計就有兩千隻；另外還有四千隻左右在捕捉或是運送的過程中死亡。這些紅毛猩猩有的極受寵愛，有一隻在台灣養大的雌猩猩可以理解一些中文，還學會了手語、出入有車代步、上餐館吃飯，甚至還會彈簡單的鋼琴。但有更多的紅毛猩猩是被關在狹小的籠子裡，或是鎖在後院中。當牠們長得太大無法控制時，幾乎全部都面臨被棄養、被關起來或是被殺的命運。

在印尼，紅毛猩猩的交易長久以來都是非法的，但是印尼政

府卻因快速成長的棕櫚油業及工業化林業的壓力,對此睜一隻眼閉一隻眼。在一九八○、九○年代,油棕櫚的種植面積擴展到整個婆羅洲,所到之處將原始的泥炭沼澤叢林夷為平地。而紅毛猩猩會吃油棕櫚的果實,因此被視為經濟發展的障礙。

但是高爾迪卡讓全球開始注意到婆羅洲的紅毛猩猩孤兒問題,此時政府的算盤就開始換一種打法了。她邀請國家地理的攝影師和名人來李奇營造訪,包括李察・艾登堡祿,讓他們了解她的努力。曝光度帶來的生態旅遊,帶動了當地的旅遊業以及整體發展。逐漸地,印尼政府看到更為人道的經濟潛力,開始聚焦在欣賞紅毛猩猩而非屠殺牠們。政府也派出沒收小組幫助高爾迪卡救出孤兒紅毛猩猩,並於之後設立了紅毛猩猩的康復中心。

如今,婆羅洲的猩猩依然列入受威脅物種,但是婆羅洲各地的康復中心,包括李奇營,使得更為人道的經濟占上風。每年都有數千名旅客來此,看紅毛猩猩逐漸適應、回歸野外生活。在李奇營的紅毛猩猩也重新學習、享受自由之樂:在樹之間擺盪、玩耍、養育新一代野生的寶寶。有些之前被圈養的紅毛猩猩甚至會掛起吊床來躺,或是划獨木舟沿河而下。人類曾經是牠們的加害者,如今可以成為牠們的保護者,創造一個讓人安全地和這些大型猿類互動的經濟企業,致力於為了牠們本身及子孫後代的讚嘆而保護牠們。

結論

講理的人適應世界，不講理的人堅持要讓世界適應自己。因此，一切的進步都要靠不講理的人。

——蕭伯納，《致革命者的箴言》，一九○三

高收益債券

完善的資訊，帶來更好的結果

　　微軟的共同創辦人、慈善家保羅‧艾倫在一次專訪中對我說：「我相信人們和經濟都是在與達成自然和諧時，狀況最佳；而不是只把自然當成獲取資源的來源。」他多次造訪非洲，在那兒看見大群的野生動物及琳琅滿目的掠食者，之後就把對動物的興趣變成深刻的決心。這位億萬富翁在波札那擁有遊客小屋，他告訴我：「看過奧卡萬戈三角洲，而沒有被動物種類之繁多以及生命之豐富驚呆的，一個也沒有。看著大象家族排成一列前進、聽水底下的河馬發出噗嚕聲，或是聽見獅子從喉嚨深處發出的咆哮聲穿越帳篷帆布而來，這些都會讓野生動物保育從一種抽象的挑戰，變成更真實、更個人化的事。」如今他資助科學家進行野外研究，也贊助「大象大普查」的計劃，這項計劃由非洲各地通力合作，將產生出史上首次精確的草原大象數量、牠們的遷移路線，以及盜獵熱點的報告。「一旦我們掌握了這些資訊，就可以更有效率地保護牠們。」他對我說。

　　他同時也是一個水肺潛水愛好者，海洋生物同樣讓他感到無比驚奇。他把對不同野生動物的熱愛混合在一起，催生了一個美國史上首見最完整的反野生動物交易的公民提案（美國和中國同為世上消費野生動物部位的兩大市場）。二〇一五年十一月，在一場由艾倫及美國人道協會領導的社會運動之後，華盛頓州的

選民表決要讓大象、犀牛、獅子、豹、老虎、獵豹、鯊魚及魟的部位交易劃下句點。即便美國來福槍協會以及一些古董店老闆反對這項提案,但是它還是在整個華盛頓州的每個郡都獲得多數支持,贊成票數超過七成。盜獵者和野生動物交易不是人道經濟的一部分,這也是政府限制措施可以就位、為社會創造一個明確新標準之時。

對其他生物的關切在許多人心中占有一席之地,美國人也好、非洲人也好,不論是窮是富、或老或少、是男是女。它不是特例、不是怪癖,也不是感傷主義作祟,而是對其他生物的感覺和需要有所警覺,並據此在我們的生活當中作出調整,如此而已。可是卻沒有一種方程式或是特定的經驗組合,可以百分之百觸動人心、引起感情。動物觸動人心的方式並不一定。但是我們每一個人,包括我們當中最富有、最有力量的人在內,都有過一些或大或小的經驗,觸動了他們的心,讓他們和動物產生情感聯繫,啟發他們作出仁慈的行為,甚至導致他們當中的某些人去挑戰舊有的習俗或是陳規。

這種對動物的情感聯繫,在我小時候就在我心裡攪動,尤其是在我家對面的運動場上;我會在那裡和我的混種獵犬布藍迪玩球玩好幾個小時。我也會熱切盼望每一期國家地理雜誌出刊、還有每一集的【野生動物王國】(Wild Kingdom),看藍鯨有將近一百呎長、狼群如同家族一樣住在一起,並且具有高度的社會性,看得目瞪口呆。在我得知破壞性的捕魚行為之後,我就找上了比市政府更有力的主管單位,也就是我母親,問她是否可以避免購

買利用圍捕海豚捕來的鮪魚。

我們人類和動物的聯結，會表現在很多令人意外的方面，甚至是在最痛苦、暴烈的經驗中也不例外。以下這個例子應該是史上看起來最奇異的人質釋放場面了。二〇一二年四月，堪稱南美洲最惡名昭彰的左翼革命團體「哥倫比亞革命軍」（Revolutionary Forces of Colombia）釋放了最後的人質。這些人質有的從前是警官或士兵，在叢林裡的藏身處被拘禁了十四年，遠離家人、朋友及一切對他們來說最重要的事物。在政府領袖、國際紅十字會委員會和革命軍的談判取得突破性的進展之後，人質終於得到了自由。一架紅十字會借用的巴西軍用直升機，將人質從藏身處接運到比亞維森西奧市的機場，準備轉飛波哥大。當人質從直升機上走下、來到停機坪上時，有一隊影像工作人員拍攝他們與家人團聚的歡欣過程，也記錄下了一個令人驚異的畫面──

在被釋放的警官何塞‧立博多‧弗列羅的腳邊，亦步亦趨地跟著一隻快步前進的條紋野豬，也就是貒豬。這隻野豬大約有四十或五十磅重，沒有用繩子綁著，卻從來不會離牠的人類夥伴超過一尺遠。弗列羅說，他在牠只有兩天大的時候收養了牠，給它取名叫何塞普，並用一支注射器給牠餵食牛奶。弗列羅指著額頭上的疤痕說，那是給何塞普咬的。「牠們具有侵略性。但是我訓練牠，現在牠不咬人了……我照顧牠。」弗列羅說道。

還有另外一個被釋放的人質，他穿著他的軍隊制服，肩上站著兩隻綠色的鸚鵡，是在他被俘期間和他成為朋友的野生動物。

還有歐嘉・露西亞・羅亞斯，她在和 CNN 當地記者說話時，懷裡抱著一隻長得很像浣熊的蜜熊。她說是她弟弟——之前是人質的威爾森・羅亞斯——把這隻雨林野生動物帶回家。「牠的名字叫朗哥，是威爾森在叢林裡收養的。威爾森說牠是他的同伴。沒有什麼能把他倆分開。」

這些哥倫比亞的士兵和警察，被他們的囚禁者剝奪了幾乎所有的自由和便利；他們和野生動物產生連結不是為了消磨時間，而是為了熬過孤立的折磨。他們的故事提醒我們，寵物以及其他動物們不止豐富了我們的人生，有時也填補了只有牠們能填補的空虛、帶給我們只有牠們能帶來的安慰和喜悅。我們和動物之間有連結，在哥倫比亞的那個停機坪上、當我們回到家推開門，牠們開心地前來迎接，或是當我們在野外看見麋鹿或海豚時感到狂喜，就是明證。

不是我想要抹去這種連結的奧祕，不過這背後可能有生物化學的作用可以加以解釋，就跟人與人之間的連結一樣。有種激素叫催產素，不止會在人類之間激發母性、友誼及浪漫情愫，似乎也會在人與動物之間激發同樣的積極社交作用。花時間和動物相處，甚至只要看見動物，就會激發催產素釋出，讓我們的心跳依狀況變快或變慢、讓我們平靜下來或是覺得興奮、讓人微笑或是落淚。有些長者照護設施的行政人員，會安排寵物來造訪這些老人，以作為一種對抗孤寂的解方。當雙方眼睛相對時，就有了更多的微笑和搖擺的尾巴。對於罹患創傷後壓力症候群的退伍軍人來說，狗和其他動物是一種治療方式，可以讓人放鬆，甚至給予

他們面對世界的勇氣。

不過人對動物這種天生的同情和情感連結，不是決定性的，也不會產生必然的結果。還有競爭的本能、貪婪、渴求、或是更原始而特定的衝動，像是獵殺，都可能凌駕在同情、關懷的傾向之上。我們有可能會推向另一邊，被社會壓力、條件、藉口等等拉著走。

在現代社會，對我們來說有一個問題相當困難，那就是我們有可能會和現實的剝削狀況如此的脫節，以致於無法感受到問題的急迫性或是道德上的影響。大多數人不買象牙或是犀牛角，也不會給動物設圈套或是捕獸夾、把母豬關在小籠子裡、把化學品滴進兔子眼睛裡，或是為了利益而故意以其他方式傷害、殺害動物。一個善良的人連想都不可能想過要做這種事。但是有這麼多的產業以一種例行性的方式在使用動物，再加上產業的供應鏈可能長達幾千英里，把源頭藏在柵欄或是實驗室的大門後面──反正是不知名的人做的。但是，這些人就是我們的代理人；差不多我們每個人都參與了這些作為。如果我們靠近一點，自己是絕對不可能做出這些事的。

除非你有意識地避開這些，不然你可能就會購買有兔毛鑲邊的大衣、手套，或是用動物測試的美妝產品及家庭用品，抑或從工業化農場來的動物肉品或是相關產品。也許在你的腦海深處，知道這類的產品背後的殘酷不是只有一點點，但是你也從來不會去注意那些痛苦的細節。於是你成為這些企業不知情或是被動的

合夥人，幾乎沒有意識到你的消費行為和殘忍的道德議題產生了交集。同樣的，直接造成這些傷害的人，並不想讓我們想起他們的做法。事實上，他們往往是下了很大的功夫來掩蓋殘忍。

在思慮這些問題時，我們必須擴展人對動物道德責任的理解。殘忍不僅限於我們的社會普遍厭棄的那些行為，例如對狗拳打腳踢、放火燒貓，或是由來已久、如今被公開踢爆的活動，例如鬥狗、商業捕鯨等。虐待動物也包含在那些提供我們日常所需的商業中。這些面向卻是常規的、隱形的，我們在當中並不扮演直接的暴力角色，所以常常認為其間的道德問題不是我們造成的。我們和這種動物傷害行為生理上的距離，形成了某種緩衝。然而，卻是我們這些最終使用者成其事，正如我們有權力加以抵制來否定它一樣。只有消費者能賦予這些產品價值，或者相對地，也可以讓這些產品在市場上被棄如敝屣。

有些做法在我們的文化當中根深柢固，使人很難睜開眼睛看清楚，即使它就和我們面對面、眼瞪眼。有位政治民族誌學家提摩西‧派屈瑞曾經在內布拉斯加州奧馬哈市的一間屠牛場，隱藏身分工作了六個月。這間屠牛場每天要屠宰、分解兩千五百隻動物，將總重四分之三噸的動物部位，分裝成幾百個小包裝的肉品，然後送往全國各地的商店和餐廳。在某個多事之日，有一群牛從預備屠宰的保定設備中逃脫，衝到奧馬哈的街道上。其中四頭跑到天主教亞西西聖方濟各教堂的停車場上。但是這位動物守護者的信徒們沒有人出手幫助這些動物，最後這四頭牛被圍捕、送回屠宰場的保定設備裡，準備屠宰。另外一頭牛卻沒有配合，

想必是很清楚被捕就意味著死亡吧。不久之後,「警察叫員工回去工作,並且開火。」警方的武器射出十幾輪子彈之後,這頭動物才痛苦地嚥下最後一口氣殞命。

據派屈瑞的記載,工廠裡的工人都對警方殺了那頭牛感到憤慨,在午餐間裡議論此舉是如何地殘酷且不必要。別忘了,這些人工作的生產線,每週要負責屠宰一萬頭牛。要是那頭牛那天沒有找到路逃跑,牠的命運就會是頭部遭受撞擊槍一擊,然後從後腿被掛起,之後就被不怎麼隆重地大卸八塊,混入其他在一小時內被殺的幾百條屠體中,沒什麼特別的。

在受僱於此的期間,派屈瑞畫下了屠宰場的平面圖,並記下一百二十名員工的職責。他的結論是,生產線上的每個工人都只負責某個特定的小部分工作,用這一行的術語來說,就是切尾工、切邊工、剖腹工等等。這一百二十人當中,只有四個人直接參與殺戮的過程,其他人則是參與肢解、準備肢解,或是切塊的作業。根據派屈瑞的觀察,他們的工作內容被細分到一種程度,以致於對這間企業,以及他們在其中所扮演的角色,失去了全面性的觀點。這也可以提供一部分的解釋,為何這些工人對於逃跑的牛被射殺感到如此義憤填膺。

就連屠宰場的員工也可以對殺戮無感,更不用說在巨大動態社會下的其他人了。屠宰廠的員工在距離屠宰區幾尺到幾百尺的距離工作,而我們其他人則距離達幾百至幾千英哩遠。我們當中大多數的人,都很少和那些從事此類屠宰業的人接觸,對於細

節更是只有片面的了解或是模糊的概念。我們購買的肉品是商店裡包裝整齊的產品，或是餐廳裡精心擺放在架上的。我們知道那是動物，但是對這樣的產品已經如此熟悉、對產品如何來到這一步的過程如此無感，因此接納這整個產業就變得完全合理。所以速食業者肯德基同意讓 BBC 的一組影片製作團隊，進入一處供應肯德基肉品的屠宰房，為了一個系列報導進行拍攝工作時，該領域內的專家就指出，這對肯德基來說是「下了一個很大的賭注」。費城聖約瑟大學的一位食品行銷專家馬克・朗就對彭博新聞表示，他的研究結果顯示，大多數人對於他們吃的肉品從何處來，寧願不知道詳情。「人們不想被提醒，那曾經是活生生的動物。」

事實上，這些報導及調查，包括由美國人道協會所主導的，或是由其他團體，像是「慈心動物」、「同情勝過殺戮」（Compassion Over Killing）等團體所發起的，都在縮短我們被告知的版本，與動物真實面對的版本之間的差距。但這些結果得來不易，且往往遭到抗拒。在人道經濟背後有不可否認的推力；但是使用動物的團體卻不斷地抗拒，對落伍的現況採取保衛行動。最明顯的例子就是在超過半打的主要農業州，由企業在背後支持的立法者，企圖通過「農牧封口令」，這些法令條文會讓拍攝工業化畜牧場內動物照片、或是動保團體人士申請在這類設施內工作等行為，變成犯罪。有些州已經修改了州憲法，增加了農牧權的條文，將現行的農牧做法奉為圭臬，並壓制了將來限縮這些做法的企圖。比起上述這些反內部舉報、保護利用動物產業的法令，影響更廣的還

有政府對肉品業的補貼政策，包括提供飼料作物、企業保險、掠食者控制計劃、研發資金，還有採購過剩肉品的計劃，以供囚犯及學童食用等。在這種裙帶資本主義中，州政府扭曲市場以偏袒某些私人、企業的利益，在利用動物的經濟中屢見不鮮，尤其是在工業化農業以及生化研究領域。此舉拖累了改革及限制落伍殘忍做法的腳步。

但這些產業錯誤地以為消費者的看法是固定不動的、會一直接受不完整的資訊以及因此而產生的後果。當人道經濟運作時，不僅符合資本原則而且是最優的，將對動物殘忍的問題納入考量，並利用人類的創意，滿足一個對道德議題有所知的市場的需求。借用今日商業界習慣的語言來說：人道經濟是破壞性的，那些牲畜產品製造業者（他們已經不配稱為農夫了）、捕獸人與皮貨商、動物實驗室、幼犬繁殖場老闆、馬戲團經營者、還有整個參與悲慘動物交易的產業，都將感受到這種破壞性的影響。他們幾乎在每一個轉折點都採取反抗，面對即使是最輕微的意見，指出他們的做法在道德上站不穩，他們都會懷疑和憤怒以對。但是對幾乎其他所有人來說，人道經濟是一系列的變化及選擇，會增加受歡迎的道德抉擇、一個使我們的生活更好的契機、讓人類能在世上留下一個更美好的印記。

在某些我覺得比較積極的日子，我會相信那一天終會到來，屆時所有的工業化農場、毛皮養殖場及其他有系統地施行殘忍的地方，都會消失。只有一兩處會留下來，變成博物館或是紀念館，讓後人看看，以前動物被數十億人監禁、折磨時的情景，只

因當時那些人崇尚生產的速度與效率。當這類的地方消失，有誰會懷念？當人們已經找到又好又營養的替代肉品（這個轉變正在發生），又有誰會說過去的日子比較好？未來有誰會帶著懷舊之情，回顧今日大量圈禁動物的設施、廿四小時機器人一般的屠殺肢解，或是所有我們所知與工業化農場有關聯的一切呢？

把母雞的籠子弄大一點，成本真有這麼高嗎？難道我們就不能讓牠的悲慘生活，少一點點悲慘嗎？某個人對鵝肝的品味就有這麼珍貴，值得我們把鵝關起來強行灌食，灌到牠的肝腫漲生病為止嗎？

　　在經濟學領域的參考書中，經濟看起來就像是冷酷無情的機器，由最冷酷、最不人性的力量驅動；用狄更斯的話來說，就是：「所有同情心都必須讓位。」那些想法落伍的產業所倚靠的，正是人們對經濟的這這種印象，因為這樣一來，事情就不會有所改變，任何改革看起來都毫無希望。但是這種印象其實是錯誤的，誤解了自由市場底下隱藏的真理，那就是集體的力量就掌握在每個消費者手中。事實上，由良知所主導的消費選擇，是一種無法阻擋的正面力量。實際上，在動物議題上，如今有比以往有更多的進步、溝通、評論及行動，不管在訊息上、思想上或是做法上，都確實產生了革命。在相關的辯論中，因循舊規的聲音雖然一度占了上風，但如今在意見領袖之間卻有了大逆轉；對於那些死守現狀的人來說，這是個危險的時刻。文章在全國各地都可見到的保守派專欄作家查爾斯・克勞德哈馬，在二〇一五年五

，

月的一篇專欄中寫道:「我們對待動物的方式」將會「被後代厭棄。」他指出:「我們的曾孫輩會覺得難以置信,我們居然真的以工業化的規模繁殖、飼養、屠殺動物,就只為了吃。」另一位保守派的專欄作家凱瑟琳·帕克也有類似的思路,她問道:「把母雞的籠子弄大一點,成本真有這麼高嗎?難道我們就不能讓牠的悲慘生活,少一點點悲慘嗎?某個人對鵝肝的品味就有這麼珍貴,值得我們把鵝關起來強行灌食,灌到牠的肝腫漲生病為止嗎?」如今,在主要的動物保護議題上,你已經很難聽到有主流的聲音替另一邊說話了。「身為一個全球化的社會,我們已經無法再走回頭路了。」自由派的專欄作家尼古拉斯·克里斯托夫在紐約時報中的一篇評論中寫道:「在動物保護議題上,從哪裡開始要畫一條界線還有爭議,但要有一條界線已經是毫無爭議的了。」

這些作家提醒了我們動物的屬性,還有我們對動物的責任。產業界綁架意見領袖、立法者、零售商及其他商業領袖的意見已經太久了,他們一同輕視了我們社會對於動物的關切、把務實的改革做法和可行的替代方式拋在一邊,甚至否認動物也會感到痛苦。這些人也控制了科學家、語言及基礎架構;在許多業界的專刊中還是可以見到:把野生動物被稱為「獵物」,必須在「維繫產量的基礎下收成」;實驗室動物是「研究的工具」;農場動物則是「生產單位」。語言一直被那些掌握權力的人玩弄,將動物描述成冥頑不靈的,彷彿牠們只有群體而沒有個體、身上不具有我們熟悉的秉性、生來就是為了要被剝削似的。只要一味地否認、

把受害者當作不值得同情的對象，就能輕易地通往剝削之路。在人類史上最野蠻、令人震驚的人類剝削案例中，也是這樣使用語言。歷史學家大衛・布里恩・戴維斯就曾寫過，蓄奴南方州「系統化地將非裔美國人動物化」。根據一八九三年由「美國反奴隸制協會」（American Anti-Slavery Society）所發表的西奧多・德懷特・韋爾德的研究：「奴隸主不把奴隸當作人，而是當作勞力動物和商品。」

設計師卡爾・拉格斐在二〇一四年接受紐約時報採訪時，他所使用的語言也同樣讓我很驚訝。如今已八十幾歲的拉格斐描述他有多愛他的貓「蕭佩」，拉格斐為牠開設的推特帳號已經有四萬八千個追隨者。拉格斐說，他希望他的貓變得比他還要出名，並且宣稱：「這樣我就可以隱身在牠後面了。」這次採訪的主題是拉格斐和 Fendi 品牌一起度過的五十週年，以及他的最新一季設計。這次的設計也和之前的一樣，使用了大量的皮草。有一位記者問他是否會批判那些反皮草人士的行動，但拉格斐卻說他自己「非常有同情心」，而且「痛恨以恐怖的方式殺害動物。但是我認為現在已經進步很多了。我覺得肉舖還更糟糕，就像在參觀謀殺一樣。很恐怖啊，不是嗎？所以我寧可不要知道。」

所以，這個人深情而衷心地熱愛他披著皮毛的貓，但他卻也使用別的動物的毛皮，這些動物沒有花俏的法文名字，但在道德上不管在任何方面都和蕭佩不相上下。他信誓旦旦地宣稱，毛皮工業宰殺動物的方式比肉品業更為人道，但對於毛皮業中既沒有政府法規、也沒有任何有意義的產業標準來規範業內的動物福

利，他顯然一無所知。接著他很典型的轉移焦點，指出別種形式的殘酷更糟糕，例如屠殺動物來食用。最終，拉格斐承認他對此一無所知，也不想知道，因為直視太痛苦了。他只不過是設計師而已，那些就讓別人去煩惱吧。

好在，不是所有的設計師都像他一樣，活在道德的混亂中。其他的設計師看得更清楚，而且快步走向未來。二〇一五年七月，高級服裝品牌 Hugo Boss 宣布將停止使用皮草：「我們不會使用任何從繁殖場來的皮毛」，並指出：「永續的做法，有時就必須說『不』。」一個月之後，亞曼尼也做出同樣的決定，二〇一六年推出的系列將不再使用皮草。我們已經能製造出與真的皮草幾乎沒有區別的替代品，為什麼還要捕捉野生動物，或者將牠們養在繁殖場裡，讓他們經歷折磨和死亡呢？設計師和銷售商只要用不一樣的材料，而最終消費者也不需要被要求做出犧牲、或是克服什麼困難，只要在不同的貨架上選擇功能相同卻沒有織入道德問題的產品就行了。人造皮草的製造商會購買纖維原料、提供製造的工作機會，而零售商還是可以透過銷售商品獲利、僱用銷售人員；不同的是，過程中沒有動物被殘忍地殺死。這又是一個創造性破壞的例子，而且創造力大獲全勝，卻沒有造成任何破壞。

真的，這是一個很簡單的問題。我們讓動物免於被虐待，讓自己免於依賴虐待。今時今日，要當一個工業化農場肉品或是皮草店的顧客而且心中毫無罣礙，必須要有悉心營造托辭的習慣、自我欺騙的能力才行。當面前擺著更好、更值得的選擇時，誰會

想要一直這樣下去呢？

抓住機會，邁向未來

　　二〇一三年，阿根廷總主教豪爾赫馬里奧‧貝格奧利奧被選為教宗，領導信徒達十億人的羅馬天主教會。他的當選獲得一片讚譽聲，因為他以謙遜及對窮人的關懷聞名。在美國人道協會，當我們聽說這位新教宗選擇了「方濟各」為尊號以紀念亞西西的聖方濟各，也就是窮人和動物、環境的保護者，我們都感到十分振奮。他從上任之後，就沒有讓那些期望梵蒂岡能有所改革的人失望，再沒有一份公開聲明，比他在二〇一五年六月發表的那份兩百頁的通諭，更有力而熱切的了。

　　教宗方濟各在《願祢受頌讚》通諭中寫道：「我們對世界上其他受造物的漠視或虐待，早晚會影響我們對待他人的方式。人只有一顆心，若我們卑劣地摧殘動物，此卑劣的行為很快便會在我們與近人的關係上出現。對受造物的任何殘忍行為是『不合乎人性尊嚴』的。」[18]

　　這是世界上最具影響力的宗教領袖所發出的，有力而明確的聲明。他呼籲全球社會停止用動物測試美妝產品、結束畜牧產業

18　此處譯文出自教宗方濟各願祢受讚頌》通諭，天主教會臺灣地區主教團中文版本。下段引文亦同。

對動物的虐待、消彌動物滅絕的危機。他強烈地認同人道經濟及市場道德的想法，並重申前任教宗（也是動物之友）本篤十六世的格言：『採購不僅是經濟行為，更是道德行為。』」

「在福音裡，耶穌對空中飛鳥說：『在天主前，牠們中沒有一隻被遺忘的』（路十二之六）。」教宗方濟各如此表示。他還寫道：

> 那麼我們怎能摧殘或傷害牠們呢？我請求所有基督徒都承認並完全生活出他們皈依的這種幅度。願我們獲得的力量和恩寵之光，能在我們與其他受造物和世界的關係中彰顯出來。以此方式，我們可培養出與所有受造界的兄弟情誼，如同亞西西聖方濟如此淋漓盡致地所體現的。

這種關心其他生物的天主教教義並非這位教宗發明的，他僅僅是提醒我們，並強調這個挑戰的急迫性和重要性。整本聖經都不斷地在要求仁慈：「義人顧惜他牲畜的命；惡人的憐憫也是殘忍。」事實上，在舊約中上帝就很清楚地說過，動物是屬於祂的，意味著動物不是我們可以任意虐待的：「因為樹林中的百獸是我的，千山上的牲畜也是我的。山中的飛鳥，我都知道；野地的走獸也都屬我。（詩篇五十篇十～十一節）」古老的禁食之法如今依然存在，飲食及屠宰的規則、用餐之前禱告等，這些原則都在基督徒的生活中體現，對於以暴力玷污動物有所警覺。

慈悲的精神在全世界的各大宗教中都存在，提醒我們，人有照顧其他生物的責任。在印度教的教導中，神性存在於所有

的生物中，所以一切的動物都必須受到相應的尊重與同情。有許多印度神祇採取動物的形象，包括象頭神伽內什、猴神哈奴曼。耆那教則呼籲信徒遵行不殺生原則（ahimsa）。印度教和耆那教也有一個共同的特徵，就是對牛的崇敬，信徒認為牛是母性的象徵。不僅有宗教上及法律上的禁令禁止殺牛，而且在全印度還有上千個被稱為歌夏拉（goshala）的收容所，收容生病、流離失所的牛。印度總統普拉納布・慕克吉在二〇一五年三月批准了一項法案，嚴格禁止在馬哈拉施特拉邦屠殺、販賣牛，食用甚至擁有牛肉也在禁止之列；孟買就是位於該邦之內。佛教最高的美德就是慈悲，意味著避免造成其他有情生物的痛苦或是死亡。達賴喇嘛也呼籲終結各種形式的動物虐待。猶太教的原則「生物承受的痛苦」（Tza'ar ba'alei chayim）禁止對動物造成不必要的痛苦。可蘭經和伊斯蘭聖訓中，都描述先知穆罕默德對動物極富同情心。

　　如今，各界都開始呼籲要妥善對待動物，包括全世界最富有的人們、思想領袖、各大企業的執行長們、過去和現在的牧師們及其他的宗教領袖。但是若要將動物保護徹底定讞，還是必須回到經濟的領域上。我們常常聽到因為對動物殘忍或是對現況道歉的人表示，利用動物雖殘酷卻是迫於現實，儘管感傷卻還是必須繼續下去，因為那是出於商業上的需要，如此才能製造工作機會、利潤與成長。在許多方面來說，這是一種經濟詭辯、一種反身策略，要是已故的英國經濟學者亞瑟・塞西爾・庇古還在世的話，肯定會跳腳。將近一個世紀之前，庇古在《福利經濟學》一

書中就指出，私人企業經常會把成本加諸在他人身上，這種成本在購買時並不會直接被計算進去。庇古並指出，應該要有一種完整而恰當的會計及表記方法表示這種外部成本，才能決定企業運作上完整而真實的成本。

工業化畜牧就是一個典型的案例。該產業提供便宜的肉類給消費者，看似對消費者來說很經濟，但是當律師大衛‧西蒙試著替肉品經濟中的企業標價時，他的粗略估算是，這些企業每年帶給社會的成本超過四千億美元。大量食用肉類會造成動脈硬化、中風、心臟病及好幾種癌症。這些疾病每年影響上千萬人，也正因如此，美國心臟協會、美國癌症協會及其他許多與健康相關的主管機關，敦促人們減少食用肉類、多吃植物性的食物。和心臟病及癌症相關的健康支出每年達數千億美元，更不要提這些家庭的情緒成本，或是當企業暫時或是永久失去員工之一時所受到的衝擊。接下來還有污染的成本、政府對工業化畜牧遊說的補貼。當然，牛、豬肉、雞肉業都是大產業，它們加起來產生了數千億的營業額，並讓上下游的飼料供應商、卡車及其他運輸業者、藥物製造商、獸醫、食品零售商及許許多多和食物有關的行業帶來生意（要是人們不吃動物這些工業化畜牧業來的動物製品，當然就會吃別的東西；因此很重要的是，要記得會有其他的農企毫不費力地填補這空缺，也會帶來數十億的生意）。但要是把工業化畜牧所有的成本和收益一起計算，上千億的成本及虧空吃掉了收益，看起來就沒有那麼划算了。這些成本以健康支出、較高稅率、環境災害應對、地產價格衝擊等形式，相當直接地由消費者

負擔；只不過不是在商店或餐廳結賬時出現罷了。但出於經濟上的透明，我們社會應該加以精算才是。

現在我們比以往任何時候都要更了解，由工業化畜牧系統所造成的公共衛生成本有多大。這種有病的食物系統所造成的後果，估算也越來越準確。每年有六分之一，也就是四千八百萬個美國人罹患飲食引起的疾病。佛羅里達州立大學發表的一份報告指出，大多數的食安問題都是工廠式農場所導致的，包括家禽肉中的曲狀桿菌和沙門氏菌、豬肉中的弓型蟲，以及熟食肉類及乳製品中的李斯特菌。這份清單中還要再加上禽流感、狂牛症、多重抗藥金黃色葡萄球菌——這種感染後會致命的細菌，對於人類醫藥中最常用的抗生素具有抗藥性。這些病原體的存在和毒性，經常是由農場上的動物所承受的不健全環境所引起，包括嚴重的過度擁擠、讓動物住在自己的排泄物上等等。

這些疾病的威脅，又因為工廠式農場濫用抗生素而加劇。根據「美國疾病控制與預防中心」的資料，美國只少有兩百萬人感染了對抗生素有抗藥性的細菌，每年至少有兩萬三千人死於這些感染的直接後果。疾病控制與預防中心的報告指出，所有的抗生素有八成都是用在農場動物的身上，並且「大多數用在這些動物身上的抗生素都是非必要、不適當的，讓所有人都更不安全。」正因為這些畜牧業者知道這些禽畜過於擁擠、受壓力，被圈禁在如此狹小之處，所以他們使用抗生素作為預防措施以避免疾病發生，這種使用抗生素的策略，在人類的健康領域中是前所未聞的。醫療團體長久以來就很憂心濫用的情況，因為這會讓細

菌對臨床劑量發展出抗藥性，終而使抗生素失去作用。針對此一危機，幾乎所有重要的衛生組織，從「美國醫學會」（American Medical Association）到「美國公共衛生協會」（American Public Health Association），都呼籲禁止將抗生素用於非治療目的。在二〇一四年的一份報告中，世界衛生組織就將對抗生素的抗藥性稱為「一個嚴重威脅現代醫藥成果的問題」，並指稱光是美國一地，對抗生素產生抗藥性所導致的成本，就將高達二百一十至三百四十億美元。根據二〇一五年《國國家科學院院刊》上發表的一份研究結果，全世界的工業式養豬場，每公斤豬肉所使用的抗生素，將近是放牧式牛隻的四倍。該份研究推估，二〇一〇年，全世界一年共使用了將近六萬三千噸抗生素，用於飼養牛、雞及豬。

儘管已經對公共衛生造成嚴重威脅，由畜牧工業的商業公會、製藥公司及獸醫團體（收錢開立這些抗生素處方的）所組成的上下游同盟，強大到足以阻擋國會的改革企圖。不過，改變總是可以找到別種方式進行。有一些大型的食品零售商，像是麥當勞、好事多、沃爾瑪等，已經採取了初步的步驟，停止採購在食物飲水中添加抗生素的畜牧場產品，但這些新的政策還是有漏洞，允許產品使用某些等級的抗生素於非醫療目的中。

> 我們身為有良心的物種，每一個人都有責任，對此作出覺醒的選擇。有越來越多人做出充滿同情心的選擇，這也反映出社會價值觀的變化。

　　在隸屬聯邦的農場研究實驗室「美國肉類動物研究中心」（US Meat Animal Research Center）裡，用動物實驗來研究如何增加牛產下雙胞胎的機率、增加仔豬的重量，以及培育「容易飼養」的羊羔。實驗人員將豬關在蒸氣室裡直到死亡、讓數千隻羊挨餓、任其遭冰雹擊打，以此作為實驗。在內布拉斯加的中心也養了數千隻準備屠宰用的動物（它本身就是一間工廠式農場），並且用這些收益來進行更多不受規範的實驗。這間機構從二〇〇六至二〇一三年就燒掉了二億美元，而且這還只是五十一間隸屬於美國農業部農業研究服務（Agricultural Research Service）旗下的研究機構其中之一而已。這些機構是政府支持動物相關商業的另一個渠道，替私人企業執行研發，應用公共資金扭曲自由市場。

　　要是經濟學家庇古還在世，一定會在當代動物利用的領域中找到更多例證，說明以動物為基礎的產業，不公平地把企業的成本轉嫁到對此沒有心理準備的消費者身上。以我們國內的商業幼犬繁殖場和動物收容中心為例，此二者息息相關。市民們私人投資在動物福利慈善事業上的數十億美元，其中大多數都是用在當地的動物機構中，用以收容、照顧、安置被疏忽照顧的動物們。但是那些造成動物無家可歸或是虐待動物的人或企業，根本就不會對這些動物的長期照顧付出任何一毛錢。幼犬繁殖場、動物實驗室、珍稀動物繁殖商、好萊塢的動物訓練師，這些人從銷售及利用動物獲益，當他們的工作完成之後，卻往往把動物往收容所、康復中心一丟了事。想想數以千計住滿了貓狗的收容所、

數以百計的大貓康復中心裡，許多被天真不懂事的飼主棄養的老虎、獅子；還有幾處照顧黑猩猩的保育中心，用來照顧七歲就從演藝事業退休的黑猩猩，而牠們平均還有五十年的壽命。光是私人慈善捐出的善款，用在安置、收容無家可歸的貓狗（牠們多半都是因為寵物交易而培育，卻在某個時點被飼主拋棄）的費用就高達數十億美元；這還不包括公立的照顧、管理機構所花掉的另外十億美元經費。把這些都加起來，你就會開始對真正的成本有點概念了。

為什麼動物保護團體和納稅人，要為那些做決定不顧後果的人和企業收拾殘局，讓他們把成本轉嫁到我們身上？我們需要建立一套政策來解決這些問題，讓那些製造問題的人自己付善後和救援的費用，而不是像現在那樣讓好心的人來付。

國家科學研究院在二〇一二年一月發表了一份報告指出，緬甸蟒進入佛羅里達大沼澤區不過短短十幾年，就已經消滅了百分之九十九的浣熊、負鼠及其他中小型哺乳動物，還有百分之八十七的短尾貓。有些專家估計，有上萬條這種異國蛇占據了佛羅里達南部，這很有可能是因為寵物交易的循環導致。有些飼主不願意繼續負擔這樣的重任，於是就把蛇丟在森林或沼澤裡，包括佛羅里達大沼澤國家公園。接下來，這些蛇就展現了牠們非凡的繁殖潛力和驚人的食量。在一段有很多人看過的視頻裡，一條緬甸蟒和短吻鱷在沼澤展開生死鬥，結果緬甸蟒殺死、吃掉了短吻鱷，卻在吞下短吻鱷之後自爆，只能用得不償失來形容。我們的社會（尤其是原生物種已經被新來的壓得喘不過氣來了），只能

被迫處理像這種引入的物種所造成的後果。整個食物鏈都能感受到蟒蛇衝擊波的漣漪，甚至可能威脅到已經高度瀕危的佛羅里達山獅的存續。我們國家已經投資了數十億在保護大沼澤區，只因為一些人錯誤的興趣把這種動物當寵物，就把這麼多人努力的計劃置於毀滅的險境。

美國用於移除、管理入侵物種的費用，每年估計為一千二百億美元，相當於維持美國所有武力經費的五分之一。在美國人道協會的施壓下，聯邦政府已經禁止超過六種大型蟒蛇的交易。

這種所費不貲的不幸應該作為警惕，促成決策者制定法規，防止更多外來物種占據天然棲地。停止將活生生的野生動物當作寵物來交易、關閉異國物種狩獵場、關心動物真正應該屬於何處，如此可望解決一部分的問題。

還有賽馬場主和賽馬主，這些人渴望擁有賽馬常勝軍，因而繁殖動物，卻不想提供牠們終身的照顧。他們不是把馬送進屠宰生產線，就是把牠們丟到收容中心裡；這些收容中心花掉美國的動物保護慈善款裡的幾千萬美元。而進入屠宰產業鏈的馬兒，則是被「屠戶買家」買下，被塞進過擠的卡車裡，穿越幾千英里路，被送到加拿大或墨西哥的屠宰場裡。在密西西比州，當局在一名屠戶買家的地產上，發現了一百五十匹或是已經死亡、或是孱弱不堪的馬匹，此人還有牲畜竊盜的犯罪記錄。在南卡羅萊納州，主管機關也在兩名疑似為屠戶買家的地產上，發現了死掉和瘦弱的馬。其中一名被發現的原因，是因為他毆打他女友的狗視

頻被曝光。另一位屠戶買家多瑞安・阿亞克則是在將馬運到屠宰場的途中發生兩起意外，將馬和其他的駕駛人置於險境。但他還是把倖存、受傷的動物裝進拖車裡，想要把車開過墨西哥邊界，但是有關當局在邊界拒絕讓某些嚴重受傷的動物入境。阿亞克被聯邦主管機關勒令停業，但他還是繼續用其他公司的名字轉運馬匹。馬匹的屠宰房並不是名聲多好的企業，因此成為那些無法無天的人的天地，這些人為動物帶來毀滅及傷害，牠們本應值得更好的對待。這些動物虐待的證據，終於促使國會採取行動，以免有任何馬匹屠宰場在美國死灰復燃。現在歐盟也已經停止從墨西哥進口馬的屍體，而墨西哥正是美國大多數流入屠宰渠道的馬匹的最終目的地。

投資在預防殘酷（透過在法律中設置反殘酷的標準，然後加以執行）也會減少社會中的犯罪及暴力，以及此種行為的代價。家中有動物虐待情事的，百分之七十五的案例中也有其他種類的家庭暴力。在芝加哥，被控以虐待動物罪行的一群人當中，有百分之七十有重罪前科。在田納西州東部的大型鬥雞場中，聯邦探員破獲了一處當地警長包庇的非法賭場，他們讓孩童參與打鬥，還兼營賣淫和銷贓。在鬥雞場上和鬥狗場上見到槍擊或是謀殺並不稀奇。不難想像喜歡看動物死在一個小坑裡的人，會在爆發的衝突中感到刺激。

因著我們對動物的良知，再加上那些曾發生在動物身上的可怕的事，如今有很多最惡毒的殘酷做法都已經被法律禁止。但是在有些案例中，剝削及虐待卻是在政府的鼓勵甚至共謀之下為

之。灰狗競賽是美國的一個經濟死亡迴圈，因為消費者需求幾乎已經不存在，而且還有幾個人道組織持續不懈地運作，包括「美國灰狗機構」（Grey2K USA）這個在保護灰狗工作上居領導地位的組織。如今已經有三十九個州禁止灰狗競賽，只剩下六個州內的十九處賽場還在運作，相較於二〇〇一年的十五個州、四十九處賽場，已經減少了許多。該產業營收的金額，包括賽狗的賭金、觀賽票以及轉播，已經從二〇〇一年的卅五億美元，下降至今日的六億。還在賽狗的剩下幾個州都有規定，如果有其他形式的賭博發生在賽場上，就必須有現場的競賽；這等同於強迫不情願的賭場老闆，繼續經營這種只有幾個觀眾在現場觀賞、既賠錢又傷害動物的運動。「這些狗在場上繞著圈跑，卻沒有人在看。」美國灰狗機構的克瑞·泰爾就這樣描述一場典型的夜間賽事。

　　賽馬的經濟前景沒有賽狗這麼嚴峻，但也有相似之處。很多低階賽馬場的觀眾席上，熱心的觀眾寥寥無幾；這些賽馬場之所以撐得下去，是因為母公司還有其他優雅的賭廳，裡面有吃角子老虎、牌桌，而且這賭廳往往和昏暗、淒涼的賽道是分開的。討厭的是，州政府規定，要是賽場同時經營賭場形式的博弈事業，就必須繼續經營賽場，即便賽場這邊虧損以百萬計、不斷失血。總結起來，吃角子老虎和撲克牌桌的賭金，被用來支撐賽馬不至於熄燈。這又是另一個州政府對市場不當使力的例子，在這個案例中，政府選擇了輸家，還強迫別人負擔成本。州政府要求繼續經營賽馬場的規定，讓這些死水一般的賽場繼續下去。還有很多證據顯示，賽馬會被注射藥物，用以增強牠們的表現，而且常常

是用來讓受傷、跛腳的馬可以站在起跑線上。紐約時報就曾經報導過，每週有廿二匹馬死在賽道上。這種運動的本意是要讚賞動物的活躍和力量，而不是把賽場變成崩潰的動物失足墜落現場。加拿大殺死海豹寶寶以取其毛的產業，已經在全世界的市場造成了後果：歐盟、墨西哥、俄羅斯及美國，都宣布不想和這種生意扯上關係。當下，這種已經縮減許多的跛腳行業之所以能繼續下去，靠的是政府收購所有的毛皮作為補貼。政府不斷把錢丟進這種獵捕行當，只因為當地海岸村莊，例如紐芬蘭島、愛德華王子島上的居民，支持這種行業。但是當地人自己不用這種毛皮，全世界的市場也都不需要，這種獵捕有何意義？何不直接把錢給居民、放過海豹一馬？為何要給這種垂死的生意補貼，而不是在不斷演進的經濟中，創造工作機會及其他形式的經濟發展呢？

消費者常常認為，產業界和政府是在做對動物正確的事，信賴他們會以正直行事，這份信念至少產業界是很努力地在培養。例如珀杜農場（Perdue Farms）就在他們生產的雞肉上，貼上「人道飼養」的標籤，即便眾所週知該公司生產的雞是培育出來快速生長的品種，經常處於疼痛中；他們所用的運送及屠宰方式也顯然不人道。美國人道協會於是提起法律訴訟，想要讓該公司停止這種不實的宣稱，最後珀杜同意將標籤取下以達成和解。但是該公司還是繼續不斷地在廣告中宣傳，宣稱該公司的雞是在「無籠」的環境中成長。這雖然是真的，卻是毫無意義的空話，因為所有的肉雞都不住在籠子裡，因為那會造成很多皮肉傷，消費者是不會買的。只有下蛋的母雞是養在籠子裡，而珀杜並沒有飼養

下蛋雞，所以才做出這種無意義的宣示。

不過修正這種做法似乎是有必要的，尤其是現在資訊取得更容易，也有很多組織致力於揭發所見到的欺瞞或殘忍行為。二〇一五年的哈里斯民調[19]結果顯示，在家中有飼養寵物的美國人當中，百分九十一認為寵物是家庭成員之一。二〇〇五年卡崔娜颶風來襲之前，政府就發布了強制疏散的命令，但是很多人卻寧可蹲在家裡，因為沒有一處收容所允許他們攜帶寵物前往。而在颶風襲擊後，留下滿目瘡痍、淹水的街道、不堪用的設施，有數千位民眾還是拒絕救難人員的協助，因為這些救難人員接到被誤導的上級給予的指令：「只救人、不救寵物」。看過夜間新聞的人應該都不會對此感到訝異，因為常常會聽到有人秉持著人溺己溺的精神，跳進冰凍的湖裡或是衝進起火的屋子，就為了把寵物從危及性命的情況中救出來。大部分的人都會將這種行為視為英勇，我們當中誰不希望在類似的情況下，也能鼓起那樣的勇氣？在社會和諧與保護動物之間（後者是越來越受到廣泛支持的價值觀），是時候我們該開始做正確的事了。我們身為有良心的物種，每一個人都有責任，對此作出覺醒的選擇。有越來越多人做出充滿同情心的選擇，這也反映出社會價值觀的變化。

人類的學習曲線是跟隨著新想法的軌跡，這些新想法一開始都看似不可能，最後卻成為普世通用。看看那些從根本改變了人

19 市場調查公司，調查範圍包括歐洲、北美、亞洲的許多產業。

類社會的變化與發展：就書寫方式來說，我們從使用石板記事，進步到印刷、打字機，然後是數位平板；在訊息交換上，我們從電報發展到電話，再到傳真機，然後是電子郵件、網際網路；在交通運輸方面，則是從馬車、街車，到汽車、貨車、飛機；在攝影方面，我們則是經過了銀版攝影、底片，再到數位媒體。在每一個領域中，創造及發現的衝動，都是因為實務上的挑戰和需求而變得迫切，才會產生進步。一旦有最初的採用者體驗過了新的方法，並在過程中加以修改、優化，不久之後舊的工具就會被淘汰。很多時候我們都會忍不住自問：沒有那些新科技我們到底是怎麼走過來的？還有，為什麼人們花了這麼久才接受新科技？

過去的幾個世紀以來，創新者已經讓我們生活的方式有了劇烈的改變。十九世紀的芝加哥，人類和動物製造的廢物覆蓋了街道，成為疾病的溫床；創新者於是發明了下水道，讓人們用螺旋千斤頂舉起房屋、甚至是整個街區，好在底下安裝廢物渠道的分支。幾年之後，創新者更進一步利用化糞池和沖水馬桶來處理廢物。創新者發現用蠟燭、煤油燈來散發光，之後又進展到太陽能、LED。他們還發明了空調，不僅讓家與辦公空間更舒適，也讓人類的居住範圍產生劇烈的變化，讓許多人從美國東北部移居到南部幾州。沒有下水道、沖水馬桶、水庫或是冰箱還是可以過得下去，但是這些東西讓生活變得更能被接受、更舒適、更宜人。

當然，創新也會依循其他的人類衝動，製造出衝擊鎗、圈養系統、尖端會爆炸的魚叉、拖網漁船，或是在動物研究實驗室中

使用立體定位器具,讓我們可以更有效率、更無情地利用動物。科技本身是道德中立的,問題一向是來自於人的動機。GPS 定位工具可以用來追蹤鯨魚以獵殺之,或是用來研究這種偉大的動物,以達到保育的目的。自動化武器也同樣可以成為保留區的管理員或是盜獵者的幫手。選擇性育種或是基因定序,可以用來治療狗的遺傳性健康風險,但也可以用來強化純種的特徵,使牠們承受較短的壽命和生理異常(例如比較長的背部或是像擠扁一樣的臉或鼻子)。連結大貨車可以用來把窘迫、淘汰的乳牛送到屠宰場,也可以用來把從鬥狗場救出的犬隻送到安全處。對動物來說,科技可以是最好或是最壞的東西。

> 有越來越多的人把選擇及採購的行為,連結到與動物虐待相關的議題上。

當我還是個孩子時,柯達是相機和攝影的代名詞,正如全錄之於影印。柯達是從紐約的羅徹斯特起家,曾經是該產業界的霸主,年營收三百億美元,銷售相機及底片,並控制了底片的沖印。在他們的廣告中,該公司提醒人們可以藉由捕捉「柯達時刻」,來記錄下家庭的歷史。在此之前的幾十年,專業人像攝影者主導了攝影的市場,而柯達開啟了大眾攝影的年代,從專業攝影棚進入家庭生活。在柯達的努力之下,女性成為最有利可圖的目標族群。忠誠的女性消費者奠定了柯達的成功,她們拍攝的照片比別人多,還會洗出來和朋友分享、保存在相簿中、放在客廳裡展示。

　　但是，與網路興起的同時，數位科技也同時突飛猛進。當新技術在品質上和接受度上都被肯定時，柯達卻沒有採納這種新科技，最後數位相機取代了對底片的需求。當柯達緊抓著過去數十年來運作成功的商業模式不放，競爭者卻投資在數位科技上。到了二〇一二年，柯達宣告破產。在柯達占地一千三百英畝的廠區內有兩百棟建築物，其中有八十棟被拆毀，另外五十九棟出售。柯達一直努力要從破產後復原，如今市值約八億美元。同時，後起之秀 GoPro 是針對極限運動的數位相機製造商，如今市值是柯達的六倍。就連最大的公司也必須與時俱進，因為要是人類的經驗可以用一個字來概括，那就是「改變」。

　　我們正處在一個時期的中心（我相信是更接近開始那一端而非結束），我們對待動物的方式，不論是在政治、文化或經濟上，都正在經歷波瀾壯闊的調整過程。處理道德問題的方式，一開始必須加以識別，然後就必須有意識地打破舊習慣及陳規。與可怕的不公不義面對面，從奴隸、童工、種族隔離到性別歧視，是美國一項既痛苦又必要的傳統。隨著網路資訊的普及所帶來的透明，如今更難以迴避此類的問題。當發現某知名品牌製造的 T 恤竟然是在孟加拉如地獄一般、過度擁擠的工廠裡縫製的時候，有些人會因此感到不安；同樣的，也有越來越多的人把選擇及採購的行為，連結到與動物虐待相關的議題上。將虐待動物的情形曝光，在很大的程度上能促使銷售者整頓其供應鏈，不論消費者是否更受益。所以聰明的企業會希望避免惹上爭議、抗議、抵制及社交媒體的圍攻。

> 動物會想、會感覺，也帶有生命之光，這一點我們可以看出來，動物行為學家和認知科學家也可以加以證明。

我們正處在一個所有使用動物的經濟面向都在經歷轉變的時期，而且還將會見到更多的轉變。一旦決心要朝向好的方向改變，現在比以往都要更容易付諸行動。這無關乎犧牲，只關乎覺醒以及做出好的選擇。把我們的字彙從「捕鯨」改變為「賞鯨」，這只是人類對動物態度轉變的諸多例子之一，這些例子不只是在野外，也在農場上、實驗室裡，或是我們的家中發生。

我們現在的社會已經和廿五年前、一百年前或是二百年前不一樣了，不管是在商業、銀行業、貨幣、能源使用、全球運輸、資訊科技、電腦運算各方面，都有革命性的進步；為什麼在對待動物的面向上，不能有同等的革命呢？一旦我們我們發現更活躍的經濟前進路徑，還能製造更好的工作機會、更好的產品、而社會最終也會更宜人；那我們又怎麼能忍受悲慘的捕鯨、工業化畜牧、陷阱、以及各種殘酷工業，那些見不得光又殘忍的地方？

一個不一樣的商業經濟，以及廣泛接受行為上的改變，會是解決方案的一大部分，但這樣還不夠。因為我們對動物的權利不對稱，即使是少數人的作為也會對動物造成巨大的傷害；對此，我們需要法律來避免這些人所造成的傷害。二○一四年在南非，盜獵者殺害了超過一千二百頭犀牛，當地犀牛總數只有一萬五千頭。從二○一○到二○一二年，盜獵者總共在非洲殺害了十萬頭的非洲象，都是為了滿足全球對「白色黃金」的需求。我們需要

法律來遏止盜獵者和盜獵行為，也需要這些消費國立法禁止這些產品的銷售，即使是只有幾萬個美國人、中國人或是越南人想要買象牙或是犀牛角，也會給盜獵者提供動機，威脅到這些物種的生存。

只有一小部分的獵人會光顧圍獵設施，但即使只有一成的獵人對這種保證獵獲的殺戮有興趣，也足以讓這個產業成長，在美國及南非兩地已經達到數千家。過去數十年來，美國人道協會協助通過超過一千條地區法令及數十條聯邦法令，也正積極確保法令的執行，以對抗那些少數分子，並在社會上建立有意義的標準。如今，對動物極端殘忍的行為在每個州都已被列為重罪，但我們還需要其他領域的法令，以對付長期剝削動物的各種形式。這些法令不僅保護動物免於被虐待，同時也將這樣的概念普及化──對任何一種動物殘忍都是無法被接受的。

動物會想、會感覺，也帶有生命之光，這一點我們可以看出來，動物行為學家和認知科學家也可以加以證明。就和伽利略提出、曾被視為邪說的地球繞著太陽轉，而不是太陽繞著地球轉的學說一樣。對於動物，一旦我們有了認知與了悟，就再也沒有什麼能阻止我們，展現我們最獨特的創造力、去尋找更人道的和動物相處之道。作者史蒂芬・平克在《大自然更好的天使》（The Better Angels of Our Nature）一書中，羅列了一長串如今社會做得更好、變得更好的領域，包括識字率、平均壽命、暴力犯罪率及民主治理等等。當平克被問及，他認為在哪些領域我們還有待加強時，他舉出的例子包括囚犯的生活條件，尤其是單獨監禁的

情形；還有就是對動物殘忍的問題，尤其是工業化畜牧。自一九
○○年起，美國人的平均壽命已從四十七歲成長至大約八十歲。
我寫作本書時是四十九歲，要是我生活在一九○○年，這歲數已
經是天賜了。但如今人們會認為我不過是中年，你可以用紙本或
是電子版本閱讀本書，我還可以來場衛星傳訊的國外媒體之旅，
或是一天之內出現在十幾個不同的地方電視台上。這就是現代世
界改變的速度。把這種改變速度套用在造成大多數的動物受苦的
剝削工業上，在我們有生之年，這些產業當中很多都可以從世上
消失。

　　未來的創新會是什麼？我們可以用我們的想像力來尋找答
案，還可以透過回顧過去來尋找蛛絲馬跡。因為人道經濟不只存
在於未來，也存在過去。歷史告訴我們，戰勝殘酷是一種既古老
又高尚的志氣。如今我們必須知道，我們已經掌握了不同以往的
力量，來實現此一目標。

　　以下這點是肯定的：人道經濟的力量越來越大，有自己的邏
輯，是不可少的體面；而舊秩序已經逐漸成為過去，每一個新的
進步幾乎都會得到所有人的認同，被視為「除舊布新」。不論是
用哪一種方法，只要人類的滿足與需求不再建立在對動物殘酷的
基礎上，生命都會變得更加美好。未來將再也不需要替不合理的
做法找理由、不需要為不必要之惡找藉口。取而代之的是，我們
將看到一個接一個的市場中，以同情心和創造力為出發點的產品
出現，不止解決問題，也能戰勝錯誤。

　　一點一滴、一次又一次的消費、一個接一個的選擇，人性會取代那些不值得懷念的事，代之以會增加我們的名譽、顯現我們最好一面的事物。那些我們珍視的事：繁榮、安全、家庭、人際關係、健康等等，都將持續下去。只有殘酷會被揚棄，而且之後還會覺得奇怪，為什麼我們花了這麼久才走到這一步，就跟那許多人類自己造成的道德問題一樣。隨著時間過去，我們對動物議題會更加警覺，更懂得欣賞牠們的美好，並且對牠們讓世界充滿了聲音、色彩、景色，以超過我們所知的各種方式豐富了我們每一個人的生命，恰如其分地心存感激。

後記

當對的人站出來、意識到改革的必要，那麼就連長久以來和動保團體對抗的企業，

也可以找到前進的方向，踏上人道經濟之路。

　　在本書付印的前幾周，我接到一通加州前共和黨參議員約翰‧坎貝爾打來的電話，我和他多年來在動物保護議題上緊密合作；不過他並不知道我才剛寫了一本書，其中花了好幾千字的篇幅在描述海洋世界的爭議性。他建議我和海洋世界的新任執行長曼比談談。坎貝爾和曼比的交情已經很久了，可以追溯到他們早先在電信公司的職業生涯。更重要的是，坎貝爾議員告訴我，他知道曼比是個很有力的領導者，是改變海洋世界陳舊生意模式的不二人選。

　　坎貝爾以一個外交官將敵人帶到談判桌上的風度，問我是否願意和曼比長談一番。自然，我對於和一間長久以來飽受動保人士嚴厲批評的公司領導人開會，感到抗拒；再加上我剛剛在本書中對海洋世界作出了嚴厲的抨擊，還詳盡地描述了該公司長久以來不幸的動物福利記錄，因此更感尷尬。不過，我一直都相信與敵對陣營一起尋找前進之路，會對動物產生最好的後果，所以我還是同意出席這場會面。而曼比也在坎貝爾替我掛保證之後，跨出了一大步，同意出席。

　　曼比和我開始談話之後，我馬上就發現坎貝爾參議員對他的看法一點兒也沒錯。我發現曼比是個有能力引領海洋世界在未來幾年作出劇烈改變、朝向人道經濟發展的一位領導人。接下來的幾周內我們持續地討論，到了二〇一六年春天，海洋世界宣布將進行一系列的改革，而美國人道協會讚揚這些舉措，但同時也提醒大眾，我們和該公司還是有些歧見。

在董事會的支持下，曼比宣布海洋世界將會停止繁殖虎鯨，意味著目前的二十九隻虎鯨，將是住在海洋世界、在那裡工作的最後一代。這份聲明同時也明定，未來新設的海洋世界主題公園內，將不會飼養虎鯨。尤有甚者，海洋世界承諾要投資數百萬美元在海洋哺乳類的拯救、復健工作上，包括將無法野放的動物用於活生生的動物仍屬必須的展示中。他也同意和美國人道協會一起合作，推動終止全世界商業捕殺鯨、海豹、魚翅的運動——一舉把海洋世界變成海洋生物的教育、宣導中心。每年有兩千萬人次到海洋世界參觀，我知道，這將會為我們在全球保護海洋哺乳類的運動，帶來重大的改變。

曼比和他的團隊證明，當對的人站出來、意識到改革的必要，那麼就連長久以來和動保團體對抗的企業，也可以找到前進的方向，踏上人道經濟之路。不只是海洋世界的生意模式變得更好、改善了虎鯨和其他圈養的海洋哺乳類的生命；在我們為數百萬野生動物而戰（牠們如今比以往更需要我們）的奮鬥中，更贏得了重要的同盟。

事實上，這類的行動正是建立新人道經濟的方法：由消費者溫和（有時急迫）地推動企業為動物做更多事。當企業往對的方向踏出確實的步伐，一開始能會感到困難，但之後被釋放的不止是動物的自由，更有該企業的商業潛力。這些企業可以擺脫抗議、譴責及法律訴訟，和大多數的消費者站在同一陣線。這些消費者想看到，不論是在表演秀、食品、農牧業、科學實驗或是野生動物管理領域，都有更好、更永續、更人道的方式。在道德上

合理、又富有生態經濟潛力，對企業來說，就有成熟的條件和我們非凡的動物夥伴們一同成長。

十件你可以為人道經濟做的事

一、用你的錢投票

　　每當你在市場上消費，就是在用你的錢投票支持、或是反對動物殘忍。選擇不使用動物測試的美妝及清潔產品。認養收容所或是救援單位的貓狗，而不要從寵物店買。還有，絕對不要養野生動物當寵物。避免使用皮草、稀奇的皮革，或是其它從野生動物商業交易而來的殘忍商品。瀏覽我們的網站：www.humanesociety.org，內有關於這些議題的資訊。

二、吃食物鏈底層的食物

　　用你對食物的選擇，為贊成或反對工業化畜牧投下一票。用更多植物性的食物來獲取營養，這對你自己、對地球、對動物都比較好。減少食用肉類，並選擇那些上面標示有「全球動物夥伴」、「通過動物福利審核」的肉品。

三、加入、支持美國人道協會及其他幫助動物的團體

　　唯有如此，才能進行組織性、集體性的動物保護行動。動物

保護的組織有賴於你的支持，才能在公共領域和企業的政策上，倡導、強化對人道議題的理解。這些團體可以動員他們的會員及支持者，以提高相關意識、推動相關運動、對動物提供直接的照顧，並對立法者、企業及其他決策者施加壓力。

四、影響立法者

官員們聽到人們要求改變的呼聲時，就會採取行動。你可以和所在郡市、州、及全國層級的立法者聯繫，要求通過遲遲未決的動物福利法案。要求他們採納動物福利平台、制定法令防止惡意殘忍地對待動物、動物打鬥、殺害海洋哺乳動物、停止畜牧業用極度狹小的圈禁籠、禁止對肉食動物進行戰利品狩獵等，這些做法已經為動物帶來很多改變。請上網登錄訂閱電子報：www.humanesociety.org 以獲取最新訊息。

五、敦促執法

法律要是不執行就價值有限。鼓勵執法機關打擊殘忍，要求市長、州長及其他官員嚴加執法。你也可以寫信給主管機關，例如州政府、聯邦政府的農業部門、野生動物管理部門。例如二〇一五年「加州魚類及獵物委員會」（California Fish and Game Commission）在數千民眾寫信並敦促之下，就對商業獵捕短尾貓下了禁令。

六、消彌、減少食物浪費

美國人有四成的食物被丟棄（包括百分之廿二的動物製品），造成巨大的成本，包括食物製造過程中所排放的溫室氣體，以及耗費的能源。光是將食物浪費最小化，單單是美國，每年就可以讓十億隻動物免於被殺。要求餐廳提供恰好的分量，並把吃不完的食物帶回家，稍後再吃。如果你知道份量足夠的話，也可以和共餐的同伴共享一道菜。

七、分享動物保護的資訊

殘酷最大的敵人就是知情的市民。網路上有很多關於動物、很棒的資訊，找到、吸收這些資訊，並在臉書、推特及其他社交媒體上，和家人朋友分享。當你要送禮物時，可以考慮送一本書、影片、或是其他能鼓勵對方了解更多動物保護議題的東西。

八、提醒企業領袖做正確的事

如果你是一間公司的投資人，你可以寫信給執行長，要求公司建立動物福利政策。促使公司的領導階層意識到動物福利議題，並敦促他們採取該行業中最佳的做法。如果你是某個退休基金的一員，可以促請基金經理人不要投資工業化畜牧或是肉品處理企業，如果基金有投資這類公司，至少敦促他們堅持要有不空

泛的動物福利政策。

九、旅行要像個生態遊客

　　度假的時候，前往生態友善的目的地旅遊。這種形式的旅遊可以驅動全球經濟，同時還能讓那些致力於為了動物的需要而保護、管理棲地，善加執法、設置管理員及其他必須的管理服務，以保護野生動物及遊客的國家受益。

十、活出「所有的生物都重要」的原則

　　認養或助養流浪動物。在公園及海灘上時，撿起塑膠垃圾。減少個人製造的垃圾量，並小心地加以丟棄，因為這些廢物不僅會占據空間、吃掉野生動物的棲地，而且還可以直接造成動物死亡。買車時選擇燃油效能高的，多騎腳踏車、走路代替開車。

致謝

　　要是沒有熱心而關切的人們，以言語和實際的行動促成這些革新，我們也不會看到在整個社會、經濟上，對於動物的態度有這麼大的改變。其中參與的商業領袖、政治家及許多其他重要的意見領袖，證明了這些高層的工作其實是站在數百萬的消費者及選民肩上，才能實現。感謝每一位曾經為了動物發聲的你們，未來的進步有賴你們對現狀感到不耐，並勤奮不懈地企圖改變之。

　　有一個人我必須致上無比的謝忱，那就是奧黛麗・斯提爾・伯納德。二〇〇八年在加州的二號提案期間，我認識了這位倡議者兼慈善家。該提案是為了終結工業化畜牧中極度狹窄的圈禁設施，而伯納德在這個提案的成功中，扮演了重要的角色。我們都致力於推動革新，因此發展出非常特別的友誼和夥伴關係。伯納德促成了許多本書所描述過的非凡改變，以深刻的方式影響了歷史的進程。而且她的這一切成就都是在八十七歲之後達成的。她總是做好準備要面對最艱難的奮戰，也了解找到資源來發動這些戰鬥的必要性。她憑直覺知道，靠著救援無法解決動物的問題，而是必須有根本上的改變，在殘忍發生之前就加以避免。所以我將本書獻給她，她是我珍視的朋友、在這場戰鬥中的同袍，為了每一顆跳動的心臟找到一個安全之處而奮鬥。

　　我也要感謝美國人道協會的所有同事們，以往從來沒有這麼多聰明才智被聚集在一起、成為一個團隊為動物奮戰。尤其是營運長、也是我的同伴麥可‧馬克連恩。說到撰寫本書，我也要特別感謝我們的農場動物工作團隊，包括保羅‧夏畢羅、喬許‧巴克及馬特‧派斯考；還有我們的動物研究團隊，包括：安德魯‧羅萬、凱蒂‧孔莉、特洛伊‧賽鐸、凱特‧烏烈以及莎拉‧阿慕森的特別協助。我們的寵物專家貝琦‧麥克法蘭、瑞凱‧艾連，還有我們的野生動物權益倡議者史蒂芬尼‧葛力芬、泰瑞莎‧泰列奇、艾瑞斯‧侯、凱娣‧布洛克、喬許‧厄爾分、尼可‧帕克特、約翰‧哈迪恩、約翰‧格禮芬、麗莎‧瓦生寧，以及黛比‧李西。我還要感謝米雪兒‧邱、瓊‧洛峰、約翰‧可立夫蘭無價的協助。艾瑞許‧亞挪花了很大的工夫把本書的筆記兜在一起。瑞雪‧奎瑞和我一起在美國人道協會工作超過廿年，為本書及所有工作的宣傳提供了積極、有建設性的力量。我們的總顧問羅傑‧金德樂是最聰明的那類人，為我提供了第一手的法律建議。以上這些人都讀過一部分的手稿、提供他們的見解，並盡其所能地使其中沒有錯誤。要是有任何錯誤都是因為我個人。

　　我也很感謝美國人道協會的董事會，包括主席瑞克‧卞索，他對我們的事業全心投入，具有難得的社交智慧和常識，他對本書的直覺在各個階段都極有幫助。我還要特別感謝瑞克、我們的副主席傑森‧韋斯和珍妮佛‧林寧，還有我們的資深董事大衛‧韋伯斯和安妮塔‧庫博，以及其他董事會成員，他們即使知道我在美國人道協會還有很多其他的事務必須執行，還是願意給

我另一條跑道，讓這個出書計劃能夠起飛、平安地降落。我們的每一位董事會成員都知道，一個認真驅動變革的團隊，必須展現出思想的領導力，並投入書寫與出版工作。我不過是受益於這種理解的美國人道協會家庭的一分子。

我還要感謝我的顧問克麗絲塔・摩蘭，孜孜不倦又聰敏的工作。她是個完美的左右手——忠誠、負責又直觀。她在動物保護運動領域前途無量，和她一起工作其樂無窮。

我非常幸運能和書中提到的這許多人互動。非常感謝戴倫・艾洛諾夫斯基、瑞克・賈法、雅曼達・席爾維和加布里耶拉・考博懷特，他們暢談他們在電影業中的創意工作，以及與動物保護工作之間的交集。以下這些人也惠我良多：史黛拉・楚博拉德、傑若米・福克斯、卡拉・格姆斯，他們陪我在西北科羅拉多偏遠而風景獨特的地區待了一天，對於他們幫助野馬的工作，我深感欽佩。我也想感謝克里斯・辛德勒以及美國人道協會動物救援小組的其他成員，那天在阿拉巴馬州南部參與突襲鬥狗場的行動。看到動物處在非常糟糕的處境中令人心碎，但是一念及我們將這些動物從當中拯救出來，就令我稍感安慰。對野生動物學家羅夫・彼得森及約翰・伍賽提，我的感謝永遠不嫌多；他們在羅亞爾島國家公園裡陪我好幾天，睡在野外，有一天甚至健行長達二十英里。羅夫已經上看六十五了，但你看他充滿活力的樣子，絕對猜不到他的年紀。還要謝謝研究人員唐・音葛巴、克里斯・奧斯汀和他們的同事們，他們讓我親眼見到、學到更多醫學領域的創新成果。期間羅恩・卡根也給了我非常重要的啟發。

幾年前，我的同事莎拉‧巴聶特邀請我和我太太麗莎到維吉尼亞州的沛斯麥去探訪一群漂亮但無家可歸的狗。那次的經驗不止變成本書的一部分，也讓混血獵犬小莉莉進入我們家，現在我已經無法想像，沒有牠日子要怎麼過。人超好的克麗絲汀娜‧摩根讓我參觀她的寵物認養商店，並暢談她的社區所面臨的動物問題。傑瑞‧克勞福德和我一起在美國、歐洲，花了很多天探訪蛋雞場。我們從彼此身上學到了許多，也因此而發展出堅定的友誼。參觀馬可斯‧魯斯特在印第安納州的農場，讓我的心意更堅定；我也要感謝他願意敞開大門，尤其是之前我們彼此的工作之間有衝突。創業家兼動保人士喬許‧泰崔克和伊森‧布朗讓我看到他們每一天的工作內容；安德拉斯‧佛卡司則慷慨地與我分享他對未來食物的想法。還要感謝西蒙‧貝希爾和我談到他最想忘掉的那一天。

在我的工作中，會和許多熱心的政治人物及官員打交道。和參議員葛雷‧彼得斯一同在羅亞爾島上的時光非常有趣，尤其是因為我們一同致力於保護狼群及其他動物。在深水地平線漏油事件之後，參議員大衛‧維特和我一起花了好幾天探訪路易斯安那州南部的海岸線，並且他也在參議院中勇敢地為許多動物保護政策奮戰，惠我良多。參議員科瑞‧布格是絕無僅有的一個，他把他的領導力、活力以及才智投入動物保護事業中，少了他，團隊絕對不會一樣。眾議員厄爾‧布魯曼諾爾了解動物保護和其他社會關注議題的交集，他也逐漸浮上檯面，成為全國在動物及政策議題上的思想領袖；我從他身上學到了許多。

　　在寫作和編輯上我有一個了不起、有才能，又非常支持我的團隊。我很幸運能和威廉・莫若出版社的一流編輯彼得・哈巴爾合作。《The Bond》一書的編輯也是彼得，我很高興能和他再度合作。他對於書的走向、何時該從一個主題換到下一個，有種不可思議的宏觀。我的經紀人蓋爾・羅斯是把我和彼得牽在一起的人，她在書約結束之後也不採取被動的角色，而是幫我把人道經濟的概念變得更加細緻，讓這個工作變得（我希望是）更加吸引主流觀眾的視線。

　　每當我完成一個章節的草稿，就會先把它交給李維・波拉德，他和我在美國人道協會裡肩並肩工作。李維畢業於哈佛大學、耶魯法學院；他對這份事業有非凡的貢獻，在未來的動物保護運動中，有絕大的潛力成為領袖人物。他有超越年齡的智慧，心思如電，專長不可勝數。他孜孜不倦地審視我的文章，提供句子的編輯建議，並鼓勵我寫出書中那些身歷其境的故事。

　　我也十分感謝白宮的前任講稿撰寫人約翰・麥寇涅和麥修・史考利，替我審閱草稿。約翰和麥修住在充滿想法、經濟與政策的世界裡；他們身為作者，十分清楚要如何將觀點傳遞給讀者。麥修和我是將近二十年的親密好友，他非凡的才華展現在他的著作《Dominion》中，對我在發想《The Bond》和本書時，提供許多助益。

　　約翰・巴札爾（John Balzar）是一位作家，在《洛杉磯時報》工作多年，成果豐碩。後來他來到美國人道協會和我一起工作，

他也看過每一章的草稿。他對世界有宏觀，又擁有獨特的能力，能用乾脆有力的方式加以傳達。在本書的架構上受到他許多協助，整本書都可以感覺到他的存在。

還要特別感謝和我同事多年，也是多年好友的伯納德·溫迪，他是專業的歷史學家，也是我在動物福利事業上卅年的夥伴。他對我們的工作歷程比任何人都清楚，有像這樣的資源隨時在側真是福氣。溫迪在本書寫作的過程中從頭到尾都參與，也用他的洞察以及跨領域的專長，在所有的面向上都加以改進。

每天都會有些事情，讓我想到我的家人在我生命中扮演的角色。感謝的話根本不足以形容我對他們的感情：我的雙親佩忒和理查德·帕賽爾，他們對我的事業完全理解並關心，他們個人的力量、原則、愛，也成為我的好榜樣。我的兄弟理查一直就是最激勵我的人，我的兩個姐妹金和溫蒂也非常關心人，本身也很成功；我們經常為彼此的成功慶賀，也一直都彼此支持。

最後，要是沒有我妻子在我的生活中，這本書也不可能問世。她是頂尖的記者，也是我所認識的人當中最有才華、最面面俱到的人之一。她幾乎無所不能，並且做任何事都秉持著謙卑並充滿活力。她嫁給一個工作上必須面臨持續不斷的壓力以及要求的人，她是我的頭號支持者，對她的理解和愛我心存感激。在本書寫作的過程中，她用銳利的眼睛，在從頭到尾的每一個階段提供幫助。我愛她，真的非常幸運能有她在我的生命中。

　最後，要感謝本書的讀者，花時間探索我在本書中所呈現的想法。也許我沒有機會認識你，但在我心中你是人道經濟的共同創造者，一同打造一個對每個人來說，都更安全的世界。

中英對照

第一章

Lost Dog and Cat Rescue	走失犬貓救援
Spotsylvania County	斯波特瑟爾維尼亞郡
Australian shepherd	澳洲牧羊犬
beagle	米格魯
Playing for Life	玩出活路
Washington Humane Society	華盛頓人道協會
The Humane Society of the United States（HSUS）	美國人道協會
Banfield Pet Hospitals	班非爾寵物醫院
Betsy Banks Saul	貝琪班克斯・索爾
Jared Saul	賈爾德・索爾
Petfinder	找寵物
PetSmart Charities	沛斯麥慈善事業
Petco Foundation	沛特多基金會
PeopleSoft	仁科公司
David Duffield	大衛・杜菲爾德
Maddie	美迪
Richard Avanzino	理查・阿凡其諾
Ad Council	廣告協會
The Shelter Pet Project	收容所寵物計劃
Lisa LaFontaine	麗莎・拉馮丹
SPCA	防止虐待動物協會
American Society for the Prevention of Cruelty to Animals	美國防止虐待動物協會
Humane Alliance	人道聯盟
Pets for Life	寵物一生

中英對照

Aramark   愛瑪客
Sodexo   索迪斯
Compass Group   康帕斯集團
Walmart   沃爾瑪
Chipotle   奇巴塔
Whole Foods Market   全食超市
Global Animal Partnership   全球動物夥伴
Mercy for Animals   慈心動物
American Farm Bureau Federation   美國農場聯合會
Cargill   嘉吉公司
Tyson Foods   泰森食品
Vanguard Financial   先鋒金融
BlackRock   貝萊德
Ameriprise Financial   阿默普萊斯金融公司
Seaboard Foods   海岸食品
Triumph Foods   凱旋食品
Rose Acre Farms   羅斯阿克農場
Proposition 2   二號提案
Hidden Villa   隱舍
Rembrandt Co.   倫勃朗公司
United Egg Producers   雞蛋產業公會
Cane Creek Farm   蔗溪農場
Wright County Egg   賴特郡蛋雞場
Hillandale Farms   希蘭代爾農場
Butterfield Foods Co.   巴特菲爾德食品公司
colony cages   棲地式雞籠
Big Dutchman   大荷蘭人公司

第三章

Modern Meadow	現代草原
Memphis Meats	孟菲斯肉類
Organovo	新器官公司
Clinton Global Initiative	柯林頓全球倡議
Hult Prize	霍特獎
Soylent	豆餐
Beyond Meat	超肉公司
ag-gag	農牧封口令
right to farm	農牧權
Gardenburger	田園漢堡
Pinnacle Foods	品尼高食品公司
Veggie Grill	素烤餐廳
Humane Research Council	人道研究委員會
Impossible Foods	不可能的食物公司
Mattson	馬特森公司
Michael Foods	米榭爾食品
American Egg Board	美國雞蛋委員會
Foodbuy	食物採購

第四章

School for Field Studies	田野研究學院
computer generated imagery	電腦成像
People for the Ethical Treatment of Animals	善待動物組織
Motion Picture Association of America	美國電影協會
American Humane Association	美國人道組織
Performing Animal Welfare Society	表演動物福利協會

Weta Workshop　　　　　　　　　　維塔影視基地

Feld Entertainment　　　　　　　　菲爾德娛樂公司

Ringling Brothers and Barnum & Bailey
Circus　　　　　　　　　　　　　玲玲馬戲團

American Humane Education Society　美國人道教育協會

Endangered Species Act　　　　　　瀕危物種保護法案

Animal Welfare Institute　　　　　　動物福利機構

The Fund for Animals　　　　　　　動物基金

Racketeer Influenced and Corrupt
Organizations Act　　　　　　　　指控腐敗詐欺組織法

Purple Strategies　　　　　　　　　紫色戰略機構

Hawthorn Corporation　　　　　　　豪頌公司

Association of Zoos and Aquariums　動物園及水族館協會

George Carden International Circus　喬治‧卡登國際馬戲團

Cirque du Soleil　　　　　　　　　太陽劇團

SeaWorld　　　　　　　　　　　　海洋世界

Blackstone Group　　　　　　　　黑石集團

Occupational Safety and Health Review
Commission　　　　　　　　　　職業安全與健康評估委員會

第五章

US Fish and Wildlife Service　　　美國魚類及野生動物管理局

CareerBuilder　　　　　　　　　　凱業必達

Chimpanzee Species Survival　　　　黑猩猩物種生存計劃

Merck　　　　　　　　　　　　　默克

Abbott Laboratories　　　　　　　　亞培實驗室

Gombe National Park　　　　　　　貢布國家公園

Chimp Haven　　　　　　　　　　黑黑猩猩天堂

National Academy of Sciences	國家科學院
National Institutes of Health	國立衛生研究院
Chimpanzee Health Improvement, Maintenance and Protection Act	增進、維持、保護黑猩猩健康法案
New Iberia Research Center	新伊比利亞研究中心
Coulston Foundation	卡爾斯頓基金會
Good Laboratory Practice	優良實驗室操作規範
Save the Chimps	拯救黑猩猩
Brookfield Zoo	布魯克菲爾德動物園
Arcus Foundation	阿爾庫斯基金會
Animal Protection of New Mexico	新墨西哥動物保護協會
Physicians Committee for Responsible Medicine	負責任醫療醫師委員會
Institute of Medicine of the National Academies	國家研究院醫藥研究所
Berman Institute of Bioethics	博曼生物倫理學院
Idenix	艾登尼斯公司
Gilead	吉利德公司
Hastings Center	海斯汀中心
Grand Isle	格蘭德艾爾
Queen Bess Island	貝絲女王島
Mid-Atlantic Animal Specialty Hospital	大西洋中部動物專門醫院
Audubon Nature Institute	奧杜邦自然研究所
Food, Drug, and Cosmetic Act	食品、藥物及化妝品法
Toxic Substances Control Act	有毒物質控制法
National Research Council	國家研究委員會
Society of Toxicology	毒物學協會
National Center for Translational Sciences	國家轉化科學中心
Wyss Institute	威斯研究所

中英對照

Draize eye irritation test	達利茲眼睛過敏測試
John Paul Mitch- ell Systems	約翰‧保羅‧米榭爾系統
COTY	科蒂
Humane Cosmetics Act	美妝產品人道法案
Battelle Institute	巴特爾研究所
Human Toxicology Project	人類毒物學計劃
Innovate UK	大英創新
Civilian Conservation Corps	民間護林保土隊
US Bureau of Biological Survey	美國生物學研究處
Durham University	杜倫大學
Kaibab National Forest	凱巴國家森林
Chronic wasting disease	慢性消耗病
Creutzfeldt-Jacob Disease	庫茲菲德 - 雅各氏症
Bureau of Land Management	土地管理局
porcine zona pellucida immunocontraception vaccine	豬卵透明帶免疫避孕疫苗
Sand Wash Basin	砂洗盆地
US Forest Service	美國森林管理局
Innolytics	創科公司
Ovocontrol	蛋控
Conibear	扣泥霸
Beaver Deceivers International	河狸誘導公司
Hwange National Park	萬基國家公園
Safari Club International	國際狩獵俱樂部
Pope and Young Club	波博與楊格俱樂部
IAG Cargo	國際航空貨運
World Tourism Association	世界旅遊協會

Conserving Ecosystems by Ceasing the Importation of Large Animal Trophies Act	停止大型動物戰利品進口以保育生態系統法案
Lewa Wildlife Conservancy	列娃野生動物保護區
David Sheldrick Wildlife Trust	大衛薛德立克野生動物基金
Tsavo Trust	察沃基金
African Network for Animal Welfare	非洲動物福利組織
Tsavo National Park	察沃國家公園
Selous Game Reserve	塞盧思保護區
Lord's Resistance Army	聖主抵抗軍
C4ADS	高等防衛研究中心
Born Free USA	生而自由基金會美國分會
Volcanoes National Park	火山國家公園
World Wildlife Fund	世界野生動物基金會
Indonesian Council of Ulama	伊斯蘭學者理事會
National Rifle Association	美國來福槍協會

結論

Revolutionary Forces of Colombia	哥倫比亞革命軍
captive bolt pistol	撞擊槍
Compassion Over Killing	同情勝過殺戮
American Anti-Slavery Society	美國反奴隸制協會
Tza'ar ba'alei chayim	生物承受的痛苦
American Heart Association	美國心臟協會
American Cancer Society	美國癌症協會
US Centers for Disease Control and Prevention	美國疾病控制與預防中心
American Medical Association	美國醫學會
American Public Health Association	美國公共衛生協會

中英對照

US Meat Animal Research Center	美國肉類動物研究中心
Agricultural Research Service	農業研究服務
Grey2K USA	美國灰狗機構
Harris poll	哈里斯民調
California Fish and Game Commission	加州魚類及獵物委員會

國家圖書館出版品預行編目資料

人道經濟／韋恩·帕賽爾（Wayne Pacelle）著；蔡宜真
譯. -- 初版. -- 臺北市：商周出版：家庭傳媒城邦分公
司發行, 2017.05　面；　公分
　　譯自：The humane economy : how innovators and
　　enlightened consumers are transforming the lives
　　of animals

ISBN 978-986-477-222-3(平裝)

1. 畜牧經濟 2. 人道主義 3. 動物保育

437.18　　　　　　　　　　　106004345

人道經濟

The Humane Economy: How Innovators and Enlightened Consumers Are
Transforming the Lives of Animals

作　　　者／韋恩·帕賽爾（Wayne Pacelle）
譯　　　者／蔡宜真
責 任 編 輯／賴曉玲

版　　　權／吳亭儀、翁靜如
行 銷 業 務／莊晏青、王瑜
總　編　輯／徐藍萍
總　經　理／彭之琬
發　行　人／何飛鵬
法 律 顧 問／台英國際商務法律事務所 羅明通律師
出　　　版／商周出版
　　　　　　台北市104民生東路二段141號9樓
　　　　　　電話：(02) 25007008　傳眞：(02)25007759
　　　　　　E-mail：bwp.service@cite.com.tw
　　　　　　Blog：http://bwp25007008.pixnet.net/blog
發　　　行／英屬蓋曼群島商家庭傳媒股份有限公司 城邦分公司
　　　　　　台北市中山區民生東路二段141號2樓
　　　　　　書虫客服務專線：02-25007718；25007719
　　　　　　服務時間：週一至週五上午09:30-12:00；下午13:30-17:00
　　　　　　24小時傳眞專線：02-25001990；25001991
　　　　　　劃撥帳號：19863813；戶名：書虫股份有限公司
　　　　　　讀者服務信箱：service@readingclub.com.tw
　　　　　　城邦讀書花園：www.cite.com.tw
香港發行所／城邦（香港）出版集團有限公司
　　　　　　香港灣仔駱克道193號東超商業中心1樓；E-mail：hkcite@biznetvigator.com
　　　　　　電話：(852) 25086231　傳眞：(852) 25789337
馬新發行所／城邦（馬新）出版集團 Cite (M) Sdn. Bhd.
　　　　　　41, Jalan Radin Anum, Bandar Baru Sri Petaling, 57000 Kuala Lumpur, Malaysia.
　　　　　　Tel: (603) 90578822　Fax: (603) 90576622　Email: cite@cite.com.my

美 術 設 計／張福海
排　　　版／極翔企業有限公司
印　　　刷／卡樂製版印刷事業有限公司
總　經　銷／聯合發行股份有限公司
　　　　　　電話：(02) 2917-8022　Fax: (02) 2911-0053
　　　　　　地址：新北市231新店區寶橋路235巷6弄6號2樓
■2017年06月01日初版　　　　　　　　　　　　　　　Printed in Taiwan
定價／420元

城邦讀書花園
www.cite.com.tw